香遇杏林

——中医芳香应用指引

程志清 主编

全国百佳图书出版单位

中国中医药出版社

U0143622

香遇杏林

——中医芳香应用指引

程志清 主编

全国百佳图书出版单位

中国中医药出版社

·北京·

图书在版编目（CIP）数据

香遇杏林：中医芳香应用指引 / 程志清主编 . —北京 : 中国中医药
出版社，2022.9（2023.1 重印）

ISBN 978 - 7 - 5132 - 7149 - 3

Ⅰ . ①香…　Ⅱ . ①程…　Ⅲ . ①香精油—基本知识　Ⅳ . ① TQ654

中国版本图书馆 CIP 数据核字（2021）第 173432 号

中国中医药出版社出版

北京经济技术开发区科创十三街 31 号院二区 8 号楼
邮政编码　100176
传真　010-64405721
廊坊市祥丰印刷有限公司印刷
各地新华书店经销

开本 710×1000　1/16　印张 23.5　彩插 0.5　字数 380 千字
2022 年 9 月第 1 版　2023 年 1 月第 3 次印刷
书号　ISBN 978 - 7 - 5132 - 7149 - 3

定价　95.00 元
网址　www.cptcm.com

服 务 热 线　010-64405510
购 书 热 线　010-89535836
维 权 打 假　010-64405753

微信服务号　zgzyycbs
微商城网址　https://kdt.im/LIdUGr
官 方 微 博　http://e.weibo.com/cptcm
天猫旗舰店网址　https://zgzyycbs.tmall.com

如有印装质量问题请与本社出版部联系（010-64405510）

《香遇杏林：中医芳香应用指引》
编委会

主　编　程志清

编　委　（按姓氏笔画排序）

王　娟　李亚芸　吴晨羽

余　昱　余家琦　汪存涛

龚文波　韩学杰

说　明

　　植物精油来自大自然的馈赠，萃取自植物的精华，为我们的身心呵护以及生活起居带来颇多益处。本书所提及的精油不涉及品牌，但必须符合安全、纯正、有效标准。

　　本书的中医芳香指引是基于中医"治未病"思想提出的保健建议，也是配合医生治疗的一种选项。养生与康复过程中使用精油，请及时咨询芳疗师与医生的专业建议。精油不是药，生病先询医！

序

芳香疗法是利用芳香植物疗愈人体身心的一种自然疗法，属于整合医学范畴。在五千多年前的古埃及、中国早已有芳香疗法的文字记载，所不同的是古代用的是药草、香囊疗愈身心或预防瘟疫，现今用的是蒸馏与冷压萃取的植物精油，两者同源异流。时代在前进，芳香疗法也在不断地发展与进步！随着人类对健康生活品质要求的不断提升，渴望天然、纯正、安全、有效的养生方法已是大众的追求。近年来介绍芳香疗法的书籍出版了不少，今天我要向大家推荐的是一本从中医角度应用芳香疗法的佳作，她是由世界中医药学会联合会植物精油疗法专业委员会副会长、国家级名中医程志清教授主编的《香遇杏林——中医芳香应用指引》。

认识程教授是在一次国际芳疗研讨会上，当时就被她古稀之年还热衷于芳疗的敬业精神打动。鉴于当前个人自主健康管理的需要，国内关注芳香疗法的人日益增多，我当时建议她写一本有关中医芳疗的书籍。程教授当即承诺："我尽力，我是中医临床医生，我可以从中医角度来写芳香疗法，为后来者做好铺垫。"现今程教授把她样稿邮寄给我，并请我作序，我非常激动。她遵守诺言，而且还那么谦卑，把自己作为一名辛勤耕耘的先行者为后来者铺路。尤其难能可贵的是，本书从中医药与植物芳香疗法视角探析了芳香疗法的起源、精油的功效与使用方法，并对临床各科病证做了全方位的芳香应用指引，内容简洁，为芳疗爱好者、初学者，甚至中医爱好者带来了传统中医与现代芳疗思维的结合的芳香应用指引，是一本近年来不可多得的中医芳香疗法专著，值得阅读参考。我也相信这本书会对整个植物芳香疗法界产生深远的影响。

世界中医药学会联合会植物精油专业委员会

名誉会长　David Hsiung

2022 年 4 月于美国洛杉矶

编写说明

我的芳香之旅，起自于 2014 年年底的美国探亲，在那里我体验了薰衣草精油帮助我倒回时差的喜悦，又见证了精油控制孙儿哮喘的惊奇效果。亲身的体验与见证，让在传统中医匍匐前行了 50 年的我，深感现代的芳香疗法竟是如此神奇！让我对芳香植物产生了巨大的兴趣。芳香疗法自古即有，在传统中医的历史上，早就有关于芳香开窍、芳香辟秽、芳香化湿治法的记载。而今所不同的是高科技萃取的现代植物精油，来自芳香植物的精华，其效用已经是原植物的 50~70 倍！职业的敏感让我预感到现代芳香疗法作为整合医学与中医药学的一部分，日后必将大放异彩，推动着现代医学的发展！7 年来我潜心学习，先后取得了国家人力资源与社会保障部植物精油康复理疗师、世界中医药学会联合会植物精油专业委员会精英讲师的资格，在学习、切磋芳香疗法的道路上我遇到了一群热爱芳疗的志同道合者。通过 7 年来的不断研讨，不断实践，获得了大量的临床应用见证。随着芳香疗法在国内的兴起，不少精油爱好者急切希望我们能把精油的运用撰写成册，以便在平时使用时参考。作为一名从医 50 多年的老中医，我也希望能在传统中医药与现代精油的整合上尽我的一点绵薄之力，可以让更多人从中医角度应用芳香疗法。经过几年的努力，今天本书终于与读者见面！阅读后如果对你有所帮助，这将是我此生极大的荣幸。

本书分上、中、下三篇，上篇基础理论主要对植物精油的起源，精油特性，常用的单、复方精油的功效、使用方法、注意事项分别做了介绍，并对中医阴阳、五行、藏象学说，八纲、气血津液、脏腑辨证等中医基础理论做重点简述，为学习中、下篇内容奠定基础。中篇就内、妇、儿、骨伤、皮肤、五官等临床各科的常见病症提出中医辨证施油的思路与方法。下篇从中医传统养生视角探析四季用油思路，并为读者提供具体的芳香应用方案。本书的出版感谢国家中医药管理局与浙江中医药大学附属第二医院对我传承工作室的资助。感谢工作室窦丽萍主任对芳香疗法的认可与支持。工作室王娟、汪存涛、李亚芸、吴晨羽等弟子参与了上、中篇相关部分的编写及资料整理，中篇部分特邀请热爱芳疗的临床医生参与撰写，其中中国中医科学院韩学杰主任中医师承担本书妇科疾病的编写，浙江大学附属第一医院泌尿外科余家琦主任医师担任男科疾病的编写，宁波中医院龚文波主任中医师担任内科内分泌系统疾病的编写，美国 White Pine Acupuncture Clinic 余昱主治医师承担骨伤科疾病的编写。杭州市儿童医院王娟主治医师承担儿科疾病的编写。可以说本书的编写也凝聚了集体智慧与结晶，在此一并致谢！

程志清写于杭州

2022 年 2 月 28 日

目 录

上篇　基础理论

中篇　保健

下篇 养生

上篇 基础理论

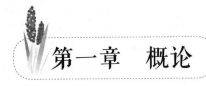

第一章　概论

第一节　植物精油的渊源与历史

人类对芳香植物的应用有着近 5000 多年的历史，芳香植物与人类文明息息相关，至今已广泛运用在工业、园林建筑、美容护肤、养生保健上。追溯至几千年前的古埃及、波斯、古希腊和中国等文明古国，从宗教祭祀到医药美容，从王室庆典到实用观赏，从烹饪到婚恋嫁娶，芳香植物及精油应用于社会生活的方方面面。

在距今 5000 多年前古埃及古老的依迪芙神殿中，莎草纸与石碑记载了古埃及人将芳香植物制成香膏、香油应用在医疗、美容、保存尸体以及宗教仪式上。法老和王室将乳香、没药视为珍品，埃及艳后钟情于玫瑰芳香精油，以使全身充满香气。1992 年考古学家从古埃及法老图坦卡门的金字塔陵墓中发现了存放香熏油和油膏的石罐，证实了早在 3300 多年前，古埃及人已经掌握了香膏的制作工艺。

在古希腊，公元前 400 年，西方"医学之父"希波克拉底就曾在瘟疫侵袭雅典城时，教导民众喷撒芳香物质以抵御瘟疫传播，甚至提议应该每日香熏沐浴和芳香按摩，并在著作中罗列了 300 多种草药配方。

印度自古盛产香料，6 世纪以后就成为世界海上香料之路的中心。当时，香料不仅在东方盛行，在欧洲国家也颇流行，甚至被列入"奢侈品"行列，主宰着当时欧洲的味觉和财富，尤其是黑胡椒，广受贵族阶级的喜爱，但是因为其运输成本高、原材料被垄断，黑胡椒价格居高不下，以致欧洲的香料价钱是原产地的四十到五十倍。在强大的利益驱使下，1511 年，葡萄牙、西班牙、荷兰等西欧国家为此发动了"黑胡椒战争"，由此展开长达 600 年的香料战争。而此前 1202 年的第四次十字军东征，也与香料有千丝万缕的联系。福祸相依，这些战争带来了无数的灾难和毁灭，同时也将包括香料在内的芳香文化传播开来。古罗马帝国的扩张将芳香精油带到西亚。1000 年前，阿拉伯一位伟大的医师阿维森纳改进了古老的蒸馏方法，发明了蒸馏精油的技术，使得阿拉伯人掌握了通过蒸馏提取花类精油的方法。自此，精油由最初只能制成香膏、香粉，演化形成今日植物精油的液体形态。芳香疗法向现代迈出了一大步。

将目光转回中国，1973 年 7 月在泉州湾后渚港发现了一艘宋末沉船。从这艘 13 世纪泉州造的中型远洋货轮发掘的文物，除了典型的泉州瓷器以外，还有降真香、乳香、龙涎香、玳瑁等昂贵的香料；以及细线捆扎成的"树枝"，长约 40 厘米，头尾都用刀切得很整齐，而这些"树枝"后来也被证实为"香料药材"。这些来自印度尼西亚、柬埔寨、越南、阿拉伯半岛甚至非洲等国家的芳香药物反映了当时海上香料贸易之发达，以及唐宋时期应用芳香药物风气之盛。

中国自古以来就是用香大国。中国应用芳香植物的历史可以追溯到殷商时期，从出土的甲骨文中就发现"紫（柴）""燎""香""鬯"（古代祭祀用的香酒）等字。周代已有佩戴香囊，沐浴兰汤的习俗。民谚说："清明插柳，端午插艾。"春秋战国时期，每逢端午之际，人们就有插艾、挂蒲、佩香囊的习俗，并流传至今，那时的人们就把芳香植物的驱虫、辟秽特性运用到日常生活中。马王堆一号汉墓（约公元前 166 年），出土中药材 20 多种，通过显微鉴定等方法，成功鉴定出茅香、高良姜、桂皮、花椒、辛夷、藁本、姜、杜衡、佩兰 9 种芳香药材，主要用来祛湿除邪，还有杀菌和防潮作用。我国现存最早的本草著作《神农本草经》大约成书于公元 1 世纪，记载药物 365 种，其中有 252 种药物是芳香植物，有 158 种在 1997 年被收入《中国药典》。到了唐朝，波斯商人通过丝绸之路和海上香料之路，将乳香、没药、丁香、沉香、安息香、苏合香等各种奇异香料从东南亚诸国一路陆运、海航运至中国。这些香料被用在重大祭祀和宗教活动中，还被广泛用于医疗，芳香疗法由此得到了进一步发展。唐代药王孙思邈在其《备急千金要方》中记载使用芳香药物预防瘟疫。到了明朝，芳香药物的中外交流达到了高峰，许多芳香类的方剂，如《太平惠民和剂局方》中记载的苏合香丸、《圣济总录》中的安息香丸、《太平圣惠方》中的木香散等均出于此时；李时珍《本草纲目》中为芳香药物另辟专辑"芳香篇"，其中记载香木类 35 种、芳草类 56 种，并系统论述了各种芳香类药材的来源、加工和应用情况，丰富了芳香药物的记录，还介绍了涂法、擦法、敷法、扑法、吹法、漱法、浴法等芳香疗法的给药方式。我国目前现存的最大的方书《普济方》更是另辟"诸汤香煎门"，收 97 方，并记载方药组成、制作用法等，汇集了 15 世纪以来芳香疗法的经验。

说到芳香疗法的现代史，就不得不提芳疗界盛传的一个故事——薰衣草疗愈烫伤。尽管有不同版本，但是主人公均是法国博士、化学家盖提福斯。在一次实验中，盖提福斯博士因实验发生意外烧伤了手，慌忙中他把手伸进旁边的一碗液体中。不可思议的是，手部的疼痛立即得到缓解，而这碗液体正是薰衣草精油。盖提福斯博士后来发现，烫伤的皮肤恢复迅速，竟然没有留下任何瘢痕。自此盖提福斯开始研究薰衣草精油，以及其他精油的医疗价值，并在 1928 年将相关研究成果发表在科学刊物上，从而让芳香疗法成为一门学科。他是"芳香疗法"（AROMATHERAPY）一词的首创者，因此他又被誉为"现代精油之父"。

至此，现代精油芳香疗法的大门终于正式开启！

精油的奥秘无穷无尽，精油对人类的益处也数不胜数，芳香疗法这门学科仍有很多未解之谜等待我们去发掘探索。这需要更多科学家、芳疗师、医生，还有精油爱好者、使用者等志同道合之士投入其中，共同努力，不断创新和实践。

限于篇幅，本书对现代精油的基础知识和应用仅作一概要介绍。

第二节　精油的基础知识

一、精油的定义

精油（Essential oil）是从植物的茎、根、叶、花朵、果实、种子、树脂甚至全株植物，所萃取的天然的芳香化合物。精油之所以被称为"精"油，是因为它秉承天地之灵气，日月之精华，是植物的生命和再生。

并非所有的植物都能提取出精油，只有含有香脂腺，有芳香化合物的植物才可能产出精油。目前世界上已知的植物约 3.7 万种，据不完全统计，芳香植物有 3600 种左右，被有效开发利用的仅 400 多种。香脂腺在不同植物上的分布也不同，有的分布于植物的树叶、根茎或树干上，有的分布于花瓣、种子、果实中，有的全株植物中都有分布。因此根据香脂腺的分布，萃取方式也不同，比如柠檬、野橘等果实通过冷压萃取，雪松、檀香等树木类精油，可通过蒸馏萃取等。

植物精油是从新鲜植物中提取的富含活性的芳香化合物，是植物的灵魂，因此其效力比我们通常所见的药材干品要高 50~70 倍。而很多精油，例如玫瑰精油可由 250 多种不同的化学分子构成，这些化学物质决定了单种精油也具有多种功效。

精油的品质取决于植物品种及其来源、种植的环境、精油的萃取工艺、产品的质量检测四道关卡。因此应用于保健的精油应无人工合成物质、香料或化学添加物；植物从生长到采摘、运输、萃取成精油等一系列过程均无杀虫剂及化学残留物质，品质安全放心。

二、植物精油的特点与作用

关于治疗精油的特性，目前业内专家比较认同的观点总结起来，是三性、四能、五高。三性是指小分子、脂溶性、协同性。四能是指精油有再生、补氧、免疫防御、抗氧化的特点。五高是指精油高浓缩、高渗透、高吸收、高代谢、高挥发的特性。

我们知道，人体细胞以细胞膜隔绝内环境和外环境，由脂质分子组成，而精油分子小且有脂溶性，可以轻易通过细胞膜进入细胞发挥作用。

精油是植物赋予的，因此它继承了植物原本具有的很多特点。比如植物具有光合作用，可将吸收的养分转化为能量，因此，精油具有再生和补氧特性就不难理解了；植物本身也具有趋利避害的本能，比如有些植物会散发出昆虫或者食草动物不喜欢的气味，从而抵抗侵袭，这就赋予了精油抵御病菌、保护机体的能力，即精油具有免疫预防作用；抗氧化就是抗自由基侵袭，大量的植物抗氧化系统研究表明，植物会参与并影响自由基的形成，从而帮助人体减缓衰老进程。此外大部分精油还具有杀菌、抗病毒、抗微生物等特性。

区别于普通中草药，芳香精油的优势在于通过嗅吸直接发挥作用。①通过鼻腔吸入肺泡组织，进入肺循环，从而进入全身血液循环。②刺激嗅神经，引起大脑边缘系统海马回、杏仁核的情感与记忆反应；③通过下丘脑垂体及间脑松果体，影响内分泌系统等。④通过大脑皮质额叶、颞叶、枕叶参与人体运动和高级精神活动有关的活动，没有其他的器官能像嗅觉一样直接而强烈地影响大脑的各个部分。精油的这些药物所无法比拟的特点，也正是我们热爱芳香疗法的原因。

三、植物精油的香味

如果将精油比喻成动听的音乐，精油的气味、香型就是音乐的音调、音色。音色是声音的感觉特性，气味是精油给人的第一印象。在一曲美妙的乐曲中，不同的乐器、人声发出的音色大相径庭，不同的精油散发的气味也迥然不同。比如说柠檬精油和圆柚都有橙香味，但是柠檬气味偏甜、偏浓，圆柚精油则更清爽、清新；马郁兰和迷迭香虽同属一科，但前者是香草味和香料味，后者是花香、木香。

同样，根据声音的高低，音调有高音、中音、低音之分，精油的香型是根据精油的挥发速度，将精油分为前味、中味、基础香型。前味香型是挥发速度最快的精油，比如柠檬、野橘、佛手柑等柑橘类精油，它们就像音乐的绝对高音，扩散速度迅速，第一时间冲击你的嗅觉，但持续时间短。其香味清新、爽快，占复方精油的5%~20%；中味香型是构成复方精油的主要香型，一般可持续数小时甚至更久，它们使精油的香味更柔和饱满，像薰衣草、马郁兰、天竺葵、迷迭香、生姜等都是中味香型的精油，占复方精油的50%~80%；基础香型一般在使用几分钟以后才能闻到，其香味越长久越令人愉悦，可持续整日甚至数日，像岩兰草、乳香、没药、檀香均是基础香型精油。

四、不同部位的植物精油有不同的效用特点

精油是由植物的根、茎、叶、花、果实、种子甚至全株植物，经过蒸馏或冷压萃取得到的纯天然芳香物质。精油的萃取部位决定着精油的属性方向以及作用，由此可见精油萃取部位可以为我们选择精油提供参考。

（一）花朵帮助生殖系统和皮肤系统

花是植物的颜面，因此由花朵蒸馏萃取得来的精油，对于皮肤保养有帮助，比如罗马洋甘菊缓解神经性皮炎、湿疹等，玫瑰精油保湿，永久花抗氧化还可以帮助止血，薰衣草修复烫伤、晒伤的皮肤等。

同时花朵也是植物的生殖系统，通过鲜艳的颜色和散发气味来招蜂引蝶、吸引昆虫来采授花粉，因此花类精油对于我们的生殖系统也有作用，比如依兰依兰精油有催情的作用，玫瑰精油养护子宫，鼠尾草可以补肾、增强精子活性等。

（二）果实是植物的新生

果实是植物的孩子，是植物的下一代。特别是柑橘类精油如野橘、柠檬、红橘、圆柚等，采用新鲜柑橘果皮冷压法萃取，就像是遇见活泼开朗的孩子，伴随新鲜精油的香气，调节情绪，让我们乐观积极。同时果皮类精油味酸，入肝经，因此又有助消化、增加食欲的功效，其清香、甜美的味道又可以疏肝解郁，提振精神，缓解抑郁低落情绪或者急躁易怒的脾气。

（三）叶片帮助植物呼吸

叶片是植物的肺，叶片的脉络是树木的血管神经。负责完成植物的光合作用和呼吸作用，叶片类精油有辅助呼吸系统的作用，尤加利、茶树、薄荷都是这方面的高手。叶片也是植物的末梢神经，因此也能帮助缓解我们的末梢神经问题，冬青、柠檬草缓解神经痛，天竺葵滋养神经，这些都有神经系统辅助功能。

（四）枝干支撑并保护植物

枝干相当于植物的肌肉、关节、骨骼，对植物起着支撑作用。从枝干萃取的精油可以帮助我们缓解关节疼痛，比如冷杉、白桦还有丝柏和雪松等。植物的养分运输通过枝干完成，枝干类精油具有很好的传导特性，除了传导养分，还有凝神静气的作用，是植物的中枢神经系统。因此头痛、神经衰弱可以选择这些气味厚重的精油。檀香木、雪松、侧柏的气息能够使人静心、放松、稳重、通达。

除了叶子，植物的枝干也在进行着光合作用和呼吸作用。很多来自松柏科植物的叶子也有枝干的特性，同时对于人体的呼吸系统有很好的辅助效果，雪松、檀香、白冷杉、西伯利亚冷杉等都可以用于缓解呼吸系统问题。

（五）树脂帮助植物伤口愈合

树脂是植物的血液，遍布植物全身，它有流动和收敛特性。比如没药可以帮助我们处理伤口。树脂也是植物的灵魂结晶，乳香、古巴香脂可以帮助植物避免外部侵袭，没药防腐生肌。作为植物的免疫系统，树脂类精油也可以帮助我们的淋巴系统和抑制恶性组织的增生。

（六）树根稳定枝干并吸收养分

根是植物的基础，将植物固定在地上，吸收养分，因此可以帮助我们解决消化吸收问题，比如生姜精油有温中止呕作用；根也是植物的末梢神经，有安定与平衡的作用，熏香岩兰草有助于情绪平衡。

（七）种子帮助繁育生殖

种子具有再生性特征。该类精油基本上都有帮助人体生殖系统，促进精子生长或卵泡成熟的作用。同时土为万物之母，种子从播种到破土发芽全过程接受了大地给予的滋养，因此种子类精油具有帮助消化的作用，很多种子类精油在人体消化系统起着重要的调节作用。

第二章　开启学习芳香疗法的三把钥匙

第一节　学习芳香疗法的两把钥匙

一、植物的科属

生物界把生物分为七个主要级别：界、门、纲、目、科、属、种。科和属是最常用的分类单位，植物的科属是了解植物精油的第一把钥匙。

精油的原植物来自不同的科属，这些科属的特性也会体现在精油的疗效中。每种精油都有一个拉丁名，第一个单词代表的就是植物的属，我们可以认为这是其家族标志。

现在已知的植物有 300 多个科属，芳香植物常见的科属有芸香科、唇形科、桃金娘科、菊科、橄榄科、番荔枝科、伞形科、杜鹃花科、禾本科、蔷薇科、檀香科、姜科、樟科、松科、柏科、牻牛儿科、桦木科等。常见科属的主要作用将放在单方精油一节讨论，此处省略。

二、植物精油主要化学成分

学习芳香疗法的第二把钥匙是它的化学组分。植物精油所含的芳香化合物主要有萜烯类、醇类、酯类、酮类、醛类、酚类、芳香醛、醚类等，不同的化学成分决定精油的不同作用。

1.萜烯类包括单萜烯、倍半萜烯等，大多数柑橘类精油与针叶树的精油都含有萜烯类成分，具有排毒、抗菌、祛痰等作用。倍半萜烯类成分能够通过舌下含服，直接通过血脑屏障，到达绝大多数药物到达不了的地方，发挥治疗精油的作用，为精油防治脑部疾患如脑梗死、脑卒中后遗症、帕金森病、阿尔茨海默病等医学难题提供了新的治疗思路。

2. 酯类是醇和酸反应所形成的化合物，它能使人平静并放松，同时也具有抗真菌和抗痉挛的作用。是佛手柑、天竺葵、永久花、薰衣草、依兰依兰、白桦与冬青等精油的主要成分。

3. 醇类，包括单萜醇、倍半萜烯醇等，具有抗菌、抗感染、抗病毒、提神、高度抗氧化作用，性质比较温和，小儿、老年人都适用，多存在于玫瑰、茉莉、薰衣草、佛手柑、罗马洋甘菊、橙花、薄荷、香蜂草、檀香等植物中。

4. 酚类包括百里香酚、丁香酚、甲基丁香酚等。是植物世界中最强效的抗菌剂，有抗感染和消毒的作用，它们含有大量供氧分子，具有抗氧化性。但是酚类对于皮肤有较强刺激性，如丁香、百里香等精油在涂抹时必须要稀释使用，一般仅在短期内使用。

5. 酮类精油有抗菌，促进伤口愈合，化痰、稀释呼吸道组织黏液等功能，多存在于迷迭香、牛膝草、绿薄荷等。通常是稀释后低剂量或短期内使用。

6. 醛类包括柠檬醛、肉桂醛、苯甲醛等。通常是精油香气的来源，它芳香扑鼻，可以平静情绪，有抗菌、抗炎、镇静中枢神经、抗痉挛、退热、降压和滋补作用；外涂时，需要稀释后使用。

7. 萜醚，通常刺激性小，可作为祛痰剂使用，是迷迭香的主要成分。常见氧化物包括 1,8- 桉油醇、芳樟醇氧化物等。其中 1,8- 桉油醇是萜醚中最常见的一种，有麻醉和消毒作用，可稀释痰液。常应用在外感咳嗽、哮喘等。

在学习这些化学物质的同时，我们要知道，这些芳香化合物并不是单一存在的，多种成分在精油中混合存在相互作用，使得每种精油的化学成分最终呈现出多样性和特异性，又因为这些芳香化学物质之间的协同作用，才成就了精油的有效性，最终方能用来疗愈我们的身体及心灵。

第二节 开启芳香疗法学习的第三把钥匙——中医药学

笔者认为芳香植物与植物类中药同源异流，均来源于自然，运用中医药理论体系来指导芳香精油的临床应用，可以根据使用对象的体质与症状辨证（体）施油，达到精准用油的目的，实为开启芳香疗法（以下简称"芳疗"）大门的第三把钥匙。有鉴于此，我们尝试着在开发第三把钥匙的道路上做一个先行者，希望能给后来者做些铺垫。中医药与芳疗的接触与交融之路还很长，希望在有生之年看到它开花结果！

一、阴阳学说

阴阳学说是研究自然界事物的运动规律，并用以解释宇宙间事物的发生发展变化的一种古代哲学理论。阴阳学说认为，世界是物质性的整体，宇宙间一切事物不仅其内部存在着阴阳的对立统一，宇宙万物的发生、发展和变化都是阴阳二气推动下产生的。

阴阳学说引入中医学领域，是中医学理论体系的重要组成部分，是以自然界运动变化的现象与规律来探讨人体的生理功能、病理变化，疾病的诊断和防治的根本规律。长期以来，一直有效地指导着实践。

1.**说明人体的组织结构** 人体是一个有机整体，是一个复杂的阴阳对立统一体，人的一切组织结构既相互联系，又可以划分为相互对立的阴、阳两部分。

阴阳学说对人体的部位、脏腑、经络、形气等的阴阳属性，都有具体划分。例如，按人体部位来说，人体的上半身为阳，下半身属阴；体表属阳，体内属阴；体表的背部属阳，腹部属阴；四肢外侧为阳，内侧为阴。按脏腑功能特点分，五脏（心、肺、脾、肝、肾）为阴，六腑（胆、胃、大肠、小肠、膀胱、三焦）为阳。五脏之中，心肺为阳，肝脾肾为阴；心肺之中，心为阳，肺为阴；肝脾肾之间，肝为阳，脾肾为阴。每一脏之中又有阴阳之分，如心有心阴、心阳，肾有肾阴、肾阳，胃有胃阴、胃阳等。

在经络之中，也分为阴阳。经属阴，络属阳，而经之中又有阴经与阳经，络之中又有阴络与阳络。十二经脉中有手三阳经与手三阴经、足三阳经与足三阴经。在血气之间，血为阴，气为阳。在气之中，营气在内为阴，卫气在外为阳，等等。

2. 说明人体的生理功能和病理变化 中医学应用阴阳学说提出了人体阴阳平衡的理论，即人体的正常生命活动，是阴阳处于动态平衡状态的结果，机体阴阳平衡标志着健康，而健康就包括机体内部的阴阳平衡，还有机体与环境之间的阴阳平衡。阴阳的平衡协调关系一旦遭到破坏，即失去平衡，便会产生疾病。因此，阴阳失调是疾病发生的基础。

3. 用于指导疾病的诊断 疾病的发生和发展是正邪相争以致阴阳失去平衡所致。阴阳失调是疾病的基本病机。在诊察疾病时，若能善于运用阴阳两分法，就能抓住疾病的关键。《素问·阴阳应象大论》说："善诊者，察色按脉，先别阴阳。"

（1）诊治方面：用阴阳属性来诊断病情。如肤色鲜明者属阳，晦暗者属阴；口渴喜冷者属阳，口渴喜热者属阴；说话声音高亢洪亮者属阳，低微无力者属阴；呼吸有力、声高气粗属阳，呼吸微弱、声低气怯属阴；脉之浮、数、洪、滑等属阳，沉、迟、细、涩等属阴。

（2）辨证方面：阴阳是八纲的总纲。在临床辨证中首先要分阴阳，才能抓住疾病的本质。如八纲辨证中，表证、热证、实证属阳；里证、寒证、虚证属阴。在脏腑辨证中，脏腑气血阴阳失调可表现出许多复杂的证候，但不外阴阳两大类，如在虚证分类中，心有气虚和血虚之分，前者属阳虚，后者属阴虚。

（3）确定治疗原则：阴阳偏盛者须损其有余，即"实者泻之"。阳盛则热属实热证，宜用寒凉药以制其阳，即"热者寒之"；阴盛则寒属寒实证，宜用温热药以制其阴，即"寒者热之"。

阴阳偏衰需补其不足，"虚者补之"。阴虚不能制阳而致阳亢者，属虚热证，治当滋阴以抑阳。若阳虚不能制阴而造成阴盛者，属虚寒证，治当扶阳制阴。

至于阳损及阴就需要在充分补阳的基础上补阴；阴损及阳则应在滋阴

同时要顾及阳气；阴阳俱损则应阴阳俱补，补其不足，维持阴阳平衡。

（4）归纳药物的性能：治疗疾病，不但要有正确的诊断和治疗方法，同时还必须熟练地掌握药物的性能。阴阳学说不仅可以确立治疗原则，也可以用来概括药物的性味功能，指导临床选择相应的药物，从而达到《素问·至真要大论》所说"谨察阴阳所在而调之，以平为期"的治疗目的。

中药的性能，是指药物具有四气、五味、升降浮沉的特性。四气指寒、热、温、凉。五味有酸、苦、甘、辛、咸。四气属阳，五味属阴。四气之中，温热属阳；寒凉属阴。五味之中，辛味能散、能行，甘味能益气，故辛甘属阳，如生姜、肉桂等；酸味能收，苦味能泻下，故属阴，如大黄、芍药等；淡味能渗泄利尿，属阳，如茯苓、通草；咸味能润下，属阴，如芒硝等。按药物的升降浮沉特性分，药物质轻，具有升浮作用的属阳，如升麻、柴胡等；药物质重，具有沉降作用的属阴，如龟板、牡蛎等。

二、五行学说

五行的"五"，是木、火、土、金、水五种物质；"行"，是行动、运动的古义，即运动变化，运行不息的意思。五行，是指木、火、土、金、水五种物质的运动变化，代表五种功能属性。

五行学说是中国古代的一种朴素的唯物主义哲学思想，认为宇宙间的一切事物，都是由木、火、土、金、水五种元素组成，宇宙万物的发展变化，都是五种物质不断运动和相互作用的结果。这五种物质之间，存在着既相互滋生又相互制约的关系，在相生相克运动中维持着动态的平衡，这就是五行学说的基本内涵。

1. 对脏腑组织器官属性的五行分类

（1）五行的特性：五行及其特性是古人在长期生活和生产实践中，对木、火、土、金、水五种物质的抽象认识，并逐渐总结出来的。如水代表滋润向下，火代表火热、炎上，金代表收敛、肃杀，木代表生发、条达，土代表载物、生长。中国古代哲学家用五行理论来说明世界万物的形成及其相互关系。它强调整体，旨在描述事物的运动形式以及转化关系。

由此可以看出，医学上所说的五行，不是指木、火、土、金、水这五种具体物质本身，而是五种物质不同属性的抽象概括。

（2）脏腑属性的五行分类：根据五行特性，与自然界的各种事物或现象相类比，将人体与自然界对应关系分成五大类。见表1-1。

表1-1　人体与自然界五行属性归类表

自然界（外环境）							五行	人体（内环境）						
五音	五味	五色	五化	五气	五方	五季		五脏	五腑	五官	五体	五志	五液	五脉
角	酸	青	生	风	东	春	木	肝	胆	目	筋	怒	泪	弦
徵	苦	赤	长	暑	南	夏	火	心	小肠	舌	脉	喜	汗	洪
宫	甘	黄	化	湿	中	长夏	土	脾	胃	口	肉	思	涎	缓
商	辛	白	收	燥	西	秋	金	肺	大肠	鼻	鼻	悲	涕	浮
羽	咸	黑	藏	寒	北	冬	水	肾	膀胱	耳	耳	恐	唾	沉

2. 利用五行的调节机制说明人体的生理病理变化

（1）五行的生克制化规律是五行正常情况下的自动调节机制。

①相生规律：相生即相互滋生、助长、促进之意。五行之间互相滋生和促进的关系称作五行相生。五行相生的次序是木生火，火生土，土生金，金生水，水生木。见图1-1。

②相克规律：相克即相互制约、克制、抑制之意。五行之间相互制约的关系称为五行相克。五行相克的次序是木克土，土克水，水克火，火克金，金克木。

③制化规律：五行中的制化关系，是维持五行生克之间相互制约的重要环节。无论自然界还是人体，没有生，就没有事物的发生和成长；

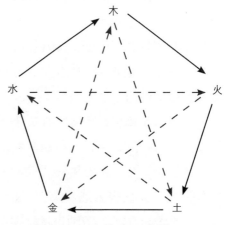

图1-1　五行生克示意图

——————→ 代表相生

------→ 代表相克

没有克，就不能维持事物的变化与发展。因此，必须生中有克（化中有制），克中有生（制中有化），相反相成，才能维持和促进事物相对平衡协调和发展变化。其规律是木克土，土生金，金克木；火克金，金生水，水克火；土克水，水生木，木克土；金克木，木生火，火克金；水克火，火生土，土克水。

④说明脏腑的生理功能及其相互关系：中医学说在五行合五脏的基础上，又将人体的组织结构分属于五行，以五脏（肝、心、脾、肺、肾）为中心，以六腑（胃、小肠、大肠、膀胱、胆、三焦）为配合，支配于五体（筋、脉、肉、皮毛、骨），开窍于五官（目、舌、口、鼻、耳），外荣于体表组织（爪、面、唇、毛、发）等，形成了以五脏为中心的结构系统，从而奠定了藏象学说理论基础，帮助我们理解脏腑的生理功能，了解脏腑之间相互滋生、相互制约的关系，认识到人体脏腑与内外环境也是相互统一的。

五行学说在中医学领域中不仅具有理论意义，而且还能指导临床诊断、治疗和养生康复，能帮助我们预判疾病的发生发展甚至预后情况，具有实际应用价值。

（2）说明五脏病变的传变规律

①发病：五脏疾病的发生，受自然气候变化的影响。如春天的时候，肝先受邪；夏天的时候，心先受邪；长夏的时候，脾先受邪；秋天的时候，肺先受邪；冬天的时候，肾先受邪。这种发病规律虽然不能完全符合临床实践，但它说明了节气的变化会影响五脏的功能，甚至疾病的发生。

②传变：本脏之病可以传至他脏，他脏之病也可以传至本脏，这种相互影响称之为传变。如木旺乘土，即肝木克伐脾胃，先有肝的病变，后有脾胃的病变。由于肝气横逆，疏泄太过，影响脾胃，导致消化机能紊乱。肝气横逆，则眩晕头痛、烦躁易怒、胸闷胁痛；肝气累及脾，则表现为脘腹胀痛、厌食、大便溏泄等；肝气伤及胃，则表现为纳呆、嗳气、吞酸、呕吐等，均为五脏之间的相互传变。

3. 用于指导疾病的诊断　人体是一个有机整体，当内脏有病时，人体内脏活动及其异常变化可以反映到体表相应的组织器官，出现色泽、声音、形态、脉象等诸方面的异常变化。因此，可以综合望、闻、问、切，根据五行和其变化规律来诊断疾病，并且推断病情的转归和预后。

如面见青色，喜食酸味，脉见弦象，可以诊断为肝病；面见赤色，口味苦，脉象洪，可以诊断为心火亢盛。脾虚却面色青的病人，是木乘土，脾虚兼有肝旺；心脏病人，面色却是黑色，是水克火，心病兼有肾病。如肝病，面青，脉弦，是色脉相符，如果不是弦脉反而是浮脉，属于克色之脉（金克木）；如果是沉脉则属相生之脉，即生色之脉（水生木），说明病情向愈。

4. 用于指导疾病的防治　五行学说在治疗上的应用，除体现于药物、针灸、精神等疗法外，在芳香疗法应用上，主要表现在以下几个方面：

（1）判断疾病传变趋势：运用五行生克乘侮规律，可以判断五脏疾病的发展趋势。如一脏病变，可以波及其他四脏，如肝脏有病可以影响心、肺、脾、肾等脏。其他脏器有病也可以传给本脏器，如心、肺、脾、肾之病变，也可以影响肝。因此，在治疗时，除对本脏进行处理外，还应考虑到其他有关脏腑的传变关系。如肝气太过，必克于土，此时应先健脾胃以防其传变。脾胃不伤，则病不传，易于痊愈。五脏虚则传，实则不传，因此，可以借助五行的规律及早控制传变和指导治疗，防患于未然。

（2）确定治则治法

第一，根据相生规律确定治疗原则。即"虚者补其母，实者泻其子"。

虚则补其母：用于母子关系的虚证。如肺气虚弱发展到一定程度，可影响脾的运化而导致脾虚。脾土为母，肺金为子，脾土生肺金，所以可用补脾气以益肺气的方法治疗，所以肺气虚弱，动则气喘气促，抵抗力低下易感冒之人除了使用山鸡椒、五味子、迷迭香补肺气之外，还需柑橘类精油补脾以益肺。补母则能令子实，这些虚证，利用母子关系治疗，就是所谓的"虚则补其母"。

实者泻其子：用于母子关系的实证。如肝火炽盛，有升无降，出现肝实证时，肝木是母，心火是子，这种肝之实火的治疗，可采用泻心法，泻心火有助于泻肝火。如带状疱疹，局部应用罗马洋甘菊、永久花清肝泻火等抗病毒，可适量加入薰衣草、香蜂草清心火而取效，这就是"实者泻其子"。

第二，根据相克规律确定治疗原则。克者属强，表现为功能亢进，被克者属弱，表现为功能衰退。因而，在治疗上可同时采取抑强扶弱的手段，侧重于制其强盛，使弱者易于恢复。

如肝气横逆，犯胃克脾，出现肝脾不调、肝胃不和之证，称为木旺克土，用养肝益肾复方、罗马洋甘菊、薄荷等疏肝平肝为主。如脾胃壅滞，影响肝气条达，当以消化复方及薄荷等运脾和胃。抑制其强者，则被克者的功能自然易于恢复。

如肝气疏泄不及，影响脾胃健运，称为木不疏土。治宜和肝为主，兼顾健脾，加用养肝益肾复方与柑橘类精油、消化复方合用，以加强双方的功能，这是扶弱。尚未发生相克现象，也可以利用这一规律来防止病情的发展。

（3）指导脏腑用药用油：中药以色味为基础，以归经和性能为依据，按五行学说加以归类，芳香精油也可参照此思路归类。青色、酸味入肝，如青橘、莱姆等；赤色、苦味入心，如没药、乳香、薰衣草等；黄色、甘味入脾，如野橘、柠檬；白色、辛味入肺，如薄荷、尤加利；黑色、咸味入肾，如杜松浆果、天竺葵。这种归类是脏腑选择用药用油的参考依据。

由此可见，临床上依据五行生克规律进行治疗，有一定的实用价值。但是，并非所有的疾病都可用五行生克这一规律来治疗，不要机械地生搬硬套，要根据具体病情进行辨证施治。

三、芳香植物的偏性

中药治疗疾病的偏性是多种多样的，主要有四气、五味、升降浮沉等。芳香植物精油同样如此。

1. **四气** 即指药物具有寒、热、温、凉四种不同的药性，植物提取的精油也秉承原植物的气，比如尤加利性寒、肉桂性热、乳香性温、茶树性凉等。四气以外还有一类平性药，它是指寒热之性不明显、药性平和、作用较缓和的一类药物，在植物精油中具有这一特性的有柠檬、薰衣草等。

药性的寒热温凉是由药物作用于人体所产生的不同反应和不同疗效而总结出来的，是相对而言的。它通过调节机体寒热变化来纠正人体阴阳盛衰，比如寒、凉的精油作用于人体时可以清热、泻火、解毒，温热的精油作用于人体时可以温中、散寒、助阳。《素问·至真要大论》曰："寒者热之，热者寒之。"如病人表现为高热、面红目赤、咽喉肿痛、脉洪数，这属于阳热证，可用茶树、薄荷精油清热利咽，上述症状得以缓解或消除，也说明它们的性质是寒凉的；反之，如病人表现为四肢厥冷、面色苍白、脘腹冷痛，这属于阴寒证，用肉桂、生姜、黑胡椒等精油内服或外涂后，上述症状得以缓解或消除，说明它们的性质是温热的。反之，如果阴寒证用寒凉药（或精油），阳热证用温热药（或精油）必然导致病情加重，正如《医宗必读》所云："寒热温凉，一匕之谬，覆水难收。"这些都是用油必须遵循的使用原则。

2. **五味**　我们说药食"入口则知味，入腹则知性"，我们日常所食的五谷、五果、五畜、五菜都具有五味所属，精油也不例外。

五味是指酸、苦、甘、辛、咸五种不同的味道，具有不同的治疗作用。酸入肝，有收敛固涩、助消化的作用；苦入心，能泄热、燥湿、坚阴；甘入脾，有补益、和中、调和药性的作用；辛入肺，发散、行气、活血；咸入肾，可以软坚散结、泄下通便。如茶树性凉味苦，能清热燥湿，尤加利味苦辛凉，能清肺化痰。有些精油一油数味者，就意味着其治疗范围较大。如野橘微酸、甘、温，功效有疏肝解郁、健脾化痰等。

每种药物（或精油）同时具有性和味，在日常用油中我们既用其性，又要用其味，必须将两者综合起来。一般来说性味相同其作用也相近，比如尤加利和茶树精油都辛凉入肺经，都有清热解毒功效，适用于各种上呼吸道炎症。尤加利更倾向于清肺化痰，茶树作用更为广泛，可用于热邪所致咽喉肿痛、牙痛、中耳炎、阴道炎、尿路感染及疮疡肿痛；再如辛热的肉桂和黑胡椒都具有温阳散寒、补气助阳的作用，二者性味相同，肉桂性热，回阳救逆、引火归原，不仅可以温阳暖身，用于畏寒怕冷的阳虚患者，还可治疗虚火上炎所致口腔溃疡及心肾不交失眠，黑胡椒偏于温胃止痛，多用于脾胃虚寒所致胃痛。

3. **归经**　归，即归属，指植物精油作用的归属；经，经络，人体脏腑经络。归经表示芳香植物作用所能达到的部位。如薄荷味辛性凉，归肺经，具有升浮发散特性，故可用于外感风热，肺失宣发之发热、咳嗽。

4. 升降浮沉　升降浮沉是指芳香植物的定向作用，即指植物精油在人体内的四种趋向，即上升、下降、发散、收敛。利用植物本身升降浮沉的特性，可以纠正机体的升降浮沉失调。

一般来说，植物的升降浮沉与四气五味及其阴阳属性决定植物的作用趋向。如性温热、气味辛甘的精油，其属性为阳，其作用趋向多为升浮，如生姜、山鸡椒、丁香、肉桂等精油；如性寒凉，气味酸苦咸的精油，其属性为阴，其作用趋向多为沉降，如茶树、牛至、麦卢卡等精油。

四、藏象学说

1. 藏象及藏象学说的基本概念　"藏象"一词，首见于《素问·六节藏象论》。藏，是指藏于躯体内的脏腑组织器官；象，是指表现于外部的生理、病理现象。

藏象学说，是中医基础理论的核心组成部分。所谓藏象就是通过对人体生理、病理现象的观察，探究人体脏腑系统生理功能、病理变化及诊断治疗规律的学说。藏象学说认为，人体各脏腑虽然深藏于体内，难以直观观察，但这些脏腑通过经络系统与体表的某些组织器官相互联系。当人体内脏有病，与之相应的体表组织器官——五官、五窍、五液等可出现异常反应，我们可以从外在的各种症状和体征推测内在脏腑的病变，如心开窍于舌，心火上炎，就可以看到舌尖红赤甚至糜烂；肺开窍于鼻，外感风寒，肺气不宣可以出现鼻塞流涕等，这就是中医藏象学说的临床意义所在，为临床诊治提供理论依据。

2. 藏象学说的主要内容　藏象学说的主要内容包括脏与腑的主要生理功能及病理表现；脏腑与五官、五窍、五体、五志等络属关系；脏腑表里联系。

（1）心与小肠

①心主要生理功能与病理变化：心为君主之官，从生理上讲，心能主血脉、主神志。心主血脉就是说心具有推动全身血液在血脉中运行的功能。当心主血脉功能正常时，则人体的心率、心律和心力等都在正常范围，血液在脉道中正常流动不受阻碍；若心主血脉功能异常，则血流不畅，

阻塞脉道，出现胸闷胸痛等症；心气不相衔接，可见心悸心慌及促、结、代脉等。

心主神志，又称心藏神，是指心主管人的精神意识思维活动。当心主神明功能正常时，人能够客观地接受、处理外界的事务，其反应符合常人，具有自制力；当心主神明功能异常时，程度轻者仅见多梦、健忘、心神不宁等，重者可见意识模糊，甚至狂躁不安，意识丧失。

②心与五官、五窍、五体、五志等联系：其在窍为舌，其华在面，在液为汗，喜伤心。在窍为舌是说心的功能活动可以透过舌体变化反映在外。手少阴心经循经入于心中，系舌本，所以舌色及舌体能够敏感地反映心的生理功能，若生理功能正常则舌体红润灵活，若心脉瘀阻，可见舌质紫黯、瘀斑瘀点，若痰迷心窍，可见神志昏迷，舌体强硬等。心其华在面，"华"，有荣华外露之意。心主全身的血脉，人的血气是否充盈，可以从面色的荣润与否反映出来。心之气血充盛，则面色红润，心之气血不足，则见面色少泽不华。汗为心之液，汗液通过阳气蒸化从毛孔而出，心为阳脏，为君火，心火上炎，蒸腾津液由内而出，若汗出太过，津汗同源，则耗损心气，见心悸怔忡等。过喜伤心，是指乐极生悲，影响心智。

③小肠的主要生理功能：小肠为受盛之官，具有受盛化物和泌别清浊的生理功能。小肠主受盛化物，能接受胃下传的食糜，并对其进行进一步的消化吸收；泌别清浊，清者为水谷之精微，浊者为食物之糟粕，若职能失司，精微与糟粕混合则会便溏泄泻、小便短少等。

④心与小肠通过经络互属表里：心属里，小肠属表。生理上心火下降于小肠，帮助小肠分清泌浊。病理上心火过盛，可移热于小肠，出现小便短赤、灼痛、尿血等症状。反之，小肠有热，也可引起心火亢盛，出现心中烦热、面红、口舌生疮等症状。

⑤芳香应用指引

益气通脉：如乳香、香蜂草、马郁兰。

提神醒脑：如迷迭香、罗勒。

安神定志：如薰衣草、岩兰草、雪松、橙花。

（2）肺与大肠

①肺的主要生理功能：肺居胸腔，上通于鼻，肺主气，司呼吸，人体

通过呼吸进行气体交换，将体内的浊气呼出，把自然界的清气吸入，以维持人体清浊之气的新陈代谢；肺又主一身之气，是因肺与宗气的生成密切相关。宗气主要是由水谷的精气，与肺吸入的大自然之清气相结合而成，积于胸中，上出喉咙。它的作用是推动呼吸运动，贯通心脉，以推动血液运行。

肺主宣发肃降，主通调水道。肺主宣发，是指肺气具有向上宣发和向外布散的作用，将脾所转输的津液和水谷精微，布散到全身，外达于皮毛，调节皮肤毛孔之开阖，化为汗液排出体外；肺主肃降，是指肺气具有向内、向下清肃通降的作用，是将肺吸入的清气和由脾转输至肺的津液及水谷精微向下布散，将代谢后所产生的浊液下输于肾和膀胱，是为尿液生成之源。

肺最常出现的症状就是咳嗽。如肺气虚损，呼吸功能减弱，咳喘无力，气少不足以息，动则更甚，声音低怯，还可因卫表不固而见自汗、畏风、易于感冒等症状。若肺气不宣则呼吸不畅、胸闷喘咳；若肺气不降则气逆上咳，喘息胸闷等。肺为水之上源，依靠肺的宣发肃降功能，使水液周流全身，若不得宣发可见头面水肿、无汗等，若不得肃降，则小便不利、下肢浮肿等。

②肺与五官、五窍、五体、五液、情志联系：主要体现在开窍于鼻，其华在毛，在液为涕，在志为悲。鼻是气体出入的通道，与肺直接相连，肺气宣发正常与否可影响鼻窍通利与否，如鼻塞流涕、嗅觉失灵多与肺相关。其华在毛，包括皮肤、汗毛等组织，卫气、水谷精微通过肺气布散于肌表，若卫外不固则多见自汗、易于感冒，若失于濡养则皮毛多枯槁无泽。五脏化液，肺为涕，涕由肺津化生，在生理状态下滋润鼻腔，病理状态下风热为浊涕，风寒为清涕。燥邪则干，悲伤过度易伤肺。

③大肠主要生理功能：大肠为传导之官，具有传导糟粕与主津的生理功能。饮食物经小肠泌别清浊后，浊者及部分水液下降到大肠，大肠再吸收后，形成粪便，排出体外；大肠主津，强调它兼有吸收部分水分的功能，若生理功能失职，可见便秘或泄泻等。

④肺与大肠相表里：肺与大肠通过经脉相互络属，构成表里关系。肺气的肃降有助于大肠传导功能的发挥，而大肠的传导功能正常，又有助于肺气的肃降。在病理方面，若大肠实热，腑气不通，则可使肺失肃降，而

见胸满、咳喘等症；若肺失肃降，津液不能下达，可见大便燥结；肺气虚弱，大肠传化无力，可出现气虚便秘，大便艰涩而不行。

⑤芳香应用指引

化痰止咳：可用尤加利、迷迭香、茶树、薄荷、柑橘类、豆蔻。

利水消肿：可用圆柚、丝柏、柠檬。

润肠通便：可用生姜、圆柚、柠檬。

（3）脾与胃

①脾的主要生理功能与病理表现：脾为仓廪之官，从生理上讲，脾主运化、主统血，脾气主升。脾主运化是后天精微物质化生的主要途径，将饮食物转化为能被人体吸收的营养物质，将水液转化为津液输布濡润全身，若脾主运化功能正常，水谷精微化生如常，气血津液得以运转；如脾失健运，一是水谷精微不得运化，气血生化乏源，见倦怠无力、肌肉消瘦等；二是水液运化障碍以致水湿凝聚成痰，甚者水肿为患。脾主统血，是指脾气具有统摄血液在脉中运行而不外溢的功能，若失职，血不归经，溢于脉外，可见各种出血，如尿血、便血、齿衄、皮下紫癜等。脾胃同出中焦，脾主升清与胃主降浊相对而言，脾升则脾气上升，可将水谷精微上输于心、肺、头目，并通过心肺的作用，化生气血，以营养全身，并使内脏位置相对稳定，防止内脏下垂；若脾不得升，则多有泄泻便溏、腹胀、内脏下垂等。

②脾与五官、五窍、五体、五液的联系：其在窍为口，其华在唇，主四肢，在液为涎。脾气通于口，口是消化道的最上缘，唇是口的外缘，唇的色泽依赖于气血的营养，脾气不足则食之无味，或口甜口腻。脾主肌肉，水谷精微输送至肌肉，充养四肢，营养不足则四肢消瘦，或松软无力。脾在液为涎，涎俗称口水，在咀嚼时可助消化，但脾气虚弱无法统摄，则会导致涎液分泌异常。

③胃的主要生理功能与病理表现：胃为水谷气血之海，具有受纳、腐熟水谷和主通降的作用。胃脾"以膜相连"，饮入于胃，游溢精气，上输于脾。胃具有接受和容纳饮食物，并将其初步消化，形成食糜的作用。饮食经口入内，经食管至胃，在胃的不断蠕动及腐熟下，变成能供人体吸收的精微物质。若胃的受纳和（或）腐熟功能失职，则可见胃脘胀满或消谷善

饥。胃主通降，与脾主升清相对应，饮食物入胃，借助胃有通降下利的生理功能，下传于小肠进一步消化。若胃失和降，饮食物不能下传，则会积聚于胃，可见脘腹胀痛，或逆而向上，则有恶心、呃逆等症。

④脾与胃互为表里：如果脾为湿困，运化失职，清气不升，即可影响胃的受纳与和降，出现食少、呕吐、恶心、脘腹胀满等症。反之，若饮食失节，食滞胃脘，胃失和降，常可影响脾的升清与运化，出现腹胀泄泻等症。

⑤芳香应用指引

补脾助运：可用圆柚、野橘、柠檬、佛手、莱姆；

运脾化湿：可用藿香、生姜、芫荽、甜茴香、圆柚；

温胃散寒：可用生姜、胡椒、茴香、豆蔻、肉桂、丁香；

和胃清热：可用茶树、牛至、罗勒、绿薄荷、柠檬、圆柚。

（4）肝与胆

①肝的生理功能与病理表现：肝为将军之官，从生理上讲，肝主疏泄、主藏血。疏泄，指疏通与宣泄，肝气疏泄，则使全身气血津液畅通有序，并协调脾胃升降，舒畅情志。情志分属五脏，由心主宰，但情志的正常活动与肝之疏泄密切相关，若肝气郁结，多伴抑郁不乐、善疑多虑，若肝郁化火，则可见急躁易怒、心烦失眠。肝藏血，具有贮藏血液、调节血量的功能，若藏血失职，首见出血，后可见各脏兼证。

②肝与五官、五窍、五体、五液等的联系：其在窍为目，肝主筋，其华在爪，在液为泪。肝经上连目系，得肝血濡养而视物清晰，若肝阳上亢则目胀目眩，肝血失养则目干目涩，肝经风热则目赤痒痛。肝主筋，筋者，泛指肌腱、韧带等，是连接关节肌肉的结构，运动功能的重要组成部分，如筋失养，影响运动，表现为动作迟缓、肢体麻木、手足震颤等。爪为筋之余，爪甲是手足之末端，肝血情况可以从爪甲反映出来。肝血足则爪甲坚韧红润，不足则枯槁脆弱。泪液从目溢出，目为肝之窍，泪液的分泌情况能够反映肝的生理病理变化，肝血不足则分泌少，肝经风热多迎风流泪。

③胆的主要生理功能与病理表现：胆为空腔脏器，形如梨形囊袋，能贮藏与排泄胆汁，协助人体脾胃的正常消化与吸收。若胆汁疏泄不利，则会影响消化，出现口苦、厌食油腻，胆汁外溢则出现黄疸等。胆主决断，

是指胆在意识活动中具有决断的作用。成语提心吊胆、胆战心惊等也从侧面反映了胆在精神意志活动中的作用。胆气盛者，勇于决断；胆气虚者，优柔寡断，可伴有善太息、易惊悸等情志病变。

④肝胆互为表里：胆汁来源于肝，肝主疏泄，肝之余气生成胆汁，而胆贮藏并排泄胆汁。因此，肝与胆在胆汁的分泌、贮藏和排泄方面存在密切联系，并与消化功能有关。

肝与胆不但在生理上互相配合，而且在病理上常相互影响。例如，肝疏泄功能失常，胆汁的排泄受到影响。反之如果胆腑疏泄失职，胆汁排泄不畅，可致肝的气机不畅，产生胸胁胀痛、口苦等肝郁病证。在临床上，肝胆病证往往不能完全分开，如表现为黄疸、口苦，舌苔黄腻的肝胆湿热证，二者临床上常同时出现。

⑤芳香应用指引

疏肝利胆：可用野橘、红橘、青橘、圆柚、佛手、莱姆等。

清肝泻火：可用罗马洋甘菊、永久花、蓝艾菊。

养血护肝：可用当归、薰衣草、天竺葵、乳香、茉莉、玫瑰。

疏肝解毒：可用侧柏、日本扁柏、薄荷、牛至、柠檬。

疏肝活血：可用乳香、没药、马郁兰、茉莉、迷迭香。

（5）肾与膀胱

①肾的主要生理功能与病理表现：从生理上讲，肾藏精，主水与主纳气。肾为先天之本，又为封藏之本，是一身元阴元阳的基础，肾藏精之精多从广义论之，泛指气血精液等一切精微物质，是人体生长、发育、维持生命的物质基础，若肾失封藏之职，可致男子精少不育，女子闭经不孕，或成人未老先衰，或小儿生长迟缓。肾主水，主持人体水液的生成、输布和排泄的全过程，肾气不足，则气化功能失司，膀胱开阖失度，可见各种水湿痰饮产生的病理产物，如肢体水肿、少尿或多尿等。肾为气之根，由肺吸入的清气，在肾主纳气的作用下，呼吸才能保持一定的深度，维持正常的内外气体交换，若肾之摄纳无权则气浮于上，呼吸轻浅，或呼多吸少，动则气喘，多见于慢性阻塞性肺气肿的患者。

②肾与五官、五窍、五体、五液的联系：其在窍为耳及二阴，主骨，其华在发，在液为唾。肾开窍于耳，耳司听觉，主平衡，耳得肾髓之濡养

则耳聪，不得则听力减退，甚者失聪；在窍为二阴，二阴中前阴主生殖与排尿，后阴主排泄粪便，排泄虽与大肠的传导更为相关，但若肾阳虚衰，固摄无力，可见泄泻、夜尿多；如肾阴不足，不能滋润肠道，可见便秘。肾主骨，生髓通于脑，骨的生长依赖于肾髓的充盈，若肾精不足，则骨失所养，可伴骨质疏松、骨软无力、牙齿脱落等。发为血之余，发之生机根源于肾，故发为肾之外候，肾精的盛衰也可从头发的发质、色泽等变化中表现出来，若头发失其所养，则可见头发早白、早脱、无光泽等。之前提及脾在液为涎，而肾在液为唾，涎与唾同为口津，稀者为涎，稠者为唾，若肾阴不足则唾少而干。

③膀胱的生理功能与病理表现：为州都之官，具有贮存津液和排泄尿液的生理功能。膀胱居于小腹中央，是中空的具有弹性的囊性器官，能够贮存液体。膀胱下与尿道相连，开口于前阴，在肾的气化作用下，浊者适时有度地排出体外。若膀胱不利，多见排尿不畅、小便余沥、尿频尿急等。

④肾与膀胱相表里：肾主水，开窍于二阴，膀胱贮存、排泄尿液的气化功能，取决于肾气的盛衰，肾气促进膀胱气化津液，司开阖以控制尿液的排泄。肾与膀胱在病理上相互影响，主要表现在水液代谢和膀胱的贮尿和排尿功能失调方面。如肾阳虚衰，气化无权，影响膀胱气化，则出现小便不利、癃闭、尿频尿多、小便失禁等。

⑤芳香应用指引

滋补肾阴：可用依兰依兰、薰衣草、天竺葵、西洋蓍草、檀香。

温补肾阳：可用杜松浆果、肉桂、百里香、雪松、甜茴香。

补益肾气：可用丝柏、冷杉、雪松、侧柏、迷迭香、罗勒。

填补肾精：可用岩兰草、快乐鼠尾草、玫瑰、茉莉、西洋蓍草。

五、辨证论治

1. **八纲辨证**　八纲辨证是运用阴阳、表里、寒热、虚实这八纲，对病症进行分析、归纳，为治疗提供思路。它是认识和诊断疾病的主要过程及方法。

（1）表里辨证：表里可以辨别病位的深浅。表证，病位在体表，症状有怕冷、身痛、鼻塞、发热、无汗或有汗，口不渴，脉浮；里证，病位在内脏深层，症状有口渴、腹痛、腹胀、便秘等。

（2）寒热辨证：寒热辨别病证的性质。寒证是指因感受自然界寒邪或机体阳气不足，阴气偏盛，或脏腑机能活动衰减所表现的一种证候。在临床上，寒证常表现为怕冷恶寒喜暖，口淡不渴，面色苍白，肢冷蜷卧，小便清长，大便溏薄，舌淡苔薄而润，其病因机制是阳气不足或受损，温煦功能减弱。在临床上，热证是指感受自然界温热邪气，或素体阳盛，寒从热化，或情志内伤，郁而化火等所表现的一种证候。

（3）虚实辨证：是辨别人体的正气强弱和病邪盛衰。邪气盛的叫实证，正气衰的叫虚证。虚证常有面色苍白或菱黄，精神萎靡，身疲乏力，心悸气短，形寒肢冷或五心烦热，自汗盗汗，大便溏泄，舌少苔或无苔，脉虚无力等，临床上由于气、血、阴、阳不足可分为气虚、血虚、阴虚、阳虚。实证是因外邪侵袭或是因脏腑气血机能障碍引起的，常见症状为高热，面红，烦躁，谵妄，声高气粗，腹胀疼痛而拒按，便秘，舌苔厚腻，脉实有力等。

（4）阴阳辨证：是统摄其他六纲的总纲，有阴证、阳证两大类。表、热、实属阳，里、虚、寒属阴。阴虚证常见五心烦热、潮热盗汗、口干、失眠、形体消瘦、便秘、舌色红绛等；阳虚证患者多表现为畏寒怕冷、四肢不温、腹泻、尿频清长、舌胖大等，治宜温阳散寒等。

2. **气血津液辨证**　气、血、津液是生命的基本物质。气，既是人体的重要组成部分，又是机体生命活动的动力；血，是红色的液态物质；津液，是人体内的正常水液的总称。由此可见，气血津液既是脏腑功能活动的物质基础，而它们的生成及运行又有赖于脏腑的功能活动。因此，在病理上，脏腑发生病变，可以影响气血津液的变化；而气血津液的变化，也必然要影响脏腑的功能。

气血津液辨证，是运用脏腑学说中气血津液理论，分析气、血、津液生理病理变化的一种辨证方法。

（1）气病辨证：气病临床常见的证候可概括为气虚、气陷、气滞、气逆四种。

①气虚证：是指由元气不足引起的一系列的病理变化及证候。

【辨证要点】本证以全身机能活动低下为辨证要点。以少气懒言，神疲乏力，自汗，舌淡苔白，脉虚无力为主要诊断依据。

【芳香应用指引】以益气补虚为治疗原则。建议熏香或口服野橘、红橘等柑橘类精油，可舌下含服香蜂草、乳香等补气，提升能量。

②气陷证：是指气虚无力升举而反下陷的证候。多见于气虚证的进一步发展。

【辨证要点】多有腰腹气坠感。以内脏下垂如脱肛、子宫或胃等内脏下垂为主要诊断依据。

【芳香应用指引】以补益元气、升举提陷为原则。选取乳香、生姜、迷迭香、野橘、红橘等补气升提类精油，点按涂抹精油，并灸百会穴及升提穴（在百会穴上一寸处）。

③气滞证：是指人体某一脏腑，某一部位气机阻滞，运行不畅所表现的证候。

【辨证要点】本证以胀闷、疼痛为辨证要点。

【芳香应用指引】以疏肝理气为主。芳香植物中，芸香科植物多有疏肝理气导滞的功效。如柠檬、野橘、青橘、佛手柑等柑橘类精油，还有唇形科薄荷、薰衣草、马郁兰、小豆蔻等均有行气的功效。

④气逆证：是指气机升降失常，应降不降，气机上逆，或气机横逆引起的证候。

【辨证要点】临床以肺胃之气上逆和肝气升发太过的病变多见。肺气上逆，则见咳嗽喘息；胃气上逆，则见呃逆、嗳气、恶心、呕吐；肝气上逆，则见头痛、眩晕、昏厥、呕血等。

【芳香应用指引】百病生于气也，气顺则百病消。治疗应以降气平逆为法。肺气上逆可予尤加利、迷迭香嗅吸，肃肺以降气逆；胃气上逆可用生姜、小茴香、丁香、豆蔻等和胃降逆；肝气上逆可用罗勒、罗马洋甘菊、永久花等平肝降逆。

（2）血病辨证：血的病证表现很多，因病因不同而有寒热虚实之别，临床表现可概括为血虚、血瘀、血热、血寒四种证候。

①血虚证：是指血液亏虚，脏腑百脉失养，表现出全身虚弱的证候。

【辨证要点】以面色、口唇、爪甲失其血色及全身虚弱为辨证要点。证见面白无华或萎黄，唇色淡白，爪甲苍白，头晕眼花，心悸失眠，手足发麻，妇女经血量少色淡，经期错后或闭经，舌淡苔白，脉细无力。

【芳香应用指引】血虚需补血生血，常用的补血植物精油有当归养血补血，西洋蓍草、岩兰草补肾生血，乳香、红橘、圆柚等健脾益气生血。

②血瘀证：是指因瘀血内阻所引起的证候。

【辨证要点】本证以痛如针刺，痛有定处，拒按，肿块，唇舌爪甲紫暗，脉涩等为辨证要点。

【芳香应用指引】血瘀证以活血化瘀为法，芳香植物精油中，乳香、没药、古巴香脂、马郁兰等均有活血化瘀的功效。前三味口服，马郁兰以外涂及熏香为主，可搭配血海和期门穴位按摩。

③血热证：是指脏腑火热炽盛，热迫血分所表现的证候。

【辨证要点】本证以出血和全身热象为辨证要点。故表现为各种出血及妇女月经过多等。咳血、吐血、尿血、衄血、便血、妇女月经先期、量多、血热、心烦、口渴、舌红绛，脉滑数。

【芳香应用指引】清热凉血。植物精油可选永久花、罗马洋甘菊、西洋蓍草、蓝艾菊、丝柏、天竺葵、柠檬等精油。

④血寒证：是指局部脉络寒凝气滞，血行不畅所表现的证候。

【辨证要点】本证以手足局部疼痛，肤色紫黯为辨证要点。手足或少腹冷痛，肤色紫黯发凉，喜暖恶寒，得温痛减，妇女月经延期，痛经，经色紫黯，夹有血块，舌紫黯，苔白，脉沉迟涩。

【芳香应用指引】血寒证以温通经络，散寒止痛为法。可选择生姜、胡椒、茴香、肉桂等精油。

（3）气血同病辨证：气血同病辨证，是用于既有气的病证，同时又兼见血的病证的一种辨证方法。气血同病常见的证候，有气滞血瘀、气虚血瘀、气血两虚、气不摄血、气随血脱等。

①气滞血瘀证：是指由于气滞不行以致血运障碍，而出现既有气滞又有血瘀的证候。

【辨证要点】本证以病程较长和肝经循行部位疼痛、痞块为辨证要点。胸胁胀满、走窜疼痛，性情急躁，并兼见痞块，刺痛拒按，妇女经闭或痛经，经色紫黯夹有血块，乳房痛胀等症，舌质紫黯或有紫斑，脉弦涩。

【芳香应用指引】可选用活血行气的精油，如乳香、没药、野橘、圆柚等精油。

②气虚血瘀证：是指既有气虚之象，同时又兼有血瘀的证候。

【辨证要点】本证虚中夹实，以气虚和血瘀共见为辨证要点。

【芳香应用指引】本证气虚为本，血瘀为标，治宜补气益气为主，兼以活血行血。可选用柑橘类精油和乳香、马郁兰、没药、古巴香脂等合用。

③气血两虚证：是指气虚与血虚同时存在的证候。

【辨证要点】本证以气虚与血虚的证候并见为辨证要点。

【芳香应用指引】治宜气血双补。可内服野橘、红橘、五味子、当归、西洋蓍草、杜松浆果、岩兰草等精油补气养血。

④气不摄血证：又称气虚失血证，气虚与失血并见。

【辨证要点】本证以气虚与失血并见为辨证要点。

【芳香应用指引】脾主统血，中气亏虚，脾统血无权，则出现便血、牙龈出血、皮下紫癜，妇女崩漏或月经量多，神疲乏力等。可以用野橘、柠檬、五味子、西洋蓍草、永久花等精油健脾补气摄血。

（4）津液辨证：是分析津液病变的辨证方法。津液病证，一般可概括为津液不足和水液停聚两个方面。

①津液不足证：是指由于津液亏少，失去其濡润滋养作用所出现的证候。

【辨证要点】以皮肤、口唇、舌咽干燥及尿少便干为辨证要点。症见口渴咽干，唇燥而裂，皮肤干枯无泽，小便短少，大便干结，舌红少津，脉细数。

【芳香应用指引】柠檬、薰衣草、薄荷、天竺葵、玫瑰或滴入温水中饮用，或外涂，或香熏，均可以滋阴润燥。

②水液停聚证：是指水液输布、排泄失常所引起的痰饮水肿等病证。

A. 水肿：是指体内水液停聚，泛滥肌肤所引起的面目、四肢、胸腹甚至全身浮肿的病证。临床将水肿分为阳水、阴水两大类。

a.阳水：以发病急，来势猛，水肿性质属实者。

【辨证要点】先见眼睑头面肿，上半身肿甚为辨证要点。肿从眼睑开始，继而头面，甚至遍及全身，小便短少，来势迅速，皮肤薄而光亮，兼有恶寒发热，无汗，舌苔薄白，脉象浮紧。

【芳香应用指引】"阳水多外因涉水冒雨，或兼风寒、暑气而见阳证。"因此治宜利水祛邪。上半身肿，治宜散发。可熏香野橘、薄荷、圆柚等，乳香、丝柏、圆柚涂抹水肿处，并点按肺俞、三焦俞、列缺穴以宣肺，通调水道；加用水分、阴陵泉穴，可健脾利湿行水；面部肿甚加人中、前顶穴。灸水分、肺俞、三焦俞、阴陵泉穴。

b. 阴水：发病较缓，水肿性质属虚者，称为阴水。

【辨证要点】足部先肿，腰以下肿甚，按之凹陷不起为辨证要点。

【芳香应用指引】阴水多由脾肾阳虚而致，多属虚证，因此治宜健脾温肾，助阳利水。可内服柑橘类精油健脾祛湿，外涂杜松、丝柏、雪松等补肾助阳。穴位可选脾俞、肾俞、水分、三阴交。下肢明显水肿，可用乳香、丝柏、圆柚，自下而上涂抹，利水消肿效果显著。

B. 痰饮：痰和饮是由于脏腑功能失调以致水液停滞产生的病证。

a. 痰证：痰证是指水液凝结，质地稠厚，停聚于脏腑、经络、组织之间而引起的病证。

【辨证要点】有有形之痰与无形之痰之分。咳嗽咯痰，痰质黏稠为有形之痰；胸脘满闷，纳呆呕恶，头晕目眩，或神昏癫狂，或肢体麻木，瘰疬、瘿瘤、乳癖、痰核等为无形之痰，舌苔白腻，脉滑为痰的征象。

【芳香应用指引】咳嗽咯痰，痰质黏稠，选择尤加利、迷迭香、茶树、麦卢卡、百里香、罗文莎叶、小豆蔻等2~4种精油，每种2滴，滴入香熏器内熏香。

胸脘满闷，纳呆呕恶，头晕目眩，选择生姜、小豆蔻、佛手、圆柚、野橘、柠檬等2~4种精油，每种2滴，滴入香熏器内熏香。

神昏癫狂，选择乳香、夏威夷檀香、野橘、香蜂草、平衡复方、安宁复方等2~4种精油，每种2滴，滴入香熏器内熏香。

瘰疬、瘿瘤、乳癖、痰核，选择乳香、没药、圆柚、野橘等2~4种精油，每种2滴，滴入香熏器内熏香。或者加椰子油1:1稀释涂抹局部。

b. 饮证：饮证是指水饮质地清稀，停滞于脏腑组织之间所表现的病证。多由脏腑机能衰退等原因引起。

【辨证要点】本证主要以饮停心肺、胃肠、胸胁、四肢的病变为辨证要点。一，饮停心肺则见咳嗽气喘，痰多而稀，胸闷心悸，甚至倚息不能平卧；二，饮停胸胁以胸胁胀闷疼痛，咳嗽痛甚，身体转侧或呼吸时胸胁牵引作痛，舌苔白滑，脉弦为常见证候。三，饮停胃肠则见脘腹痞胀，水声辘辘，泛吐清水；四，饮停四肢则见头晕目眩，小便不利，肢体浮肿，沉重酸困，苔白滑。

【芳香应用指引】

饮停于肺，温肺化饮平喘，选用生姜、迷迭香、小豆蔻外涂并熏香。

水饮凌心，可在心前区外涂乳香，加夏威夷檀香熏吸，加香蜂草舌下滴服。

饮停胃肠，选用生姜、茴香、胡椒、小豆蔻、消化复方等温阳化饮。

饮停胸胁，可于胸胁处涂抹乳香、圆柚、丝柏、丁香、百里香等逐饮利水。

饮停四肢肌肤，选用肉桂、生姜、乳香、丝柏热敷于四肢手足、肘膝关节等。

3.脏腑辨证 脏腑是中医对人体内部器官的总称。心、肝、脾、肺、肾为五脏，胃、胆、三焦、膀胱、大肠、小肠为六腑。

脏腑辨证，是根据脏腑的生理功能、病理表现，对疾病证候进行归纳，借以推究病机，判断病变的部位、性质、正邪盛衰情况的一种辨证方法，它是临床各科的诊断基础，是辨证体系中的重要组成部分。

（1）肝与胆病辨证：在生理上，肝位于右胁，胆附于肝下。肝与胆相表里，在经脉上相互络属，"肝胆相照"便为此意。

足厥阴肝经起于足大趾，沿足背向上沿大腿内侧中线，绕阴器，至小腹，挟胃两旁，属肝，络胆，向上穿过膈肌，分布于胁肋部，沿喉咙的后边，上行连接目系出于额，上行与督脉会于头顶部。

生理上，肝主疏泄，主藏血，在体为筋，其华在爪，开窍于目，其气升发，性喜条达而恶抑郁。肝的病变有虚实之分，虚证多见肝血，肝阴不足。实证多见于肝气郁结，肝火炽盛，以及湿热寒邪侵犯等。主要表现在疏泄失常，血不归脏，月经不调或经闭等方面。肝开窍于目，故目疾多与肝有关。因此常见的肝的病变为胸胁少腹胀痛、窜痛，急躁易怒等情志活动异常，头晕、头胀、头痛，手足抽搐，肢体震颤，目赤肿痛，女子乳房胀痛、月经不调，男子睾丸胀痛等。

胆贮藏排泄胆汁以助消化，并与情志活动有关，因而有"胆主决断"之说。胆病常见口苦发黄，失眠和胆怯易惊等情绪的异常。

常见的肝胆辨证分型如下：

①肝气郁结证：肝气郁结为实证，是指肝失疏泄，气机郁滞为表现的证候。多因情志抑郁，或突然的精神刺激，或因病邪的侵扰而发病。

【证候特点】本证一般以情志内伤，情绪抑郁恼怒导致肝郁气滞，痰浊血瘀，阻于足厥阴肝经所过部位出现的病症为辨证要点。多见胸胁或小腹胀闷窜痛，痰凝血瘀导致的梅核气，咽部如有异物，或颈部肿块结节，或乳房胀痛，或乳癖，月经不调，闭经，情绪抑郁易怒等症。

【芳香应用指引】以疏肝解郁，行气散结，调经止痛为要。可选择野橘、红橘、青橘、柠檬、圆柚等柑橘类精油，或者薰衣草、薄荷等熏香或是局部涂抹以疏肝解郁，行气散结。玫瑰、茉莉、女士复方、佛手等疏肝理气调经；乳香、没药等活血化瘀、软坚散结。

②肝火上炎证：肝火上炎是指肝脏火气上逆所表现的证候。多因情志不遂，肝郁化火，或热邪内犯等引起。

【证候特点】一般以肝经循行部位的头、目、耳、胁表现的实火炽盛症状作为辨证要点。可见头晕胀痛，面红目赤，口苦口干，急躁易怒，失眠或噩梦纷纭，胁肋灼痛，便秘尿黄，耳鸣如潮。舌红苔黄，脉弦数。

【芳香应用指引】清肝泻火用罗马洋甘菊、德国洋甘菊、蓝艾菊、西洋蓍草等菊科植物精油及柠檬、圆柚等柑橘类精油香熏、涂抹。柑橘类精油内服增强疏肝理气的效果。如见头晕胀痛、面红目赤、胁肋灼痛、失眠肝火上炎的症状，可以在头部、耳部、两肋等足少阳胆经经过的主要穴位上点按，涂抹菊科类精油清热泻火，内服柠檬、圆柚等柑橘类精油疏肝理气。

③肝血虚证：肝血虚证是指肝脏血液亏虚所表现的证候。多因脾肾亏虚，生化之源不足，或慢性病耗伤肝血，或失血过多所致。

【证候特点】本证以头、耳、目、筋脉、爪甲、肌肤及子宫等失于濡养以及血虚为辨证要点。如眩晕耳鸣，面白无华、爪甲不荣，夜寐多梦，视力减退或夜盲。或见肢体麻木，关节拘急不利，手足震颤，肌肉瞤动，月经量少、色淡，甚则经闭。舌淡苔白，脉弦细。

【芳香应用指引】用油应以滋养肝血为主。选取当归、乳香、西洋蓍草、天竺葵、玫瑰、马郁兰等 3~4 种，每种 2 滴，灌入空胶囊中服用；或局部涂抹并辅以香熏。

④肝阴虚证：肝阴虚证是虚证，指肝脏阴液亏虚所表现的证候。多由情志不遂，气郁化火，或慢性疾病、温热病等耗伤肝阴引起。

【证候特点】本证一般以头、目、耳、胁等肝经部位失于阴液濡养所表现的证候作为辨证要点。可见头晕耳鸣，两目干涩，面部烘热，胁肋灼痛，五心烦热，潮热盗汗，口咽干燥，或见手足蠕动。舌红少津，脉弦细数。

【芳香应用指引】可选取玫瑰、天竺葵、依兰依兰、薰衣草等香熏，涂抹于肝、肾区及足底，滋阴养肝。

⑤肝阳上亢证：肝阳上亢证是指肝肾阴虚，不能制阳，致使肝阳偏亢所表现的证候。多因情志过极或肝肾阴虚，致使阴不制阳，水不涵木而发病。

【证候特点】本证以肝阳上亢，肾阴亏下作为辨证要点。可见眩晕耳鸣，头目胀痛，面红目赤，急躁易怒，心悸健忘，失眠多梦，腰膝酸软，头重脚轻，舌红少苔，脉弦有力。

【芳香应用指引】以滋阴平肝为原则。滋肾阴选取天竺葵、玫瑰、依兰依兰香熏或涂抹；平肝取罗马洋甘菊、德国洋甘菊香熏或涂抹。眩晕耳鸣，头目胀痛可选取罗马洋甘菊、永久花、马郁兰等，涂抹并点按百会穴、太阳穴、翳风、太冲、行间等；心悸健忘，失眠多梦可选薰衣草、罗马洋甘菊等熏香；腰膝酸软可在腰膝关节外涂及肾俞、膝眼、足底涌泉穴点按益肾养肝复方、天竺葵、玫瑰、依兰依兰等精油。

⑥肝风内动证：肝风内动证是指患者出现眩晕欲仆，震颤，抽搐等动摇不定症状为主要表现的证候。临床上常见肝阳化风、热极生风、阴虚动风、血虚生风四种。

A.肝阳化风证：肝阳化风证是上实下虚证，指肝阳亢逆无制而表现动风的证候。

【辨证要点】本证以眩晕欲仆，头摇而痛，步履不正或突然昏倒，不省人事，口眼歪斜，半身不遂，舌强不语，喉中痰鸣，舌红苔白或腻，脉弦有力为辨证要点。

【**芳香应用指引**】选用罗马洋甘菊、德国洋甘菊、平衡复方、薰衣草、永久花等菊科类精油点按百会、太阳、涌泉、太冲等穴平肝息风，香蜂草舌下含服平肝息风，夏威夷檀香熏吸可以息风开窍，镇静醒脑，放松情绪。并可以做头部按摩疗法。

B.热极生风证：热极生风证是热证，指热邪亢盛引动肝风所表现的证候。

【**辨证要点**】以高热神昏，烦躁如狂，手足抽搐，颈项强直，甚则角弓反张，两目上视，牙关紧闭，舌红或绛，脉弦数为辨证要点。

【**芳香应用指引**】选用香蜂草、罗马洋甘菊、德国洋甘菊、古巴香脂、薰衣草、马郁兰等精油熏吸或涂抹点按百会、太冲、大椎、曲池等穴清热平肝息风。

C.阴虚动风证：阴虚动风证是虚证，指阴液亏虚引动肝风所表现的证候。多因外感热病后期阴液耗损，或内伤久病，阴液亏虚而发病。

【**辨证要点**】以肝肾阴虚，头、目、耳、筋脉失于滋养所致的头晕耳鸣，两目干涩，手足蠕动，舌红少津，脉弦细数为辨证要点。

【**芳香应用指引**】可选取玫瑰、天竺葵、依兰依兰、薰衣草等香熏，涂抹点按百会、太冲、三阴交、肾俞及足底涌泉穴滋阴息风。

D.血虚生风证：血虚生风证是虚证，指血虚筋脉失养所表现的动风证候。多由急慢性出血过多，或久病血虚引起。

【**辨证要点**】本证以筋脉、爪甲、两目、肌肤等血虚筋脉失养，出现头晕目眩、肢体震颤、手足麻木、皮肤瘙痒等为辨证要点。

【**芳香应用指引**】用油应以滋阴养血，补益肝肾为主。具有滋阴养血，补益肝肾的精油有杜松、西洋蓍草、天竺葵、依兰依兰、益肾养肝复方等，可局部外涂并辅以香熏，或者将西洋蓍草、益肾养肝复方、天竺葵各2滴灌入空胶囊中服用。

⑦寒凝肝脉证：寒凝肝脉证是指寒邪凝滞肝脉所表现的证候。多因感受寒邪而发病。

【**辨证要点**】本证以少腹牵引阴部坠胀冷痛为辨证要点，受寒则甚，得热则缓，舌苔白滑，脉沉弦或迟。

【**芳香应用指引**】可选用甜茴香、黑胡椒、生姜、肉桂辅以青橘，外涂小腹、腹股沟、阴囊及中极、关元或气海等穴，起到温经散寒暖肝，缓解症状的作用。

⑧肝胆湿热证：肝胆湿热证是指湿热蕴结肝胆所表现的证候。常因感受湿热之邪，或偏嗜肥甘厚腻，酿湿生热，或脾胃失健，湿邪内生，郁而化热所致。

【辨证要点】本证以右胁肝区胁部胀痛、纳呆、尿黄、舌红苔黄腻为辨证要点。可伴有口苦、腹胀、纳少呕恶、大便不调等消化道症状，舌红苔黄腻，脉弦数。也可以伴见寒热交替往来，或身目发黄，或阴囊湿疹，或睾丸肿胀热痛，或带浊、阴痒等肝经湿热下注症状。

【芳香应用指引】以清热利湿，疏肝利胆为主要原则，口服柠檬、圆柚等柑橘类精油；胁肋胀痛可选用乳香、薄荷、莱姆或圆柚等稀释后外涂肝区，疏肝清热止痛；身目发黄可于足底涂抹天竺葵退黄；阴囊湿疹、睾丸肿胀热痛，椰子油稀释后局部外涂茶树、罗马洋甘菊、丝柏等。

⑨胆郁痰扰证：胆郁痰扰证是指胆失疏泄，痰热内扰所表现的证候。多由情志不遂，疏泄失职，生痰化火而引起。

【辨证要点】本证一般以眩晕耳鸣或惊悸失眠，舌苔黄腻为辨证要点。可见头晕目眩耳鸣，惊悸不宁，烦躁不寐，口苦呕恶，胸闷太息，舌苔黄腻，脉弦滑。

【芳香应用指引】可选用莱姆、柠檬、圆柚、佛手、青橘等柑橘类精油内服或香熏以疏肝利胆；罗马洋甘菊、平衡复方、安宁复方、尤加利、茶树、小豆蔻等香熏或涂抹，以清热化痰，宁心定悸。

（2）心与小肠病辨证：心居胸中，心包络围护于外，为心主的宫城。心与小肠相表里，其经脉下络小肠，心主血脉，又主神明，开窍于舌。

心的病证有虚实之分。虚证多由久病伤正，禀赋不足，思虑伤心等因素，导致心气心阳受损，心阴耗损、心血亏虚；实证多由痰阻、火扰、寒凝、瘀滞、气郁等引起。心的病变主要表现为血脉运行失常及精神意识思维改变等，如心悸、心痛，以及失眠、神昏、精神错乱等，脉结代或促。

小肠具有受盛化物与泌别清浊的功能。病变主要表现在清浊不分，转输障碍等方面，如小便失常，大便溏泄等。

①心气虚、心阳虚与心阳暴脱证

心气虚证，是指心脏功能减退所表现的证候。凡禀赋不足，年老体衰，久病或劳心过度均可引起此证。

心阳虚证，是指心脏阳气虚衰所表现的证候。凡心气虚甚，寒邪伤阳，汗、下太过等均可引起此证。

心阳暴脱证，是指阴阳相离，心阳外越所表现的证候。凡病情危重，休克病人均可出现此证。

【辨证要点】心气虚证，以心脏及全身机能活动衰弱为辨证要点；心阳虚证，以心气虚证＋虚寒症状为辨证要点；心阳暴脱证，以心阳虚＋虚脱亡阳症状为辨证要点。

心悸怔忡，胸闷气短，活动后加重，面色淡白或㿠白，或有自汗，舌淡苔白，脉虚，为心气虚。

若兼见畏寒肢冷，心痛，舌淡胖，苔白滑，脉微细，为心阳虚。

若突然冷汗淋漓或者四肢厥冷，呼吸微弱，面色苍白，口唇青紫，神志模糊或昏迷，则是心阳暴脱的危象。

【芳香应用指引】三者多有心悸怔忡、胸闷气短的症状，可选用乳香、香蜂草等舌下含服，外涂马郁兰、依兰依兰；心阳虚者，加用胡椒、肉桂、生姜等交替涂抹于手足、胸前；心阳暴脱是危象，在给予必要的急诊医疗处理的同时，立即予香蜂草舌下含服，夏威夷檀香或野橘外涂胸口并嗅吸。

②心血虚与心阴虚证：心血虚证，是指心血不足，不能濡养心脏所表现的证候；心阴虚证，是指心阴不足，不能濡养心脏所表现的证候。

二者常因久病耗损阴血，或失血过多，或阴血生成不足，或情志不遂，气火内郁，暗耗阴血等因素引起。

【辨证要点】心血虚与心阴虚的辨证是以心的常见症状，心悸心慌、失眠多梦与血虚证或阴虚证并见为辨证要点。心血虚以血虚不能上荣所致头晕、面、唇、舌色淡白无华，脉象细弱等症为特征；心阴虚以五心烦热，潮热盗汗，两颧发红，舌红少津，脉细数等阴虚内热为特征。

【芳香应用指引】此类患者平时可选用乳香舌下含服，外涂马郁兰、依兰依兰。兼有眩晕、健忘的心血虚证，可熏香当归、薰衣草及迷迭香、柠檬等；兼有五心烦热，潮热盗汗者，在足底或者三阴交、足三里、太溪等穴外涂天竺葵、玫瑰、依兰依兰、五味子等精油。

③心火亢盛证：心火亢盛证是指心火炽盛所表现的证候。凡五志、六淫化火，或因劳倦，或进食辛辣厚味，均能引起此证。

【辨证要点】本证以心及舌、脉、面等出现实火内炽的症状为辨证要点。心开窍于舌，心火亢盛，循经上炎则舌尖红绛或生舌疮。心火炽盛血热妄行，见吐血衄血。火毒壅滞脉络，局部气血不畅则见肌肤疮疡，红肿热痛。心中烦热，夜寐不安，面赤口渴，溲黄便干，舌尖红绛，或生舌疮，脉数有力。或见吐血衄血，或见肌肤疮疡，红肿热痛。

【芳香应用指引】精油的选择应以清心泻火为主要原则，常用的有茶树、柠檬、罗马洋甘菊、薰衣草、麦卢卡等。

④心脉痹阻证：心脉痹阻是指心脏在各种致病因素作用下导致痹阻不通所反映的证候。常由年高体弱或病久正虚以致瘀阻、痰凝、寒滞、气郁而引起。

本证多因正气先虚，阳气不足，心失温养，以致血液运行无力，瘀血内阻，痰浊停聚，阴寒凝滞，气机阻滞等病理变化形成心脉痹阻，气血不得畅通而发生心胸憋闷疼痛，甚至牵引肩背、内臂，时发时止。

【辨证要点】本证一般以胸部憋闷、疼痛为辨证要点。

如心胸憋闷疼痛，痛如针刺，并见舌紫暗有紫斑、紫点，脉细涩或结代，为心血瘀阻证。

若为闷痛，并见体胖痰多，身重困倦，舌苔白腻，脉沉滑，为痰阻心脉证。

若剧痛暴作，并见畏寒肢冷，得温痛缓，舌淡苔白，脉沉迟或沉紧，为寒凝心脉证。

若疼痛而胀，且发作时与情志有关，舌淡红，苔薄白，脉弦为气滞心胸证。

【芳香应用指引】用油方面，心血瘀阻证应予乳香、没药、马郁兰等活血化瘀，通脉止痛；痰浊闭阻证可予柑橘类、小豆蔻、尤加利、藿香等精油涤痰化浊；气滞心脉证加用野橘、柠檬等柑橘类精油疏肝理气，活血通络；寒凝心脉证应考虑加用生姜、肉桂、胡椒等精油，辛温散寒，宣通心阳。

⑤痰迷心窍证：痰迷心窍证，是指痰浊蒙闭心窍表现的证候。多因湿浊酿痰，或情志不遂，气郁生痰而引起。

【辨证要点】本证以神志不清，喉有痰声，舌苔白腻为辨证要点。多见于中风，面色晦滞，脘闷作恶，意识模糊，语言不清，喉有痰声，甚则昏不知人，舌苔白腻，脉滑。或抑郁症，精神抑郁，表情淡漠，神志痴呆，喃喃自语，举止失常。或癫痫，突然仆地，不省人事，口吐痰涎，喉中痰鸣，两目上视，手足抽搐，口中如作猪羊叫声。

【芳香应用指引】因痰迷心窍所致中风、情志抑郁、癫痫反复发作者，均可以用夏威夷檀香、薄荷熏吸芳香开窍；用生姜、黑胡椒、藿香等芳香化湿。

⑥小肠实热证：小肠实热证是指小肠里热炽盛所表现的证候。多由心热下移所致。

【辨证要点】本证以心火上炎下移小肠所出现的小便赤涩灼痛为辨证要点。可见心烦、口舌生疮，小便赤涩，尿道灼痛，尿血，舌红苔黄，脉数。

心与小肠相表里，小肠有分清泌浊的功能，心火下移小肠，故小便赤涩，尿道灼痛，甚则阴络灼伤可见尿血；反之小肠有热，也可以循经脉上熏于心，则可出现心烦、舌赤糜烂等症。

【芳香应用指引】用茶树、柠檬、薰衣草滴入温开水中饮用，清心泻火。

（3）脾与胃病辨证：脾胃共处中焦，脾与胃相表里，经脉相互络属。脾主运化水谷，胃主受纳腐熟，脾升胃降，共同完成饮食物的消化吸收与输布。脾是后天之本，气血生化之源，具有统血、主四肢肌肉的功能。

脾胃病证皆有寒热虚实之分。脾的病变主要反映在运化功能的失常和统摄血液功能的障碍，以及水湿潴留，清阳不升等方面，常见腹胀腹痛、泄泻便溏、浮肿、出血等症；胃的病变主要反映在食不消化，胃失和降，胃气上逆等方面，常见脘痛、呕吐、嗳气、呃逆等症。

①脾气虚证：脾气虚证，是指脾气不足，运化失健所表现的证候。多因饮食失调，劳累过度，或因急慢性疾患耗伤脾气所致。

【辨证要点】本证以脾运化功能减退和气虚证并见为辨证要点。常见于泄泻、胃脘痛、腹痛、水肿、痰饮、哮喘、痿证、小儿疳积等病。以纳少腹胀，饭后尤甚，大便溏薄，肢体倦怠，少气懒言，面色萎黄或㿠白，形体消瘦或浮肿，舌淡苔白，脉缓弱为特征。

【芳香应用指引】以益气健脾为原则，可选择野橘、红橘、消化复方、小豆蔻等精油内服，或选以上精油1~2种，逆时针按摩腹部，或点按关元、气海、天枢、太白、足三里、阴陵泉等穴，每穴1分钟左右。

②脾阳虚证：脾阳虚证，是指脾阳虚衰，阴寒内盛所表现的证候。多由脾气虚发展而来，或过食生冷，或肾阳虚，火不生土所致。

【辨证要点】本证以脾气虚证加阳虚生寒表现为辨证要点。由于脾阳虚弱，失于温运，一是运化水谷失常，常见腹部胀满，胃纳减少，阳虚寒凝气滞，可见腹痛喜温喜按，畏寒肢冷，大便溏薄清稀，甚则完谷不化；二是运化水湿障碍，中阳不振，水湿内停，周身浮肿，小便不利，或妇女带脉不固，水湿下渗，白带量多质稀，舌淡胖，苔白滑，脉沉迟无力。

【芳香应用指引】可选择野橘、红橘、消化复方、黑胡椒、生姜、肉桂等精油温阳健脾。取以上精油2~3种食用及腹部逆时针按摩，并点按关元、气海、足三里、阴陵泉、肾俞、命门等穴，每穴1分钟左右。周身浮肿者选加圆柚、丝柏、乳香于肿胀处自下而上推按。

③中气下陷证：中气下陷证是指脾气亏虚，升举无力而反下陷所表现的证候。多由脾气虚进一步发展，或久泄久痢，或劳累过度所致。

【辨证要点】本证以脾气虚证和内脏下垂为辨证要点。脾气虚升举无力，内脏无托，脘腹重坠作胀，食后尤甚，或便意频数，肛门坠重，甚或脱肛，或子宫下垂；伴见气少乏力，肢体倦怠，声低懒言，头晕目眩。舌淡苔白，脉弱等气虚下陷之证。

【芳香应用指引】可内服野橘、乳香，生姜泡脚，迷迭香涂抹并点按关元、气海、足三里、三阴交，揉百会穴等，可配合灸法，有补中益气，升阳举陷的作用。

④脾不统血证：脾不统血证是指脾气亏虚不能统摄血液所表现的证候。多由久病脾虚，或劳倦伤脾等引起。

【辨证要点】本证以脾气虚证和出血并见为辨证要点。脾有统摄血液的功能，脾气亏虚，统血无权，血溢脉外则见便血、尿血、肌衄、齿衄；冲任不固，则妇女月经过多，甚或崩漏。常伴见食少便溏，神疲乏力，少气懒言，面色无华，舌淡苔白，脉细弱等脾虚证。

【芳香应用指引】补脾助运、益气摄血用野橘、西洋蓍草、永久花、玫瑰、乳香各 1~2 滴，灌入胶囊内服，每天 2~3 次。

注意事项：平素应注意饮食有节，起居有常，劳逸结合，忌食辛辣香燥、油腻之品，戒烟酒；避免情志过极；病重者应积极治疗原发疾病，严密观察病情变化，若出现头昏、心慌、汗出、面色苍白、四肢湿冷、脉芤或细数等，应及时救治，以防休克厥脱。

⑤寒湿困脾证：寒湿困脾证，是指寒湿内盛，中阳受困而表现的证候。多由饮食不节，过食生冷，淋雨涉水，居处潮湿，以及内湿素盛等因素引起。

【辨证要点】本证以脾的运化功能发生障碍和寒湿中遏的表现为辨证要点。一是因寒湿内侵，脾气被遏而见脘腹痞闷胀痛，食少便溏，泛恶，头身困重；二是因寒湿困脾，胆汁外泄，而见阴黄，肌肤面目发黄如烟熏；三是寒湿内阻，肢体浮肿，三者都可见舌淡胖苔白腻，脉濡缓。

【芳香应用指引】以温中散寒，健脾化湿为原则。可选用生姜、芫荽、肉桂、黑胡椒、豆蔻等 2~3 种精油，每种 1~2 滴灌入胶囊，每天 2~3 次。或取以上精油 2~3 种，每种 1~2 滴，椰子油与精油 1：3 稀释，外涂并按摩中脘、天枢、足三里、脾俞、关元，阴陵泉穴，加灸中脘、天枢、脾俞等穴。寒泻者，将手掌搓热，逆时针方向按摩腹部 3~5 次，或热敷 10~15 分钟。

⑥湿热蕴脾证：湿热蕴脾证是指湿热内蕴中焦所表现的证候。常因受湿热外邪，或过食肥甘酒酪酿湿生热所致。

【辨证要点】本证以脾的运化功能障碍和湿热内阻症状为辨证要点。一是湿热蕴结脾胃，受纳运化失职，升降失常，故脘腹痞闷，纳呆呕恶，大便溏泄，小便短赤。二是湿热内蕴，熏蒸肝胆，致胆汁不循常道，外溢肌肤，而见阳黄，面目肌肤发黄，其色鲜明如橘子。三是湿热郁蒸，见身热起伏，汗出而热不解，舌红苔黄腻，脉濡数，均为湿热内盛之象。

【芳香应用指引】可选用藿香、芫荽、罗勒、消化复方、天竺葵、尤加利、牛至、茶树等精油，以内服为主，外涂和熏香为辅，可清热化湿。穴位可选用中脘、丰隆、足三里等。

⑦胃阴虚证：胃阴虚证是指胃阴不足所表现的证候。多由胃病久延不愈，或热病后期阴液未复，或吐泻太过，或过食辛温，或情志不遂，气郁化火使胃阴耗伤而致。

【辨证要点】本证以胃病的常见症状和阴虚证并见为辨证要点。胃阴不足、虚热内生，热蕴胃中，胃气不和，致脘部隐痛，饥不欲食，口燥咽干，大便干结，或脘痞不舒，或干呕呃逆，舌红少津，脉细数。

【芳香应用指引】消化复方是治疗胃系病症的主要精油，有调和脾胃的作用。胃阴虚证可配合口服柠檬精油滋阴清热，伴随干呕呃逆的，可予嗅吸佛手柑降逆理气，从而达到养胃生津，降逆止呃的效果。常用腧穴有中脘、足三里、内关、膈俞、太溪等。

⑧食滞胃脘证：食滞胃脘证是指食物停滞胃脘不能腐熟所表现的证候。多由饮食不节，暴饮暴食，或脾胃素弱，运化失健等因素引起。

【辨证要点】本证以胃脘胀闷疼痛，嗳腐吞酸为辨证要点。胃气以降为顺，食停胃脘，胃气郁滞，则胃脘胀闷疼痛，嗳气吞酸或呕吐酸腐食物，吐后胀痛得减，或矢气便溏，泻下物酸腐臭秽，舌苔厚腻，脉滑。

【芳香应用指引】治疗以消食导滞，和胃降逆为原则。使用消化复方、生姜或薄荷外涂，并顺时针揉按胃肠区域30~50次，点涂并按摩中脘、璇玑、建里、梁丘、内庭、足三里等穴，小儿可取清胃经、揉板门、推揉四横纹等手法。

⑨胃寒证：胃寒证是指阴寒凝滞胃腑所表现的证候。多由腹部受凉，过食生冷，过劳伤中，复感寒邪所致。

【辨证要点】本证以胃脘疼痛和寒象共见为辨证要点。寒邪在胃，寒凝气滞，故胃脘冷痛，轻则绵绵不已，重则拘急剧痛，遇寒加剧，得温则减，口淡不渴，口泛清水，舌苔白滑，脉弦或迟。

【芳香应用指引】以温胃散寒的消化复方为主，加生姜、胡椒、丁香等，局部涂抹，辅以热敷，可有效缓解胃寒胃痛症状。穴位选用中脘、胃俞、足三里等。平时也可选以上2种精油，滴入饮品或菜肴中佐餐。

⑩胃热证：胃热证是指胃火内炽所表现的证候。多因平素嗜食辛辣肥腻，化热生火，或情志不遂，气郁化火，或热邪内犯等所致。

【辨证要点】本证以胃病常见症状和热象共见为辨证要点。常见以下三种情况：一是热炽胃中，胃气不和，胃脘灼痛，吞酸嘈杂，或食入即吐；二是胃火循经上蒸，气血壅滞，故见牙龈肿痛或渴喜冷饮，消谷善饥，或齿衄、口臭；三是热盛伤津耗液，故见大便秘结，小便短赤，舌红苔黄，脉滑数。以上三种病症可以合并存在，也可以单独存在。

【芳香应用指引】清胃泄热为原则，选用消化复方、薄荷，胃部外涂，顺时针按揉，内服柠檬、茶树可清胃火，点按内庭、解溪、颊车、大迎、劳宫等穴，每穴按揉 1 分钟左右。

饮食宜清淡，少食火锅、牛羊肉等辛辣热性食物，保持心情愉快，避免精神刺激。

（4）肺与大肠病辨证：肺居胸中，经脉下络大肠，与大肠相为表里。肺主气，司呼吸，主宣发肃降，通调水道，外合皮毛，开窍于鼻。大肠主传导，排泄糟粕。

肺的病证有虚实之分，虚证多见气虚和阴虚，实证多见风寒燥热等邪气侵袭或痰湿阻肺所致。大肠病证有湿热内侵，津液不足以及阳气亏虚等。

肺的病变主要为气失宣降，肺气上逆，或腠理不固及水液代谢方面的障碍，临床上往往出现咳嗽、气喘、胸痛、咯血等症状。大肠的病变主要是传导功能失常，主要表现为便秘或泄泻。

①肺气虚证：肺气虚证是指肺气不足和卫表不固所表现的证候。多由久病咳喘，或气的生化不足所致。

【辨证要点】本证一般以咳喘无力，气少不足以息，全身机能活动减弱为辨证要点。一是肺气虚，宣降失司，故咳喘无力，动则益甚，伴见体倦懒言，声音低怯，痰多清稀；二是肺气虚卫外不固，可见自汗畏风，易于感冒；二者均见舌淡苔白，脉虚弱。

【芳香应用指引】肺系疾患，使用上以熏香为主，呼吸复方是常用精油。虚则补之，肺气虚者需补益肺气。可选用山鸡椒和呼吸复方熏香，咳喘气短严重者，可在咽喉及胸前区涂抹呼吸复方，及少许薄荷。可配合外涂膻中、涌泉、肺俞、中府、太渊、风池等穴。有过敏史者，慎食鸡、羊、海鲜类发物，戒烟戒酒。

②肺阴虚证：肺阴虚证是指肺阴不足，虚热内生所表现的证候。多由久咳伤阴，痨虫袭肺，或热病后期阴津损伤所致。

【辨证要点】本证以肺病常见症状和阴虚内热证并见为辨证要点。肺阴亏虚，失于濡养，故见干咳无痰，或痰少而黏，口燥咽干，声音嘶哑；虚热内炽，则见形体消瘦，午后潮热，五心烦热，盗汗，颧红，舌红少津，脉细数等症，甚则虚火伤络，而见痰中带血。

【芳香应用指引】养阴润肺可选用呼吸复方、尤加利、柠檬、五味子熏香并涂抹咽喉、胸部以及合谷、尺泽穴，清热润肺。

③风寒犯肺证：风寒犯肺证是指风寒外袭，肺卫失宣所表现的证候。

【辨证要点】本证以咳嗽兼见风寒表证为辨证要点。感受风寒，肺失宣发，逆而为咳；咳嗽痰稀薄色白，鼻塞流清涕，微微恶寒，轻度发热，无汗，苔白，脉浮紧。

【芳香应用指引】以疏风散寒，宣肺止咳为原则，可用呼吸复方、生姜、野橘、迷迭香、罗文莎叶等熏香并涂抹咽喉、胸口，以及有列缺、合谷、肺俞、风池等穴位。

④风热犯肺证：风热犯肺证是指风热侵犯肺系，肺卫受病所表现的证候。

【辨证要点】本证以咳嗽与风热表证并见为辨证要点。风热袭肺，肺失清肃则咳嗽痰稠色黄，鼻塞流黄浊涕，身热，微恶风寒，口干咽痛，舌尖红苔薄黄，脉浮数。

【芳香应用指引】以疏风清热，肃肺止咳为主。熏香并涂抹呼吸复方、薄荷、柠檬、茶树、尤加利等精油，取穴可选迎香、天突、风池、曲池、肺俞、尺泽等。

⑤燥邪犯肺证：燥邪犯肺证是实证，指秋令燥邪犯肺耗伤津液，侵犯肺卫所表现的证候。

【辨证要点】本证以干燥少津为辨证要点。燥邪犯肺，肺失清润，故见干咳无痰，或痰少而黏，不易咳出。唇、舌、咽、鼻干燥，若燥邪化火，灼伤肺络，可见胸痛咯血。舌红苔白或黄，脉数。

【芳香应用指引】本证属于外感燥邪为病，用呼吸复方、尤加利、柠檬、薰衣草、薄荷熏香，清燥润肺；常用穴位有迎香、太渊、太溪、肺俞等。

⑥痰湿阻肺证：痰湿阻肺证，外感急性发作属实，慢性发作为本虚标

实证。是指痰湿阻滞肺系所表现的证候。多由脾气亏虚，或久咳伤肺，或感受寒湿等病邪引起。

【辨证要点】本证以咳嗽痰多，质黏色白易咯为辨证要点。咳嗽痰多，质黏色白易咯，胸闷，甚则气喘痰鸣，舌淡苔白腻，脉滑。

【芳香应用指引】补肺健脾，燥湿化痰，可选用呼吸复方、红橘、野橘、白豆蔻、藿香、生姜香熏或涂抹，点按太渊、天突、肺俞、隐白、丰隆等穴位。

⑦大肠湿热证：大肠湿热证是指湿热侵袭大肠所表现的证候。多因感受湿热外邪，或饮食不节等因素引起。

【辨证要点】本证以腹痛，排便次数增多，或下利脓血，或下黄色稀水为辨证要点。湿热在肠，阻滞气机故见以上诸症，舌红苔黄腻，脉滑数或濡数。

【芳香应用指引】治疗以清化湿热为主，选择消化复方、薄荷、茶树、藿香等精油外涂并内服，点按下脘、天枢、大肠俞、足三里、丰隆、上巨虚等穴。

⑧大肠液亏证：大肠液亏证是指津液不足，不能濡润大肠所表现的证候。多由素体阴亏，或久病伤阴，或热病后津伤未复，或妇女产后出血过多等因素所致。

【辨证要点】本证以大便干燥难于排出为辨证要点。大肠液亏，肠道失其濡润而传导不利，故见大便秘结干燥，或伴见口臭、头晕等症，舌红少津，脉细涩。

【芳香应用指引】以润肠通便为主，选用消化复方、薄荷、圆柚外涂胃肠区域，顺时针方向按摩 40~100 次，并点按大肠俞、天枢、归来、支沟、上巨虚等穴位，每穴 1 分钟。严重便秘需用芝麻油 10 毫升加入柠檬、圆柚各 2 滴，顿服，每天早晚各 1 次。

（5）肾与膀胱病辨证：肾左右各一，位于腰部，其经脉与膀胱相互络属，故两者为表里。肾为先天之本，肾藏精，主生殖，主骨生髓充脑，在体为骨，开窍于耳，其华在发。又主水，并有纳气功能。膀胱具有贮尿排尿的作用。

肾藏元阴元阳，为人体生长发育之根，脏腑机能活动之本，一有耗伤，则诸脏皆病，故肾多虚证。肾的病变主要反映在生长发育、生殖机能、水液代谢的异常方面，临床常见症状有腰膝酸软而痛，耳鸣耳聋，发白早脱，齿牙动摇，水肿，阳痿、遗精，不育，女子经少经闭，二便异常等。

膀胱多见湿热证。膀胱的病变主要反映为小便异常，临床常见尿频、尿急、尿痛、尿闭以及遗尿小便失禁等症。

①肾阳虚证：肾阳虚证是指肾脏阳气虚衰表现的证候。多由素体阳虚，或年高肾亏，或久病伤肾，以及房劳过度等因素引起。

【辨证要点】本证一般以全身机能低下伴见寒象为辨证要点。腰为肾之府，肾主骨，肾阳虚衰，不能温养腰府及骨骼，故见一，腰膝酸软而痛，畏寒肢冷，尤以下肢为甚，精神萎靡，面色㿠白或黧黑。二，生殖机能减退，男子阳痿，女子宫寒不孕；三，火不生土，大便久泄不止，完谷不化，五更泄泻；四，气化失司，水湿下趋，浮肿，腰以下为甚，按之没指，甚则腹部胀满，全身肿胀，心悸咳喘。舌淡胖苔白，脉沉弱。以上第一条是必备症状，其他可合并出现。

【芳香应用指引】温补肾阳为大法。基础方选用杜松浆果、天竺葵、益肾养肝复方、丝柏、雪松等，点涂并按摩阳关、肾俞、命门、关元、气海、涌泉、照海等穴位，可配合灸法。

②肾阴虚证：肾阴虚证是指肾脏阴液不足表现的证候。多由久病伤肾，或禀赋不足，房事过度，或过服温燥劫阴之品所致。

【辨证要点】本证以肾病主要症状和阴虚内热证并见为辨证要点。肾阴不足，髓海亏虚，骨骼失养，故腰膝酸痛，眩晕耳鸣。肾水亏虚，水火失济则心火偏亢，致心神不宁，而见失眠多梦。阴虚相火妄动，扰动精室，故遗精早泄。女子以血为用，阴亏则经血来源不足，所以经量减少，甚至闭经。阴虚则阳亢，虚热迫血可致崩漏。肾阴亏虚，虚热内生，故见形体消瘦，潮热盗汗，五心烦热，咽干颧红，溲黄便干，舌红少津，脉细数等症。

【芳香应用指引】滋阴补肾，天竺葵、玫瑰、茉莉外涂肾区和肾俞、关元、三阴交，失眠健忘者加神门、心俞、百会；耳鸣、耳聋者加听会、翳风；遗滑精者加志室、太溪；崩漏者加隐白、内关、太溪等；潮热盗汗者，加用女士复方、温柔复方。一般不用灸法。

③肾精不足证：肾精不足证，是指肾精亏损表现的证候。多因禀赋不足，先天发育不良，或后天调养失宜，或房劳过度，或久病伤肾所致。

【辨证要点】本证以生长发育迟缓，生殖机能减退，以及成人早衰表现为辨证要点。肾精主管人体生长发育与生殖，肾精亏，则表现为：一，性机能低下，男子见精少不育，女子见经闭不孕。二，小儿发育迟缓，身材矮小，智力和动作迟钝，囟门迟闭，骨骼痿软。三，成人早衰，发脱齿摇，耳鸣耳聋，健忘恍惚，动作迟缓，足痿无力，精神呆钝等。

【芳香应用指引】滋养肝肾，益精填髓。选用玫瑰、茉莉、鼠尾草、西洋蓍草外涂少腹及腹股沟内侧，以及选用肾俞、命门、委中等穴位。

④肾气不固证：肾气不固证是指肾气亏虚，固摄无权所表现的证候。多因年高肾气亏虚，或年幼肾气未充，或房劳过度，或久病伤肾所致。

【辨证要点】本证一般以肾气膀胱不能固摄表现的症状为辨证要点。气血不能充耳，故神疲耳鸣。骨骼失之温煦、濡养，故腰膝酸软。肾气虚膀胱失约，故小便频数而清长，或夜尿频多，甚则遗尿失禁；排尿机能无力，尿液不能全部排出，可致尿后余沥不尽。肾气不足，则精关不固，精易外泄，故滑精早泄。肾虚而冲任亏损，下元不固，则见带下清稀。胎元不固，易造成滑胎。舌淡苔白，脉沉弱，为肾气虚衰之象。

【芳香应用指引】应以固肾涩精为原则。用玫瑰、茉莉、西洋蓍草、五味子等精油涂抹，配合按摩志室、肾俞、命门、关元、中极、气海、三阴交等穴位。

⑤肾不纳气证：肾不纳气证是指肾气虚衰，气不归元所表现的证候。多由久病咳喘，肺虚及肾，或劳伤肾气所致。

【辨证要点】本证一般以久病咳喘，呼多吸少，气不得续，动则益甚等肺肾气虚表现为辨证要点。肾虚则摄纳无权，气不归元，故呼多吸少，气不得续，动则喘息益甚。骨骼失养，故腰膝酸软。肺气虚，卫外不固则自汗，机能活动减退，故神疲声音低怯。舌淡苔白，脉沉弱，为气虚之征。若阳气虚衰欲脱，则喘息加剧，冷汗淋漓，肢冷面青。虚阳外浮，脉见浮大无根。肾虚不能纳气，则气短息促。肾气不足，日久伤阴，阴虚生内热，虚火上炎，故面赤心烦，咽干口燥。舌红，脉细数为阴虚内热之象。

【芳香应用指引】补肾纳气平喘。可使用杜松浆果、天竺葵、雪松、五味子等精油涂抹腰部肾俞及足底涌泉穴。配以呼吸复方、山鸡椒等熏香并涂抹胸口，并点按太渊、定喘、肺俞、关元、足三里、太溪等穴。

⑥膀胱湿热证：膀胱湿热证是湿热蕴结膀胱所表现的证候。多由感受湿热，或饮食不节，湿热内生，下注膀胱所致。

【辨证要点】本证以尿频尿急、尿痛、尿黄为辨证要点。湿热蕴结膀胱，热迫尿道，故尿频尿急，排尿艰涩，尿道灼痛。湿热内蕴，膀胱气化失司，故尿液黄赤混浊，小腹痛胀迫急。湿热伤及阴络则尿血。湿热久郁不解，煎熬尿中杂质而成砂石，则尿中可见砂石。湿蕴郁蒸，热淫肌表，可见发热，波及肾脏，则见腰痛。舌红苔黄腻，脉滑数为湿热内蕴之象。

【芳香应用指引】治疗以清热泻火，利湿通淋为法，可用柠檬2~4滴、茶树1~2滴滴入温水中服用。尿频尿急尿道灼热，可于底裤上滴入茶树1~2滴，快速缓解症状；尿路结石、小便疼痛可于腰腹疼痛处涂抹乳香、柠檬、冬青、百里香等。椰子油稀释打底，按摩膀胱俞、肾俞、三阴交、京门、阿是穴。

3. 三因制宜　如果说辨证论治是中医的精髓，那么三因制宜是对辨证论治的进一步补充。它是指在治疗时要根据人的体质、性别、年龄等不同，及季节、地理环境制定适宜的治疗原则，又称因人、因时、因地，三因制宜。

（1）因人制宜。比如说根据年龄，"小儿脏腑娇嫩、形气未充"，是指幼儿小儿时期机体各系统和器官的形态发育都未成熟，生理功能都未完善，在6岁前多有外感发热等病症，那么在用油时应以预防为主；在临床上，个人体质也是用油时着重考虑的方面。由于每个人在生长发育过程中的先天禀赋和后天获得的因素不同，生理功能和心理状态也是不同的。因此对疾病的预防、诊治、康复需要因人而异，不能一成不变，即根据每个人的体质特点，给予合适的用油方案。

（2）因时制宜。《素问·四气调神大论》曰："春夏养阳，秋冬养阴，以从其根，故与万物沉浮于生长之门，逆其根，则伐其本，坏其真矣。"遵循时令季节的客观规律，用油也应顺势而为。比如春夏季用油，以养阳气为主，不宜贪凉太过，应多用罗马洋甘菊、乳香等精油护肝养心；秋冬用油则应着重滋阴润肤，润肺补肾。"必先岁气，无伐天和"，充分了解气候变化规律，并根据不同季节气候特点用药施油，所以春夏慎用温热，秋冬慎用寒凉。

（3）因地制宜。如我国南方地区，多滨海临江伴水，温热多雨，地势低洼，民众多食鱼而嗜咸，易致湿气壅滞，不易排出，用油时可多用生姜、藿香祛湿散寒；再看高原地区，气候寒冷，干燥少雨，缺少氧气，虽然多食鲜美酥酪和牛羊乳汁，但是膏粱厚味易致血压血脂增高，累及心脏，用油时可多予乳香、马郁兰、柠檬等，活血化瘀，清血降脂。这也是用油时应遵循的原则。

综上所述，中医学的辨证思想可以指导我们从整体与动态的观点去认识健康和疾病，从而可以帮助我们精准合理地用好精油。

第三章 芳香疗法的常用方法与常用手法

第一节 常用方法与注意事项

一、常见使用方法

一般包括涂抹、熏香、内服等使用方式。根据使用目的、出现问题的不同，选择合适的使用方式。

常见的皮肤、肌肉、骨骼系统问题可以通过外涂的方法直达病所，发挥止痒、抗过敏、保湿、祛斑、舒缓肌肤、镇静止痛、补肾助长等功效。一些脏腑功能障碍也可以通过涂抹经络穴位或脊椎、手足、耳部等对应的反射区，达到区域性或全身系统性调理的目的。

香熏通过熏香器或喷雾器的超声雾化作用，使精油分子通过呼吸道进入血液循环发挥作用，达到通畅呼吸，净化环境，改善情绪的目的。比如熏香薄荷、尤加利等，可以直达病灶，缓解咳嗽、鼻塞等呼吸系统问题；薰衣草、岩兰草等安神放松的精油通过熏香，可以帮助缓解失眠、多梦易醒等睡眠问题；不同精油有着不同的气味香型，通过扩香野橘、柠檬、薰衣草等精油有效缓解抑郁、焦虑、亢奋等不同的情绪问题。

心血管、消化系统、免疫系统的问题可以通过滴入饮用水或者灌入空胶囊等方式，发挥精油运输氧气、帮助代谢、促进消化、提高抵抗力等作用。其中舌下含服多用于心脑血管系统问题，精油通过舌下毛细血管进入血液循环，迅速发挥安抚、强心、补氧的作用。如乳香、香蜂草通过舌下含服进入微循环，使倍半萜烯、β-石竹烯等成分直达心脑血管，避开了首过代谢，起效快，充分发挥药力。

二、使用注意事项

1. **少即是多** 不论是外涂还是熏香或者口服，使用应少量多次。每天使用1~3次，1周适应下来后，再考虑逐步加量。切记少即是多的原则。

2. **口服精油注意"玻璃杯"原则** 因精油分子小、渗透性强，容易穿透纸张、塑料等普通材质，故应避免用金属、塑料制品器皿，可选用特殊玻璃杯、瓷器等器具，调配精油时也应如此。水温不可过高，如将柠檬精油滴入水中饮用时，高温会破坏精油的活性成分，加速精油挥发，减低效价。

3. **稀释后使用** 根据年龄和体质决定稀释比例，部分精油须大量稀释使用。外涂牛至、肉桂、百里香、桂皮、丁香、罗勒、柠檬草等对皮肤刺激性大、容易致敏的精油，要以1∶6甚至1∶10的比例大量稀释后再涂抹。可以先在手腕、手臂、耳后等区域少量使用，观察是否有过敏情况，再根据身体需要决定使用次数。

4. **不可直接接触黏膜组织** 精油外涂时，不可直接接触黏膜组织。且精油不溶于水，如不小心进入眼睛或者耳道等黏膜组织时，不可用水冲洗，可用椰子油等基础油涂抹于眼眶四周或者外耳道，稍等片刻即可缓解。

5. **注意精油的光敏性** 柑橘类精油（如柠檬、圆柚、野橘、莱姆等）、生姜、芫荽等中含有呋喃香豆素等光敏性物质，外涂后置于阳光直射或UV射线甚至明亮的灯光下，可能造成皮疹、黄褐斑或产生色素，甚至导致严重皮肤损伤，因此此类精油白天应谨慎外涂，尤其是暴露部位。

6. **储存** 精油应放在木盒中保存，常温、避光储存即可，避免存放在冰箱中。开封后的精油，在每次使用完毕，要旋紧瓶盖，接触空气过久易挥发、变质。

7. **孕妇用油须知** 虽然高纯度精油对孕妇及胎儿大都是安全的，但是有些花类精油活血通经，或者对皮肤有比较强的刺激性的精油，都应慎用或者避免使用。妊娠期避免使用的精油有快乐鼠尾草、百里香、罗勒、桂皮、肉桂、丁香、冬青、甜茴香、柠檬草、豆蔻、活络复方等。孕妇小心使用的精油有迷迭香、没药、丝柏、马郁兰、薄荷，以及含有薄荷的复方精油如消化复方、舒压复方等，使用时都不可过量。

8.婴幼儿用油稀释比例　小儿皮肤稚嫩，角质层薄，约是成人的三分之一，故婴幼儿在外涂精油时应大量稀释后才能使用。2岁以内小儿按1%比例，即100滴约5mL椰子油加入1滴精油；2~6岁孩子按照2%~5%比例，50滴约2~3mL椰子油加入1滴精油；6岁以上孩童，一般是10滴基底油加入1滴精油即可。

第二节　穴位按摩

一、穴位按摩的意义

穴位，又称腧穴，腧通输，穴是空隙的意思。穴位是人体脏腑经络气血输注出入的特殊部位。《黄帝内经·素问》认为穴位是"脉气所发"；《灵枢》解释穴位是"神气之所游行出入也，非皮肉筋骨也"。由此说明腧穴并不是孤立于体表的点，而是与深部组织和器官有着密切联系的特殊部位，具有运行脏腑经络气血，沟通体表与体内脏腑的作用。

通过对局部穴位的按摩，可以缓解相邻的脏腑、器官的病症。同时，对离该穴相距较远的，相应经脉循行路线上的脏腑、器官的病证也有效果。这就是腧穴的近治和远治作用。比如足三里是足阳明胃经的主要穴位之一，按摩足三里不仅可以舒缓膝痛、下肢痿痹等局部病证，也能治疗胃痛、腹痛、泄泻、便秘等胃脘疾病。此外，某些穴位还有特殊的治疗作用，可专治某病，如至阴穴可矫正胎位，治疗胎位不正等。

大量临床实践也能证明，对机体的不同状态，推按某些腧穴可起着双向的良性调整作用。例如腹泻时，按摩天枢能止泻；便秘时，按摩天枢又能通便。

因此，穴位按摩是以中医理论为基础的保健按摩，安全且有效，手法渗透力强，不仅可以放松肌肉、解除疲劳、调节人体机能，还具有疏通经络、平衡阴阳之功效。

二、穴位推拿加入精油介质的意义

在穴位推拿时，为了减少对皮肤的摩擦损害，或者为了借助某些介质的辅助作用，可在推拿部位的皮肤上涂些液体、膏剂或撒些粉末，这种液体、膏剂或粉末统称为推拿介质，也称推拿递质。

推拿时应用介质，在我国拥有悠久的历史。《黄帝内经》上就记载着"按之以手，摩或兼以药"的说法。由于介质推拿对皮肤的刺激性较小，毒副作用较小，所以，在小儿推拿中应用尤为广泛。常用的推拿介质有滑石粉、爽身粉、婴儿油、橄榄油、白酒、冬青膏、红花油，以及各类单方、复方制剂等。

相较于传统的推拿介质，植物精油的种类丰富，在应对不同疾病或者症状时，选择性更多，可以选用不同的精油以增强推拿的效果。且精油本身就具备强大的疗愈效果，它分子小，亲脂性、渗透性强，具有靶向性，有时配合简单温和的手法，即可达到预期效果。如处理膝关节炎时，加入乳香、冬青、马郁兰、生姜等精油，再配合揉按足三里、阴陵泉、膝眼、血海等穴位后，热敷 10 分钟，其消炎镇痛效果明显增强。

精油对身、心、灵全方位的呵护作用，也是传统介质所不具有的优势。精油在按摩的过程中，不断挥发扩散的香味，通过嗅觉通路，直达大脑边缘的杏仁核与海马回，安抚修复患者的情绪与心灵。比如在穴位推拿结合精油调理小儿夜啼，由于小儿夜啼常因喂养不当导致胃肠道痉挛，所以使用罗马洋甘菊轻柔和缓地推按摩腹部和天枢、中脘、下脘穴，不仅可以行气止痛，即刻缓解患儿肠痉挛，也能安神定悸，让宝宝一夜好眠。所以精油按摩，除了放松肌肉、解除身体病痛与疲劳，还能放松心情，纾解情绪，达到真正的身心平衡。

三、方法与注意事项

（一）穴位按摩的一般操作方法

先准备好所需的按摩精油，提前将精油与椰子油按比例稀释。成人稀释比例一般是精油与椰子油比例为 1：3，敏感肌肤比例为 1：6。根据所选穴位所在的位置，选择合适体位。充分暴露所需腧穴，定位后将准备好的精油涂抹在局部。最后进行按、摩、推、拿、揉、捏等相应的手法操作。

（二）穴位按摩的注意事项

1. 各种出血性疾病、妇女月经期、孕妇腰腹部、骨折处、皮肤破损处等部位禁止按摩。避免空腹、饱腹、精神状况不佳的情况下进行按摩。精油不是药，重病患者需要寻求专业医生的帮助。

2. 注意操作场所的温度，需保持环境温度。

3. 腰腹部按摩时，体验者需排空膀胱。

4. 按摩前操作者应修剪指甲，避免损伤体验者皮肤。

5. 操作时，选择合适的手法，手法应均匀、柔和、持久，不可暴力。

6. 虚则补之，对于久病体虚及慢性病人群，手法不宜采用过多泻法。穴位按摩可每天进行。时间控制在 10~20 分钟，不宜过长。每个穴位按摩不超过 30~50 次。对于急症，每次 5~10 分钟即可，可以每天治疗 1~2 次，连续几天以巩固疗效。

7. 操作完成后，建议操作者及体验者均适量饮水，有助于加快新陈代谢。

四、常用穴位按摩图

见彩图 1~4。

第三节　部位按摩

一、头部按摩

头部是"元神之府"，五脏之血，六腑之气，皆上注于头，头部是生命的枢机，主宰人体的生命活动。头为诸阳之会，是手三阳经、足三阳经和督脉的聚会之处，通百脉。头部穴位达 100 多个，是人体穴位最密集的地方。因此按摩头部经络，可以升清降油，疏通经络，调和百脉。可防治头晕头痛、耳鸣目眩，适用于外感、高血压、中风、神经衰弱、面神经疾病等疾患，并有益于提神醒脑、增强记忆、缓解疲劳、消除紧张焦虑情绪，对大脑有健脑安神，聪耳明目，提高专注力的作用。值得一提的是在头疗做完以后可以看到原先松弛下垂的下颌有上提紧致的即刻效果。此外对改善发质，祛除头皮毛囊淤堵，促进毛囊代谢，防治脱发、白发效果更为直接。

头部按摩同时还可改善脑部的血液循环，提高大脑的摄氧量，有益于大脑皮质的功能调节，对提高少年儿童的专注力，及老年人的记忆力有值得期待的作用。（见彩图 5）

【用油建议】基础方用乳香、薰衣草、柠檬、薄荷各 3 滴，椰子油 12 滴。头部按摩配方可因人制宜、因病制宜，如头痛可用乳香、活络复方、冬青、罗勒、古巴香脂、薄荷等；脱发可用丝柏、雪松、迷迭香、薰衣草、生姜精油等。失眠可选薰衣草、马郁兰、岩兰草、平衡复方、安宁复方等。面部紧致用基础方加花类精油如玫瑰、茉莉、橙花、永久花等。

【操作手法】以头部正中线为基准，将头部分为左右两侧，先做一侧，再做另一侧。操作时，用棉签蘸取精油，从前往后单向涂抹头皮，每条线涂抹 3~5 次，然后平行正中线向外放射，间隔 0.5~1 寸再涂抹一条线，重复以上步骤直至耳部。操作完一侧再做另一侧。也可按照督脉、足太阳膀胱经、足少阳胆经、足阳明胃经等经络循行路线涂抹，每条经络涂抹精油 3~5 次。精油涂完后，可用指腹或者牛角梳按摩整个头皮，并依次点按太阳穴、百会穴、四神聪，还有颈部风池穴、风府穴等。

二、手部及足底按摩

【用油建议】可根据身体需求，选择不同精油。如心血管系统可选择香蜂草、乳香、马郁兰、依兰依兰等；消化系统问题选择消化复方、生姜、薄荷等；疼痛管理可选择活络复方、冬青、理疗复方等，一般选择使用 1~2 种精油，每支精油 2 滴即可。

【操作手法】依次将椰子油及精油涂抹在手心、手背部或者足底。按摩手部时，以手掌内侧面为主，操作者用拇指指腹，依次画圈式揉按体验者的大鱼际、小鱼际和掌心，手指根部到指尖部位，可采用拇指交替滑行点按的方法，依次按摩每个手指。（见彩图6、7）

足部按摩主要是按摩足底。同样采用拇指指腹画圈揉按的方法，走"Z"字形揉按足底，从足跟向足趾方向按摩，最后可轻轻按压5个足趾。

手部及足部按摩完成后，也可重点按摩相应的反射区及穴位。比如落枕可选活络复方涂抹于颈部不适区域及手部，重点涂抹并按摩拇指第一指间关节及外劳宫穴；失眠可用平衡复方或薰衣草涂抹足底，辨证选取心、肝、脾、肾、失眠点等反射区，以及涌泉、太溪、申脉、照海等穴位按摩。

三、颈肩按摩

【用油建议】椰子油、乳香、茶树、理疗复方、冬青、活络复方、薄荷等。每次选取以上3~5种即可。

【操作手法】建议尽量扩大涂抹面积。先用椰子油涂抹于颈部、颅底、肩胛骨内侧及两侧肩关节，然后依次分层涂抹所选精油，每支1~3滴，如有薄荷，应放在最后使用。涂抹完毕后可配合温敷，揉按风池穴、拿肩井穴、按天宗穴等简单按摩手法，可起到放松肌肉，加强精油消炎镇痛的作用。

【注意事项】纯度高的精油渗透快、作用强，推拿按摩时手法力度不宜过重，且操作不当或者手法过重反而容易损伤局部肌纤维纹理，因此如果是日常的家庭养护或者放松，仅涂抹至精油吸收，配合适当的温敷即可。精油用量也需控制，一般肩颈区域精油使用量在2滴左右，不宜过量。需注意的是，如肩周炎等因风寒入络证，使用薄荷时需加生姜或者肉桂、罗勒等精油温经散寒，通络止痛。如果颈椎不适，伴随有手麻、头晕，甚至行走漂浮、晕厥等严重神经脊髓受压症状，应及时就诊，寻求专业治疗。

四、脊椎疗法

脊椎疗法主要作用于人体背部脊柱两侧区域，通过对经络、穴位和反射区的按摩及刺激，达到疗愈身心灵的目的。

我们知道，在人体背部，有督脉及足太阳膀胱经循行经过。督者，居中而立，督脉起于小腹胞宫内，在腰背沿脊柱正中行走，沿人体后背上行，然后从头部正中线上行至头顶百会穴，最后止于口腔上齿正中的龈交穴。督脉属阳，是阳脉之总纲，有总督、统领一身阳气功能活动的作用，因此按摩督脉对各类阳气衰弱症，如脊背畏寒、痔疮，还有女子少腹冷痛、月经不调，男子阳事不举等，均有较好的治疗效果。因此阳虚畏寒者，可选取温阳化气的精油诸如生姜、肉桂、茴香等涂抹于脊柱，配合手法使用。根据其行走路线，督脉位于脊柱神经分布之处，因此本法尤其适用于头晕头痛、耳鸣、眩晕、失眠、嗜睡、健忘等症的防治。

膀胱府和肾相连，通过肾阳的温煦作用，膀胱气化化生阳气，称为太阳之气，是抗御外邪的第一道防线，因此平时按摩膀胱经有抗御外邪，预防感冒及中暑的作用。足太阳膀胱经在脊柱两侧分布，每一侧有两条膀胱经分支，左右两侧共4条。其中一条分支是正中线旁开1.5寸，另一条分支是正中线旁开3寸，加上1条位于背部正中线的督脉，因此共有5条经络分布于背部，强强联合。膀胱经作为14条经络中最长的一条脉，起于内眼角的睛明穴，由头走足，止于足小趾外侧的至阴穴，广布于头面部、项部和腰背部之督脉两侧。每侧有67穴（左右两侧共134穴），其中就有半数以上（37个穴位）分布于颈背部，如所有背俞穴，包括肺俞、心俞、肝俞、脾俞、三焦俞等，是所有脏腑精气在背部输注之处，也是脏腑疾病在背部的反射点，因此按摩背部膀胱经各腧穴，以点概面，可以更具针对性地对各系统的症状进行相应调理。比如心悸、心慌、胸闷、胸痛等循环系统疾病取心肺俞穴；发热、风热感冒等热性病取大椎穴、肺俞穴；小便不利、遗尿、尿频等泌尿生殖系统疾患取八髎穴、肾俞和膀胱俞穴；腹胀、便秘、胃痛等消化系统疾患，取脾俞、胃俞、大肠俞、小肠俞、肝胆俞等；外感、咳嗽、哮喘等呼吸系统病，取大椎、肺俞等穴；目疾、头痛、颈椎病、腰背痛、小腿疼痛、运动障碍等本经脉经过部位的病证。脊椎疗法的手法简单但行之有效，适用于各年龄阶段人群以及各系统疾患，即使没有医学背景也能很快掌握这项技术，又因精油亲脂性，渗透力强的特点，脊柱按摩加上精油后，效果往往事半功倍。

【操作手法】体验者俯卧位，操作者站在体验者的一侧。先将乳香精油直接涂抹在体验者的背部及肩颈部。再将椰子油涂满肩、颈、背部，椰子油不但可以稀释精油，保护皮肤，还能扩大精油使用面积。然后依次将所选的精油从下到上，由骶椎到颅骨底，等距离滴入适量精油，并用手掌由下到上旋转式将脊柱区域的精油匀开，每支精油从下到上匀油 3 遍。最后将双手拇指指腹置于腰骶部膀胱经上，由内向外划圈式向上按摩至颅底，加强对膀胱经和两侧竖脊肌的刺激，并重复以上步骤 3 遍。最后可根据需要，选取 2~4 个穴位或反射区，进行拇指点按或者弹拨。

注意：配方中含有薄荷时，在操作过程中都应该将薄荷放在最后使用，可帮助机体启动对所有精油的吸收。手法完成后，可为体验者盖上毯子并嘱平躺休息 10~15 分钟，有条件的话可以用热敷垫热敷。最后，建议操作者和体验者在手法结束后多饮水，水中可加入 1~2 滴野橘或者柠檬精油，帮助加快精油在体内代谢。

【用量与次数】每次可选择配方中的 3~5 支精油交替使用。成年人每支精油 3~5 滴，儿童或年老体弱者每支精油 1~3 滴；如用于预防保健，使用频率为每月 2~3 次，如果是针对性地用于疗愈某系统疾患，可每周 1~3 次，持续 1~2 周后，调整到每月 2~3 次。慢性疾患可根据需要，坚持使用以巩固、维持疗效。

第四节　特色手法

一、降压手法

【建议用油】椰子油、薰衣草、马郁兰。

【操作手法】

（1）将薰衣草及马郁兰各 1 滴稀释后涂抹于耳后降压沟（又称耳背沟），并从上到下用指腹按摩降压沟 40~100 下，每天 2~3 次。

（2）薰衣草、马郁兰各 1 滴，稀释后涂抹于太冲穴、涌泉穴，并配合拇指点按法按摩穴位。单个穴位点按 6 秒钟后，暂停 2 秒后继续点按，重复 10 次，每穴位按摩 3~6 分钟。

（3）薰衣草、马郁兰、乳香各 1~2 滴按摩颈部桥弓穴。桥弓穴位于颈部，位于耳后翳风穴到缺盆穴，成一条线。操作时，用拇指指腹或者拇指外侧，自上而下推按，左手推右侧的桥弓穴，右手推左侧的桥弓穴，每侧按摩 1~2 分钟，两侧交替进行，不可双侧同时按摩，手法宜轻，避免降压过快导致意外发生。非专业人员不建议采用此手法。（见彩图 8）

二、小儿退热手法

【用油建议】薄荷、薰衣草、茶树、生姜、防卫复方、香蜂草。

【操作手法】

视年龄大小，将以上精油按比例稀释后分层涂抹于颈部、腋下、腹股沟等区域。

（1）膀胱经推拿退热法

①匀油：将椰子油大面积涂抹于背部，将薄荷 1~3 滴涂抹在脊柱后正中线，即督脉上。用指腹及手掌，从骶骨到大椎方向匀开精油。②自下而上沿膀胱经（后正中线旁开 1.5 寸）做指腹按摩，即用拇指指腹置于膀胱经上腰骶部，在脊柱两侧、从下到上逆时针旋转按摩到颅底，指腹旋转推拿步骤重复 3 次后，用茶树、薰衣草等精油依次重复以上手法。

（2）剑指直推天河水法（又称为清天河水）

操作：以患儿左手为例，操作者左手轻轻握住小儿左手（双手均可操作，每次只做一侧即可），充分暴露穴位点。先涂椰子油，依次涂抹所选的 1~3 种精油各 1~2 滴。操作者右手食指、中指并拢，以双指掌侧腹部接触天河水穴位处，在穴位区域（前臂掌侧正中线，腕横纹至肘横纹一段），由腕向肘方向推动。要有一定的按压力，力量均衡柔和，速度为每分钟 220~280 次。（见彩图 9）

【注意事项】

（1）0~6 岁的小儿，如果以退热为目的，清天河水的操作时间一般在 10~30 分钟。年龄越大、病情越重，推按时间越长。注意在推拿时，随时观察孩子手的温度，如手部温度下降，推拿即可停止。

（2）小儿发热用油应辨证施治，以去除病因为主。如不进行辨证施油，退热效果一般不好，即便体温暂时下降，也会很快复升，这也是很多人用小儿推拿退热不见效的原因。大多小儿发热只需疏散退热即可，因为多数小儿发热是由感受风寒或者风热引起。风寒发热，恶寒明显，一般无汗，且兼有头痛、肢体酸痛、鼻塞流清涕，无口渴、咽喉疼痛等，此时用油应在茶树、薰衣草的基础上加用生姜，薄荷少用甚至不用即可退热；而风热发热则发热明显，一般微汗，并兼有头痛、口渴、咽喉肿痛等，这时薄荷可放心使用。

小儿属稚阴稚阳之体，脾胃易损，积食发热也较为常见。积食发热除体温升高外，还伴有腹部胀满、大便干燥或酸臭、嗳气酸腐等。此时用油应通腑泄热，即将重心放在消积食上。《幼幼集成·食积证治》有云："夫饮食之积，必用消导。消者，散其积也；导者，行其气也。脾虚不运则气不流行，气不流行则停滞而为积。"所以，可在胃肠区和背部涂抹消化复方、薄荷、野橘等，并顺时针按摩胃肠区域（手法应轻柔、和缓），背部使用小儿捏脊法，以理气和胃健脾，消食导滞，当积食消除，体热犹如釜底抽薪很快退下。

如遇不明原因的反复发热或就医用药后持续性高热不退，考虑加用香蜂草精油，门诊已遇多例病案，往往行之有效。同时需及时就医，以免贻误病情。

第四章 常用的单复方精油

第一节 芸香科

芸香科约 150 属，1600 种植物。芸香科精油主要来源于柑橘属植物。柑橘类精油一般采用果皮或者果实冷压的方式萃取而得。此类精油大多具有促进消化、呵护皮肤和提振精神的功效。

芸香科精油含有丰富的 D-柠檬烯，即右旋柠檬烯，它有助于分解脂肪，可减肥排毒，抑制癌细胞生长，因此可用于高脂血症、脂肪肝、高尿酸血症等代谢性疾病。因为芸香科精油大多为柑橘果皮类精油，富含呋喃香豆素，因此涂抹要注意避免阳光直射，预防光敏反应。

柑橘类精油气味清新、甜美，熏香或者涂抹柑橘类精油不仅可以清新空气，也能照亮人们阴郁、低沉、焦虑、烦躁的内心，放松心灵。芸香科植物在阳光充足的环境中生长，吸收了阳光的精华，常有祛湿补气温暖滋补的功效；橘类入肝经，可以疏肝解郁，健脾行气，又能解痉止痛，比如口服莱姆和柠檬可以利胆消炎，促消化，用于便秘、胆结石等消化系统疾病。野橘止痉，涂抹心前区可缓解心悸、心脏痉挛、假性心绞痛等。

柠檬

【**科属与萃取方法**】芸香科柑橘属，冷压萃取自柠檬果皮。

【**气味**】类型：前味香型。香味：柑橘味的香甜、清新，略刺鼻。

【**主要化学成分**】D-柠檬烯、β-蒎烯、γ-松油烯等。

【**性味归经**】味酸、甘，性平；入肺、肝、脾、胃经。

【**功效**】清热利湿，疏肝和胃，化痰止咳。

【芳香应用指引】

1. 清热利湿 柠檬含有 D- 柠檬烯，是强大的身体清洁剂，是身体的清道夫，有加快身体代谢的作用。因而适用于高血压、高血脂等心血管系统疾病，以及高尿酸血症、肾结石等与代谢相关的疾病。

2. 疏肝和胃 柠檬属于柑橘类植物，入肝经，疏肝理气，可以促进消化液分泌和排除肠内积气，与消炎利胆中药特性不谋而合，因而柠檬精油也可用于胆囊炎、胆囊结石、便秘腹胀、消化不良等症。

3. 化痰止咳 柠檬精油中单萜烯类成分高达 90%，并以柠檬烯的形式在柠檬精油中出现，因而赋予了柠檬镇咳、祛痰、抑菌的作用。因此，感冒、咳嗽或者急慢性咽炎患者，可少量多次口服柠檬精油水。

4. 美白 通常来说，皮肤美白的作用机制总结起来有三种，即去角质、抗氧化、抑制黑色素酶。但是很多抑制黑色素酶（酪氨酸酶）的美白产品被身体吸收后，到达皮肤的浓度几乎不能直接抑制黑色素酶，因而有效美白的核心在于去角质和抗氧化。而柠檬内服可抗氧化，外涂可去角质，因此是美白的不二选择。

5. 烹调 在烹调肉、鱼、虾及其他海鲜食物或烧烤时，加入柠檬精油后味道会更鲜美。

6. 家居清洁 可作为一种天然无毒的清洁剂应用于日常家庭清洁。柠檬精油滴在软布上，可擦亮皮制品、银器、铜器、地板、不锈钢制品，或者用于厨房台面、菜板、厨具清洁；在清洗水果和蔬菜时滴入柠檬精油，可清洗残留农药；在熏香器内加几滴柠檬精油扩香可以清新空气、净化环境；也可以把柠檬精油滴于棉球或纸巾上，置于衣柜、鞋子内等，有效去除臭味。

7. 心灵呵护 柠檬香熏时，还能提升情绪，振奋身心，并能改善情绪和认知能力。

【注意事项】 柠檬精油含有呋喃香豆素，具有光敏性，外用时 24 小时内请避免太阳直射。不要接触眼睛、内耳和敏感部位。

野橘

【科属与萃取方法】芸香科柑橘属，果皮冷压。

【气味】类型：前味香型。香味：柑橘果香、甜美、清新。

【主要化学成分】柠檬烯等。

【性味归经】味微酸、甘，性温；入肝、脾、肺、心经。

【功效】疏肝解郁，健脾和胃。

【芳香应用指引】

1. 疏肝解郁　野橘归属肝经，能疏肝理气，主治肝郁气滞，痰滞气阻证。肝主情志，野橘的气味香甜，熏香或滴于掌心嗅吸时，可缓解焦虑、恐惧等情绪问题。此外，情志内伤，肝气郁滞，痰瘀结于颈部、乳络、胞宫形成的甲状腺结节、乳腺增生、子宫肌瘤等问题，可采用异病同治的方法，搭配野橘或圆柚健脾理气，与乳香、没药配伍，活血化瘀、软坚散结。因此非常适用于各类因郁致病、因病致郁的人群。

2. 健脾和胃　野橘入脾经，理气健脾，和胃宽中，有效缓解积滞内停、痞满胀痛等症状。针对消化不良、胃热反酸、食欲不振等消化系统问题，可与生姜、薄荷一同内服或者外用。

3. 化痰止咳　野橘归肺经，可宣肺化痰止咳，可用于感冒、咳嗽、咽喉炎、气管、支气管炎症等，熏香或内服。

4. 润泽肌肤　《灵枢·经脉》云："手太阴（肺经）气绝则皮毛焦。"野橘入肺经，肺主皮毛，外涂时可改善皮肤枯槁、橘皮样增生等问题。

5. 心灵呵护　有镇静放松作用。野橘精油外涂和嗅吸时有疏肝解郁、抗痉挛和缓解紧张情绪的作用，当胸闷、胸痛、心慌、心悸等发生时，可用野橘和檀香精油外涂心前区，同时舌下含服香蜂草或乳香，并点按膻中穴，然后嗅吸野橘和檀香，症状可立刻得以控制。

【注意事项】野橘精油具有光敏性，外涂后 24 小时应避免阳光直射。不要接触眼睛、内耳和敏感部位。

圆柚

【**科属与萃取方法**】芸香科柑橘属，果皮冷压萃取。

【**气味**】类型：前味香型。香味：橙香、清爽、清新。

【**主要化学成分**】D- 柠檬烯。

【**性味归经**】味甘、酸，性凉；入肺、胃、肝经。

【**功效**】健脾利水，止咳化痰，消食行气。

【**芳香应用指引**】

1.健脾助运，利水祛湿　圆柚健脾助运，有利于水湿与痰浊的排泄，利水消肿，消化脂肪，因此对肥胖症和水液滞留有较好的效果，常与丝柏搭配使用。取圆柚 1~2 滴，丝柏 1~2 滴，椰子油 1：（1~3）稀释后推按，对淋巴循环不畅引起面部、腿部水肿有一定作用。此外，健脾祛湿可以调整皮肤和头发的皮脂分泌，适用于油性和痤疮皮肤。

2.止咳化痰　圆柚化痰止咳平喘，常用来舒缓复方治疗感冒咳嗽等，可熏香或者内服。

3.消食行气　缓解胃胀反酸等消化系统不适；胆结石者可滴入胶囊内服；与乳香、没药等合用外涂可以疏肝理气，改善乳腺增生、甲状腺结节等问题。

4.心灵呵护　圆柚为"尊重身体"之油，对厌恶自己肉体肥胖而刻意减肥近乎苛刻的人来说，圆柚有利于抑制情绪化的进食，积极关爱、宽容、接受自己与身体的关系，尊重身体的需求。圆柚可提振心力，稳定沮丧的情绪，在压力状况下使用极有效果，能使人感到欢愉，浑身充满活力，精神百倍。

【**注意事项**】圆柚精油具有光敏性，外涂后 24 小时应避免阳光直射。不要接触眼睛、内耳和敏感部位。

红橘

【**科属与萃取方法**】芸香科柑橘属，冷压萃取自果皮。

【气味】类型：前味香型。香味：柑橘香、微微花香、甜美。

【主要化学成分】柠檬烯。

【性味归经】味甘性温；入肝、脾、肺经。

【功效】疏肝解郁，和胃理气。

【芳香应用指引】

1. 疏肝解郁　入肝经，熏香可以改善情绪、提振心情，增加能量活力。

2. 疏肝理气　治胸腹胀满，心胸痹痛，胸中气塞气短，咳嗽痰多。

3. 调理脾胃　治脾胃不调，胃脘胀满。柠檬烯对胃及肠壁黏膜可能有保护作用。

4. 心灵呵护　激励人们提升心灵创造性能量，去享受生活，重新体验童年时的快乐和自发性微笑。

【注意事项】具有光敏性，外涂后避免阳光直射。不要接触眼睛、内耳和敏感部位。

莱姆

【科属与萃取方法】芸香科柑橘属，冷压萃取自果皮。

【气味】类型：前味香型。香味：柑橘香、甜美。

【主要化学成分】柠檬烯、β- 蒎烯、γ- 松油烯。

【性味归经】味微酸、微苦，性凉；入肝、胆、胃经。

【功效】疏肝利胆，消积化痰。

【芳香应用指引】

1. 疏肝利胆　莱姆又称为青柠檬，抗菌抗炎作用比柠檬和野橘更强。入肝胆经，同样有疏肝理气的作用，行气破气作用稍差于青橘，常与薄荷、迷迭香、青橘、天竺葵等合用于胆囊炎、胆结石；口服及外涂均可缓解胃痛、胃胀、反酸等。

2. 心灵呵护　扩香可以净化气场、清新空气，调畅呼吸。

【注意事项】具有光敏性，使用后12小时内避免日晒或者紫外线照射。不要接触眼睛、内耳和敏感部位。

橙花

【**科属与萃取方法**】芸香科柑橘属，蒸气蒸馏萃取自花朵。

【**气味**】类型：中味香型。香味：甜美素雅，花香浓烈，带有淡淡柑橘味、苦涩味。

【**主要化学成分**】芳樟醇、乙酸芳樟酯、柠檬烯。

【**性味归经**】味甘、微苦，性平；入肝、肺、大肠经。

【**功效**】镇静安神，疏肝解郁，润肺护肤。

【**芳香应用指引**】橙花精油——花中公主，淡雅高贵的象征。

1. 润肺护肤　肺主皮毛，橙花具有较显著的润肺护肤的特性。其渗透力超强，外涂能直接渗透到真皮层，并抑制黑色素母细胞的生成，美白、淡化色素、修复肌肤瑕疵与细纹，让松弛肌肤光滑细腻，因此具有出色的美肌效果；帮助皮肤再生；对偏干性和敏感肌肤的帮助最大。

2. 疏肝解郁　缓解肠道平滑肌痉挛、调理肠易激综合征。

3. 心灵呵护　舒缓神经，放松心情，改善情绪，消解烦躁与失眠。帮助女性平稳度过各个阶段，如女性经前焦虑症、产后抑郁、更年期前后焦虑等，达到身心平衡。维持良好睡眠质量；优雅的花香给人放松安全感，也增添家庭和睦与幸福感。嗅吸可调节血压，与薰衣草、依兰依兰配伍香熏，有降压效应。

【**注意事项**】橙花不具有光敏性。不要接触眼睛、内耳和敏感部位。

苦橙叶

【**科属与萃取方法**】芸香科柑橘属，蒸气蒸馏萃取自叶片、细枝。

【**气味**】类型：前味香型。香味：清香、花香、柑橘、淡淡的木香，有些许的苦味。

【**主要化学成分**】乙酸芳樟酯、芳樟醇、α-松油醇。

【**性味归经**】味苦、辛、甘，性温；入心、肺、脾经。

【**功效**】辛宣洁肤，镇静安抚。

【芳香应用指引】苦橙树可提炼出三种精油。苦橙叶精油源自树木的叶片与细枝，橙花精油则从花朵中萃取，而苦橙精油则冷压萃取自果皮。苦橙叶广泛运用于香水产业，赋予香水一股清爽的草本香气。

1.**辛宣洁肤**　辛能发散，宣能宣发。肺主皮毛，主宣发，苦橙叶精油辛宣发散，能减轻皮肤和头皮的油脂分泌，外涂时可以平衡皮肤及头皮的油脂，适用于粉刺、痤疮、头屑过多。

2.**镇静安抚**　苦橙叶含有高比例的乙酸芳樟酯及一定比例的芳樟醇，与薰衣草的化学属性近似。香熏、按摩或泡澡，可放松身体，缓解压力，促进良好的睡眠，还可以调节血压，支持心血管健康。

3.**心灵呵护**　清淡的香气可以提升勇气、减少疲劳，抗沮丧。

【注意事项】苦橙叶无光敏性。不要接触眼睛、内耳和敏感部位。

佛手柑

【**科属与萃取方法**】芸香科柑橘属，果皮冷压萃取。

【**气味**】类型：前味香型。香味：柑橘的果香味，香甜，轻快。

【**主要化学成分**】柠檬烯，乙酸芳樟酯。

【**性味归经**】味辛辣、苦，性温；入肝、脾、肺经。

【**功效**】疏肝理气，化痰止咳，和胃止痛。

【**芳香应用指引**】

1.**疏肝理气**　佛手柑入肝经，可用于胆囊炎、胆结石。疏肝理气，外涂并香熏用于肝气郁结所导致的胁肋疼痛、心烦易怒、胸闷不舒、失眠等症。还可以用于经前期综合征、更年期的情绪调节。

2.**祛湿化痰**　佛手柑味辛，可归肺经，具有化痰止咳的功效，可用于湿痰咳嗽、慢性支气管炎、哮喘等症。理气化痰，适用于梅核气，喉间长期异物感，吐之不出、咽之不下，可内服或局部外涂使用。

3.**和胃止痛**　佛手柑用于胃肠消化系统，有和胃理气、解痉止痛的作用，能舒缓反酸、胃痛、胃痉挛，其消炎抗菌作用极佳，尤其是应对饮食不洁引发的胃肠道炎症，可以通过内服缓解。

4.**心灵疗效**　既能安抚，又能提振身心，可以消除焦虑感，放松神经，调节神经系统。其清新的特性可以安抚挫败感和愤怒感，带来勇气，增加沟通的意愿。

【注意事项】有光敏性，外涂使用 72 小时内避免阳光直射。不要接触眼睛、内耳和敏感部位。

第二节 唇形科

唇形科大约有 220 余属，3500 余种。多从叶子或全株植物中蒸馏萃取精油，常见唇形科精油有香蜂草、薰衣草、薄荷、马郁兰、迷迭香、香蜂草、广藿香等。

唇形科植物几乎包含了所有常见精油化学成分类型，中药的原植物也有很多来源于唇形科。唇形科精油具有镇静、抗痉挛、平衡血压、促进血液循环、抗炎的作用。

唇形科精油多辛温，归心肺经。辛能散能行，可发散解表，行气行血，宽胸理气，故可用于外感风寒表证及气滞血瘀证。比如迷迭香止咳化痰，外涂或者熏香可用于外感咳嗽；香蜂草宽胸理气，行气止痛，是心脏的强心剂，舌下含服并外涂，可有效缓解心悸心慌、胸闷胸痛症状。所以无论是从中医药角度还是化学组成来看，唇形科精油大多可用于心血管疾患。

香蜂草

【科属与萃取方法】唇形科香蜂草属，水蒸气蒸馏自叶片。

【气味】类型：前、中味香型。香味：略带辛辣的清香，类似柠檬草香。

【主要化学成分】柠檬醛、橙花醛、大根香叶烯、β– 石竹烯。

【性味归经】味辛，性平；入心、肺、肝、肾、大肠经。

【功效】宁心定悸，祛风清热，益肾平肝。

【芳香应用指引】

1. 宁心定悸 香蜂草被称为"心脏起搏器"，可以迅速缓解心慌心悸、心绞痛、心动过速等症状，是治疗心悸、休克、惊厥的不二选择。

2. **祛风清热**　病毒性感冒高烧不退时，取香蜂草精油稀释后外涂脊柱并推按手太阴肺经、足太阳膀胱经经络与穴位，有意想不到的退热效果。

过敏症引起皮肤瘙痒，中医认为乃风邪之证，可以用香蜂草祛风清热，调理易过敏的肤质，缓解银屑病、湿疹等顽固性皮肤问题。还可以调理呼吸道过敏，缓解哮喘与咳嗽症状。

3. **益肾平肝**　香蜂草以回春的特性闻名，有"生命万灵丹"之誉，补肾平肝，体现在有温和的滋补回春及减压舒缓情绪作用。舌下含服香蜂草不仅可以帮助降低血压，而且可以缓解忧郁症及焦虑等所致自主神经失调，改善睡眠。

4. **心灵呵护**　香蜂草是"光明之油"，熏香或涂抹心脏处，能赋予生命的力量和活力，唤醒心灵之光。香蜂草的高能量能祛除忧郁等负面情绪，让我们享受生活的乐趣。

【注意事项】可能引起皮肤过敏。避免小孩拿到。怀孕期、哺乳期、在医生看护下的人请问询医生后再使用。不要接触眼睛、内耳和敏感部位。

薰衣草

【科属与萃取方法】唇形科薰衣草属，花穗蒸馏。

【气味】类型：中味香型。香味：花香、香草、略带树木的基础香味。

【主要化学成分】芳樟酯、乙酸芳樟酯。

【性味归经】味辛，性平；入心、肺、脾经。

【功效】镇静安神，缓急止痛 平肝降逆，祛风清热。

【芳香应用指引】

1. **镇静安神**　薰衣草镇静安神作用显著，有入睡困难、眠浅易醒、多梦等不寐症状者，于睡前熏香或涂抹足底，按摩神门、三阴交、涌泉、安眠等穴，可有效改善失眠症状。常与穗甘松、岩兰草、马郁兰、柑橘类精油配伍。

2. **缓急止痛**　薰衣草在运动系统的镇静安抚上也有显著功效，局部外涂或泡澡时，能缓解肌肉紧张。肌肉痉挛如小腿抽筋时，可将薰衣草涂抹于患处，效果立竿见影。

3. **平肝降逆** 薰衣草平肝降逆，有降压作用，可与马郁兰同用，稀释后涂抹在耳后的降压沟，从上到下单向按摩 40~100 下；并涂抹于太冲、合谷、曲池、涌泉等穴位，并点按穴位各 30~50 次，每天 1~2 次（具体参考"降压手法"部分）。

4. **疏风清热** 可用于皮肤过敏、烫伤和晒伤后的皮肤修复。Ⅰ度以下烫伤，薰衣草直接涂抹烫伤处即可见效并不留瘢痕，Ⅰ度以上烫伤、须与茶树、乳香精油合用；此外，薰衣草、乳香、没药、永久花、广藿香等外涂可修复瘢痕组织；薰衣草、柠檬、薄荷嗅吸并口服可缓解鼻炎、鼻窦炎。

5. **心灵呵护** 能净化、安抚心灵，减轻愤怒，有明显的平静与舒缓疲劳的功能。对惊慌和沮丧的状态很有帮助，使人可以心平气和地面对生活。

【**注意事项**】薰衣草用于失眠等熏香使用时，注意使用剂量每次不可以超过 2 滴，过量反而兴奋。不要接触眼睛、内耳和敏感部位。

马郁兰

【**科属与萃取方法**】唇形科牛至属，叶子蒸馏。

【**主要成分**】松油烯 -4- 醇、反式水合桧烯、γ- 松油烯。

【**气味**】类型：中味香型。香味：香草、香料味。

【**性味归经**】味辛、甘，性平；入心、肺、脾、肝经。

【**功效**】镇静平肝，宽胸宣痹，缓急止痛。

【**芳香应用指引**】

1. **镇静平肝** 马郁兰与薰衣草相似，也有降压作用，可配合薰衣草涂抹于耳后降压沟、太冲等穴位上，并按摩。具体手法可参考"降压手法"；失眠可用 1~2 滴香薰，或睡前涂抹于头颈、足底等皮肤。搭配薰衣草、岩兰草等效果更佳。

2. **宽胸宣痹** 冠心病或者心律不齐患者，可用椰子油 3~6 滴，乳香 2 滴，马郁兰 2 滴，依次涂抹于胸部心前区，可缓解心悸、房颤、心绞痛、胸闷等症状，尤其适用于二尖瓣脱垂患者，确实能有效缓解其不适症状，效果甚至优于乳香。

3. **缓急止痛** 可用于疼痛管理，有助于缓解胃痉挛，对肌肉疼痛、骨性关节炎等尤其有效。此外可以调节月经周期，缓解痛经。

4. **其他** 是常用的香料，可用于烹饪料理，帮助消化，激起食欲。

5. **心灵呵护** 马郁兰是"连接"之油。马郁兰可软化心灵，它在社交场合，点燃了人际交往中的信任之火，恢复信任与开放，把爱的纽带真正连接起来，使个人得以充分发展。马郁兰熏香和局部涂抹可以镇静、缓解焦虑及抑郁。

【注意事项】妊娠期慎用。口服华法林的房颤患者需慎用，马郁兰可能增强其活血抗凝效果。不要接触眼睛、内耳和敏感部位。

迷迭香

【科属与萃取方法】唇形科迷迭香属，蒸馏萃取自开花植株。

【主要成分】桉油醇、α–蒎烯、樟脑。

【气味】类型：中味香型。香味：香草味、樟脑味、树木和常绿植物的基础香。

【性味归经】味辛，性温；入肺、心、胆、肾、膀胱经。

【功效】补肾益智，宣肺化痰，疏肝理气，利胆和胃。

【芳香应用指引】

1. **补肾益智** 迷迭香精油入肾经，头发的生机根源于肾，因此迷迭香是常用的生发精油，与雪松、生姜、薰衣草、丝柏等配伍可以治疗脱发等；肾主骨生髓通于脑，因此迷迭香补肾益智。现代研究证明，迷迭香有刺激神经的作用，可以使大脑及神经中枢充满活力，还有一定的增强记忆力的作用，让头脑更加清晰，最适用于考生等用脑过度的人群。低血压性头痛、晕眩等问题发生时，使用迷迭香精油可以让这些症状迅速缓解。

2. **宣肺化痰** 其含有的氧化物 1,8- 桉油醇，有止咳化痰作用，可用于鼻炎、鼻窦炎、肺炎等呼吸系统疾患，常与尤加利配伍使用。

3. **辛温升提** 迷迭香精油辛温升提，可熏香或者涂抹按摩百会穴，有一定的升压作用。

4. **疏肝理气** 与马郁兰、乳香、香蜂草配伍按摩胸部，可以缓解心悸、胸闷不适感。

5. **利胆和胃**　可以用于胃痛、胆囊炎等消化系统疾病。

6. **心灵呵护**　强化心灵，具有提振和兴奋作用，改善紧张的情绪，一扫郁闷和嗜睡的状态，能让人精力充沛。

【**注意事项**】孕期、高血压患者慎用。不要接触眼睛、内耳和敏感部位。

薄荷

【**科属与萃取方法**】唇形科薄荷属，蒸气蒸馏萃取自叶片、茎。

【**气味**】类型：中味香型。香味：淡雅清凉，薄荷味。

【**主要化学成分**】薄荷醇。

【**性味归经**】味辛，性凉；入肺、脾胃、肝经。

【**功效**】疏肝和胃，清热解暑，祛风止痛。

【**芳香应用指引**】

1. **清热解暑**　薄荷入肺经，通窍并治外感风热、咽喉肿痛等，适用于感冒、哮喘、鼻炎等多种呼吸系统疾患，还缓解风热头痛；清凉降温的特性还可以用于发热，可将薄荷稀释后局部涂抹于后颈部的风池穴、脊椎的督脉上，或足底、腋下、腹股沟等。详细方法可参考"小儿退热手法"；薄荷解暑，于太阳穴、胃肠区域涂抹并且嗅吸，可迅速缓解中暑引起的头晕、恶心呕吐等症状。

2. **疏肝和胃**　缓解消化不良、腹部绞痛、胀气、头痛、胃酸反流的灼热感等问题。局部涂抹或滴入胶囊内服。

3. **祛风止痛**　薄荷祛风，富含薄荷醇，它不仅能缓解皮肤瘙痒，风热引发的皮肤瘾疹、瘙痒、过敏、荨麻疹及蚊虫叮咬等，外涂效果佳；还可以清洁口腔，提供舒适的凉爽感；透过调节钠钙离子通道，促进神经兴奋，引起痛觉麻痹，从而达到止痛的效果，多用于头痛、关节热痹等。

4. **心灵呵护**　可以净化情绪、激发意识，有助于记忆和提振精神。

【**注意事项**】孕期及高血压患者慎用。不要接触眼睛、内耳和敏感部位。

牛至

【**科属与萃取方法**】唇形科牛至属，蒸气蒸馏萃取自叶片。

【**气味**】类型：中味香型。香味：草本、辛辣、绿叶、樟脑香。

【**主要化学成分**】香芹酚、百里香酚。

【**性味归经**】味辛，性凉；入肺、脾经。

【**功效**】解表清暑，理气燥湿。

【**芳香应用指引**】

1. **解表清暑**　牛至具有强大的抗菌、抗真菌、抗病毒、抗氧化的特性。①主要用于呼吸及免疫系统。对感冒、支气管炎、鼻部黏膜充血肿胀有缓解作用。于流感季节或感染时可以加入牛至精油，增强免疫力。②清暑。用于中暑引起的胸膈满闷、头痛身重。

2. **理气燥湿**　牛至这一特性体现在：①调理代谢失常，痰湿引起的肥胖，与圆柚、芫荽配伍效力增强。②滴入胶囊内服，可用于湿阻气滞或幽门螺杆菌引起的胃痛、胃肠胀气，舌苔黄厚腻等脾胃湿热病证。③漱口水，用于口腔溃疡及咽炎，清热燥湿。④燥湿杀菌，牛至稀释后外用涂抹，可用于各种细菌、真菌或念珠菌感染造成的皮肤问题，如脚气、灰指甲、疣、湿疹等。

3. **通络止痛**　牛至主要成分是香芹酚，强烈刺激神经系统与免疫系统，可以缓解神经肌肉痉挛引起的疼痛，因此对牙痛、周期性痉挛、风湿症和肌肉疼痛、关节疼痛有效。

4. **心灵呵护**　牛至是一支强劲之油，能帮你拨开生活中的迷雾，驱散阻碍成长与进步的物质主义与依恋。鼓励放弃僵化、任性、消极的执念和物质主义，教人谦卑与奉献。

【**注意事项**】牛至较为刺激，必须大量稀释后再涂抹于皮肤；内服必须灌入胶囊后服用；牛至也是强效通经剂，孕期禁用。不要接触眼睛、内耳和敏感部位。

广藿香

【**科属与萃取方法**】唇形科刺蕊草属，叶与花蒸馏。

【**气味**】类型：基础香型。香味：泥土的芬芳、香草味、甜美香膏味、浓郁带有树木的基础香。

【**主要成分**】广藿醇、α- 布藜烯、α- 愈创木烯。

【**性味归经**】味辛，微温；入脾、胃、肺经。

【**功效**】芳香化湿，和胃止呕，祛暑解表。

【**芳香应用指引**】

1. **芳香化湿**　藿香芳香化湿的作用自古即被发现，《本草正义》记载："藿香芳香而不嫌其猛烈，温煦而不偏于燥烈，能祛除阴霾湿邪，而助脾胃正气，为湿困脾阳，倦怠无力，饮食不甘，舌苔浊垢者最捷之药。"因此湿重而舌苔长期厚腻，食欲不佳者，用藿香、生姜精油各 2 滴，滴入温开水中，每天早晚分服，连续服用半个月至一个月以上，可以取效。藿香芳香化湿，有利于排毒，祛除全身湿气，可改善皮肤，消除粉刺，因此对湿邪所致的面部粉刺、皮肤湿疹都有效。

2. **和胃止呕**　藿香和胃止呕作用在不换金正气散、藿香正气散等经典方剂中均有记载，是最常用的和胃化湿止呕中药之一。夏季暑温夹湿，因此藿香也常用在夏季解暑祛湿，适用于因贪凉饮冷，感受寒湿而引起的"阴暑"。可以用藿香精油 2 滴，滴入温开水中饮用，或用椰子油打底，藿香精油 2 滴，背部刮痧。

3. **祛暑解表**　藿香辛散发表而不峻烈，适用于夏季外感风寒，发热、伴寒热头疼、胸闷等症，可以取藿香 2 滴香熏。

4. **预防蚊虫叮咬**　其所含倍半萜烯及广藿香醇的气味可以用来预防蚊虫及蛇叮咬。

5. **心灵呵护**　广藿香精油为"身体之油"，给身体带来自信、优雅、平衡与力量。可用于瑜伽、太极等需要身心连接的运动。藿香精油又能平复恐惧和紧张，使心灵和思想平静下来，适用于因紧张焦虑引起的心神不宁。

【**注意事项**】不要接触眼睛、内耳和敏感部位。

罗勒

【科属与萃取方法】唇形科罗勒属，为药食两用芳香植物，水蒸气蒸馏自叶片。

【气味】类型：前调到中调。香味：一种温暖、辛辣而又具有草木气息的香味。

【主要成分】芳樟醇。

【性味归经】味辛，性温；入脾、胃、肺、肾经。

【功效】疏风解表，化湿和中，活血通络，补肾益智。

【芳香应用指引】罗勒有"帝王之草"美誉，在希腊基督教的仪式中，国王涂抹圣油来净化身心，增加帝王之气，罗勒油就是圣油的成分之一，因此罗勒被视为"药草之王"。

1. 疏风解表　罗勒辛温，入肺经，发散风寒，恢复健康的呼吸道功能，是呼吸复方的组成成分。对外感风寒引起的感冒咳嗽、头痛、鼻塞、耳鸣、耳痛都有不俗表现，而且消炎杀菌，抗病毒，能消除皮肤表面的炎症，缓解粉刺，预防痤疮生成，对维持人类皮肤健康有很大好处。

2. 化湿和中　治疗胃肠病，如腹胀、胃痛、消化不良、恶心、便秘等。可以与消化复方、生姜、薄荷等配伍使用，滴入温水中饮用或腹部按摩。罗勒也经常被用于烹饪，为食物添加一股清新的草本味，受到家庭主妇的喜爱。

3. 活血通络　这一功效可以通过罗勒富含芳樟醇，镇静安抚身心来体现。①缓解头痛、偏头痛，肌肉和关节酸痛，也可涂在太阳穴和颈部来缓解压力。②刺激雌性激素分泌，对女性痛经、月经量少、闭经、乳汁分泌少、产后乳房胀痛等有很好的呵护作用。③促进血液循环，对心脏血液循环有较好的改善作用。可以直接取适量罗勒精油，椰子油打底后直接涂抹在疼痛部位，轻轻按摩，或做头疗、脊椎疗法，也可以在泡脚的热水中滴入 2 滴罗勒精油，以达到活血通络的目的，还能去除脚气脚臭。

4. 补肾益智　罗勒被认为能加强记忆能力，学习或读书时，罗勒、迷迭香熏香可帮助集中注意力。

5. **清洁皮肤** 罗勒入肺经，肺外合皮毛，熏香或外涂可以清洁皮脂，预防粉刺。罗勒 5 滴 + 迷迭香 2 滴 + 天竺葵 4 滴 + 玫瑰 2 滴，装入 10 毫升的滚珠瓶里，用椰子油灌满备用，每天 1~2 次，2 周内用完。

6. **心灵疗效** 罗勒富含芳樟醇，能缓解紧张、焦虑和绝望情绪，给心脏带来力量，使其放松，恢复到自然状态。比较适合身心疲惫的人，也适合需要力量和个性的人。可以选罗勒精油 4 滴 + 天竺葵精油 3 滴 + 橙花精油 2 滴 + 香蜂草 1 滴，香熏。

7. **驱虫** 驱虫剂，熏香或喷洒在门窗处，可以驱除蚊蝇及其他昆虫。

【注意事项】可能引起皮肤过敏，外涂时需稀释后使用。妊娠期慎用，癫痫慎用。不要接触眼睛、内耳和敏感部位。

快乐鼠尾草

【科属与萃取方法】唇形科鼠尾草属，水蒸气蒸馏自花朵。

【气味】类型：中味到前味香型。香味：干草香味、草药的辛辣味。

【主要化学成分】乙酸芳樟酯、芳樟醇。

【性味归经】味辛，性温；入肝、肾、胃经。

【功效】疏肝理气，活血调经，和胃止痛。

【芳香应用指引】

1. **疏肝理气、活血调经** 缓解各种压力，并有解痉舒缓的作用，常用于调理月经，具有平衡激素的功效，可以调节月经流量及经期不定、痛经的状况。

2. **和胃止痛** 快乐鼠尾草可促进消化，对消化系统非常有益，可以促进胃液和胆汁的分泌，缓解消化不良症状，适合处理绞痛、胀气等问题。

3. **净化皮肤** 按摩头皮可平衡皮脂的分泌，促进秀发光泽及头皮健康，能修护皮肤细胞组织，减轻发炎症状，有助于净化与舒缓肌肤。

4. **心灵呵护** 嗅吸和涂抹快乐鼠尾草精油后，血清素的水平明显上升，不仅可改善女性更年期综合征潮热盗汗、头痛等生理不适及躁郁情绪，并可以安抚产后忧郁，促进良好的睡眠质量，纾解焦虑，产生安全感与幸福感。鼠尾草是"清澈之眼"，能让人拥有一双清澈的双眼，带着新奇的眼光看待世界，用智慧之眼洞察事情背后的意义和价值。

【注意事项】妊娠期慎用，婴幼儿不可使用。避免饮酒后和开车时使用。不要接触眼睛、内耳和敏感部位。

第三节　禾本科

禾本科又称早熟禾科，本科已知约有 700 属，近 10000 种，包括稻谷、小麦、茭白、玉米等粮食，这些重要的农作物都是禾本科家族中的一员，遍布世界各地。禾本科植物的根大多数为根须型，像毛细血管一样深入大地，因此此类科属植物适应力强，通常可以强化人类基本生存的能力，有助于消化系统，以及生殖、泌尿系统。除此以外还有镇静、免疫刺激、促进循环等特点。

常见精油有岩兰草、柠檬草。

岩兰草

【科属与萃取方法】禾本科岩兰草属，扩散渗透法萃取自根部。

【气味】类型：基础香型。香味：浓重、泥土的芬芳，木质、焦糖、烟熏味。

【主要化学成分】异朱栾倍半萜、客烯醇等。

【性味归经】味微苦、咸，性寒；入心、肾、肺经。

【功效】镇静安神，补肾宁心，身心平衡。

【芳香应用指引】

1. 镇静安神　岩兰草以"镇静之油"之称而闻名，尤其是重症失眠，可选择薰衣草、安宁复方或者平衡复方等镇静安神类精油搭配柑橘类精油熏香。岩兰草可提高专注力，适用于多动症患儿，可与迷迭香、全神贯注复方一同熏香，或是涂抹于头颈区域。

2. 皮肤系统　缓解因压力、身心问题引起的皮肤问题，如白癜风、粉刺、痤疮等，均可稀释后涂抹于局部患处。

3. **心灵呵护** 心灵安抚作用，常用于身心平衡的调节，如焦虑、抑郁问题，可与乳香、香蜂草及野橘、柑橘清新等柑橘类精油合用，常用于熏香或者涂抹脊柱、足底，让人神清气爽，舒缓压力，缓解焦虑、忧虑等负面情绪。

【**注意事项**】可能引起皮肤过敏，不要接触眼睛、内耳和敏感部位。孕期慎用。

柠檬草

【**科属与萃取方法**】禾本科香茅属，蒸气蒸馏萃取自叶片。

【**气味**】类型：前味香型。香味：柑橘、草本、烟熏。

【**主要化学成分**】香叶醛、橙花醛。

【**性味归经**】味辛，性温；入肾、胃、膀胱经。

【**功效**】祛风通络，温补肾气，化湿和胃。

【**芳香应用指引**】

1. **祛风通络** 祛风通络作用绝佳，缓解网球肘、腱鞘炎、肩周炎等炎性疼痛；对于运动后的肌肉舒缓也很有效。对于肌腱损伤、韧带拉伤等致密结缔组织损伤，柠檬草有奇效，是治疗结缔组织疾病的良药。

2. **化湿和胃** 可以缓解胃炎引起的胃胀、胃痛不适及消化不良。可与生姜、茴香、薄荷精油合用，稀释后涂抹于腹部。

3. **活血通脉** 下肢静脉曲张可与永久花、丝柏稀释后，从下到上外涂于局部。

4. **皮肤疗效** 调节皮肤，对毛孔粗大很有效果，具有清除粉刺和平衡油性肤质的功效。

5. **心灵呵护** 激励自己，鼓起勇气面对自己。柠檬草帮助改善嗜睡和无精打采的状态。对身体与能量场中不需要的入侵者有很强的排斥力，有助于打破长期负能量累积对身体各部位造成的影响，使个人的生命力免遭继续伤害。

6. **其他** 甲状腺功能亢进或减退，滴入胶囊内服；除臭，驱蚊虫；可以烹饪时加到菜肴中，增添风味。

【注意事项】6岁以下儿童不宜口服，具有皮肤刺激性，对于干燥、敏感、幼儿肌肤，连续涂抹有可能刺激皮肤、诱发过敏反应。不要接触眼睛、内耳和敏感部位。

第四节　橄榄科

橄榄科植物普遍生长在土壤极其贫乏的不毛之地，或沙漠地区等气候环境恶劣的地方。它是艳阳酷暑下孕育出的精华，可引燃作助燃剂，所以橄榄科精油大多属性温热。

橄榄科精油一般由割开树皮后取得的树脂制成。树皮受伤后，树汁流向切口裂痕，覆盖并包裹，凝固成树脂，所以对皮肤、黏膜、伤口愈合有显著功效。树脂是植物的血液，遍布植物全身，它有流动性，对促进人体淋巴的流动或分泌等都很有帮助。作为植物的免疫系统，树脂可以帮助植物避免外部侵袭，树脂类精油也可以帮助我们的淋巴系统及抑制恶性组织增长。

心灵修行须历经各种苦行，橄榄科植物比针叶类植物显得更严肃、沉稳。因此宗教祭祀、禅坐修行中常用到橄榄科植物，辅助身心修行、抚慰心灵，让内心平静。代表性精油：乳香、没药等。

乳香

【科属与萃取方法】橄榄科乳香属，萃取自乳香树树脂。

【气味】类型：基础香型。香味：中药味、香膏味。

【主要化学成分】α-蒎烯、柠檬烯、α-侧柏烯。

【性味归经】味辛、苦，性温；入心、肝、脾经，入血分。

【功效】活血化瘀，理气止痛，软坚散结。

【芳香应用指引】

1. 活血化瘀　有"精油之王"之称，可以舌下含服，由舌下微循环直接进入心血管系统，通经活血，改善冠心病患者瘀堵症状；它含有大量单萜烯和倍半萜烯成分，能穿越血脑屏障，因此对于脑梗死、脑出血、老年性痴呆的患者，也可以通过口服乳香，直达病所，刺激并修复大脑细胞。因此乳香是心脑血管患者必备的一支精油。

2. **软坚散结**　乳香常与没药合用，有活血化瘀、软坚散结的功效，常用于甲状腺结节、乳腺增生、子宫肌瘤、肝肾囊肿等癥瘕积聚症。

3. **理气止痛**　用于各种跌打损伤等急性疼痛，以及肩颈疼痛、腰腿痛、各类关节炎、腱鞘炎、网球肘等慢性劳损性疼痛，也可缓解痛经、胃痛、心绞痛等内脏疼痛。

4. **心灵呵护**　乳香为真理之油，强大的净化心灵剂，协助灵性的开悟，就像父爱一样保护身体与心灵不受负面影响。通过闻嗅、熏香、冥想，有助于打开精神通道，与自然发生连接，引发平静、放松、满足感，从而安抚躁动的心灵，有助于提升灵性感悟，保护智慧，明辨是非。有助于抗抑郁，舒缓急躁、受挫、哀伤等负面情绪，使人心情回归平静。

5. **其他**　改善视力；淡斑、缩小毛孔、紧致肌肤抗皱。与冷杉合用涂抹于脊柱，常用于小儿助长。

【注意事项】不要接触眼睛、内耳和敏感部位。乳香精油是非常尊贵的一款精油，它还是极受欢迎的百搭精油。

没药

【科属与萃取方法】橄榄科没药属，萃取自没药树的树脂。

【主要化学成分】呋喃桉 –1,3– 二烯、莪术烯。

【气味】类型：基础香型。香味：热情、泥土的芬芳、木香、香膏味。

【性味归经】味苦，性平；入心、肝、脾、肺经。

【功效】活血止痛，软坚散结，消肿生肌。

【芳香应用指引】

1. 活血化瘀功效和乳香类似。《医学衷中参西录》中曰："乳香，气香窜，味淡，故善透窍以理气。没药，气则淡薄，味则辛而微酸，故善化瘀以理血。"乳香、没药不但疏通经络之气血，用于各类跌打损伤，风寒湿痹，周身麻木，四肢不遂等。也可用于脏腑的气血凝滞，如女子行经腹痛，产后瘀血作痛，月经不调等。

2. **软坚散结** 没药与乳香同属橄榄科，为对药，两药并用相得益彰，为疏通脏腑、流通经络之要药，乳香行气功效较强，没药活血化瘀较强，因此相须合用效果增强。所以两者并用或者交替使用，加上野橘或圆柚等柑橘类精油疏肝理气，不仅可用于甲状腺问题，还可用于乳腺结节、小叶增生及子宫肌瘤等方面。

3. **消肿生肌** 可用于口腔溃疡，胃、肠溃疡及皮肤破损、痔疮等症。

4. **心灵呵护** 没药精油香熏让人感受到母爱般的温暖与安全，重新点燃信任，树立对美好生活的信心，提振心情。

【注意事项】可能引起皮肤过敏。避免小孩拿到。怀孕期、哺乳期问询医生后使用。不要接触眼睛、内耳和敏感部位。

第五节　桃金娘科

桃金娘科共约 100 属，3000 种以上，属于双子叶植物蔷薇亚纲，主要产于澳大利亚和美洲的热带和亚热带地区。

桃金娘科植物生长速度快，适应力强，在海滩高盐含量的土壤中也能存活，即使遇到森林大火，植物中的芳香化合物挥发，使得大火向上绵延，根部得到保存，火灾后能立即恢复。因此能用于疗愈创伤后的心灵。同时，桃金娘科植物的精油杀菌、防腐、消炎、杀毒效果非常好。桃金娘科植物的花、果、叶及枝都具有油脂腺，其气味会带有一丝凉爽的感觉。

影响人体的呼吸系统和免疫系统。代表精油有茶树、尤加利、麦卢卡等。

茶树

【科属与萃取方法】桃金娘科白千层属，树叶蒸馏。

【气味】类型：中味香型。香味：草药味、清新、木香、泥土的芬芳。

【主要化学成分】松油烯醇、γ-松油烯等。

【**性味归经**】味苦，性凉；入肺、脾经。

【**功效**】清热解毒，燥湿泻火。

【**芳香应用指引**】茶树精油并非来自我们日常生活中所见的山茶树，更不同于中国盛产茶叶的茶树，是桃金娘科植物，又名互叶白千层。

1. **清热解毒**　茶树是一种天然的抑菌剂，其杀菌效果比最常使用的苯酚要强 12 倍。常用于风热引起的咽喉肿痛，咳嗽，扁桃体发炎，可外涂于咽喉，或者滴在水中口服。

2. **消脂降压**　可用于体内脂质清理：高血脂、高血压患者因恣食膏粱厚味，致湿热内盛者，可用茶树 1~2 滴、柠檬 2~4 滴温水冲服，有消脂降压的作用。

3. **燥湿泻火**　有抗细菌、真菌感染，抗氧化、抗寄生虫及刺激免疫系统的特性，且性质温和，临床可用来辅助抗生素治疗。用于口腔溃疡、牙疼、牙龈炎等口腔疾患；中耳炎、阴道炎、尿路感染等各种细菌感染及脚气等真菌感染。

4. **皮肤再生**　茶树能促进皮肤细胞再生，有助于各种开放性伤口的愈合，如烧烫伤、皮肤挫伤以及刀伤等；也能舒缓蚊虫叮咬造成的瘙痒感。

5. **心灵呵护**　香熏茶树精油能提升心志活力，有益身心，令头脑清新、活力恢复。

【**注意事项**】不要接触眼睛、内耳和敏感部位。

丁香

【**科属与萃取方法**】桃金娘科蒲桃属，蒸馏萃取自植物花苞及茎部。

【**气味**】类型：中味至前味香型。香味：香料类、温暖、略带刺激的味道。

【**主要化学成分**】丁香酚。

【**性味归经**】味辛，性热；入脾、胃、肾、肺经。

【**功效**】降逆止呕，温阳散寒，消炎镇痛。

【**芳香应用指引**】

1. **降逆止呕**　具健胃作用，能缓解腹胀、恶心、呕吐等；具有明显的刺激胃液分泌作用，抗胃溃疡，止泻，利胆，治呃逆呕吐、食少吐泻等。嗳气、打嗝频频，可外涂于胸膈并嗅吸丁香，效果显著。

2. 温阳散寒　常外用于脾胃虚寒、心腹冷痛、肾虚阳痿、关节冷痛等阳虚证。

3. 消炎镇痛　对多种致病性真菌如脚气，肺炎链球菌，痢疾、大肠、伤寒杆菌所致肠道细菌感染，以及呼吸系统的流感病毒有抑制作用，还抑菌杀虫。此外，丁香油也是口腔清理专家，常用于口腔炎症、牙痛等，对牙髓疼痛有明显安抚镇痛作用。

4. 心灵疗效　丁香支持个人放下受害者心态，重新点燃了内心的火焰，鼓励人们为自己挺身而出。打破以往的创伤造成的障碍，帮助人们获得所需力量，以倡导他们的自我控制和保护的权利。

【注意事项】妊娠期慎用。丁香可能引起肌肤过敏，外涂时需要3：1稀释（3滴椰子油，1滴丁香），敏感肌肤需要6：1甚至更大比例稀释后才能使用；如需口服须灌胶囊服用。不要接触眼睛、内耳和敏感部位。

尤加利

【科属与萃取方法】桃金娘科尤加利属，萃取自树叶蒸馏。

【主要化学成分】桉油醇，α- 松油醇。

【气味】类型：中味香型。香味：有淡淡的樟脑味，甜味、果味。

【性味归经】味苦、辛，性凉；入肺、脾、膀胱经。

【功效】清肺化痰，清热利湿。

【芳香应用指引】

1. 清肺化痰　缓和支气管炎、鼻窦炎、呼吸道引起的不适症状。如感冒、咳嗽、支气管炎等引起的痰多、咳痰不爽，可用尤加利配合通畅呼吸、防卫复方熏香，并涂抹于咽喉、肺部区域，点按天突、肺俞穴；鼻炎和鼻窦炎除了使用以上精油熏香，还可外涂并点按鼻翼迎香穴、鼻根印堂穴。

2. 清热利湿　尤加利味苦，性凉，有一定的抗菌作用，可用于肾结石、尿路感染等泌尿系统疾患。尤加利入肺经，在体合皮，因而可用于麻疹、带状疱疹、寄生虫叮咬等所致皮肤疾患。

3. **心灵呵护** 强烈的薄荷样的桉树香气显示了它对身体与情绪的强大影响。支持人体免疫系统，尤其是因肺部原因引起的痛苦。提醒人们一旦身体出现症状，要及时处理症状背后的潜在情感反应。

【注意事项】不要接触眼睛、内耳和敏感部位。

麦卢卡

【科属与萃取方法】桃金娘科细籽属，蒸气蒸馏萃取自树叶、种子、树皮。

【气味】类型：中味香型。香味：气味浓郁，有点像成熟的香蕉、香甜。

【主要化学成分】纤精酮、顺菖蒲烯。

【性味归经】味甘，性平；入肺、脾、心经。

【功效】清热解毒，祛风胜湿，化腐生肌。

1. **清热解毒** 麦卢卡精油富含甲基乙二醛，可以抑制炎症因子，干扰细菌分裂，抗菌谱广泛。在流感流行期间，居家熏香法是非常好的选择。麦卢卡精油还具有抗多种真菌及抗病毒，如单纯性疱疹病毒Ⅰ型、水痘－带状疱疹病毒作用。其抗菌能力是澳洲茶树的20~30倍，杀霉菌效果是澳洲茶树的5~10倍。祛痘作用极佳。

2. **祛风胜湿** 麦卢卡有良好的抗过敏特性，可以舒缓皮肤敏感的问题。

3. **化腐生肌** 可促进皮肤细胞的新生，从而帮助伤口愈合，有助于瘢痕褪色，对久伤不愈的伤口尤其适用。可以减少紫外线造成的皮肤损伤，做成膏剂，可以作为晒伤、烫伤的修复剂。

4. **心灵疗效** 麦卢卡携带着独特的能量信号，提醒人们每天去接受宇宙给予的恩赐，化解迟滞，提升能量，安抚困扰的心。通过扩香、涂抹、嗅吸，给人一种充满活力的安全保障。

【注意事项】不要接触眼睛、内耳和敏感部位。

第六节　松科

本科约 230 种，分属于 3 亚科 10 属，多产于北半球。

松树叶是针形，且针叶分布在树叶的四周，呈散射状，而柏树的每一个小鳞苞都是一片单独的叶子，它们紧紧地连着茎。因外形特点多用于骨骼肌肉、呼吸系统中。

雪松

【科属与萃取方法】松科雪松属，蒸馏萃取自木材。

【气味】香型：基础香型。气味：木香味、温暖、热情。

【主要化学成分】雪松醇、杜松烯。

【性味归经】味甘、温；入肾、肺、膀胱经。

【功效】补肾黑发，宣肺洁肤，宁心安神。

【芳香应用指引】

1. **补肾黑发**　雪松性温，入肾经，有补益肾阳的作用。如腰酸肾虚，可与柠檬草、杜松浆果交替使用。肾者，其华在发，对因肾虚引起的脱发、头发枯槁、白发等问题，可搭配迷迭香、薰衣草、丝柏等精油，稀释后涂抹在头皮与头发上。

2. **宣肺止咳，洁肤去皱**　雪松入肺经，有净化的功效，可用于咳嗽等呼吸系统问题。肺在体合皮，其华在毛，雪松也能用于皮肤系统，适用于油性肤质，减少皮肤油脂分泌，可用于粉刺、毛孔堵塞等问题。现代研究表明，雪松醇（雪松的主要化学结构）可以促进皮肤细胞的 I 型胶原蛋白和弹力蛋白，减少皱纹。

3. **心灵呵护**　雪松是一支连接之油，帮助心灵开放，接受他人的爱与支持，把个人与社会群体的力量结合起来，让他们感到自己并不孤单，从而激发归属感，体验人生快乐。

【注意事项】妊娠期慎用。不要接触眼睛、内耳和敏感部位。

西伯利亚冷杉

【**科属与萃取方式**】松科冷杉属,针叶蒸馏。

【**气味**】类型:中味香型。香味:木香味。

【**主要化学成分**】乙酸龙脑酯、α- 松油萜、樟烯等。

【**性味归经**】味苦,性温;入肾、肺经。

【**功效**】化痰止咳,强筋健骨,助长。

【**芳香应用指引**】

1. **化痰止咳**　在所有针叶类精油中,西伯利亚冷杉的酯类含量最高。主要成分乙酸龙脑酯约占30%,远高于其他冷杉。乙酸龙脑酯具有强大的消炎、止咳、祛痰、镇静放松、抗痉挛作用。可用于缓解感冒、咳嗽、鼻炎、气喘等呼吸系统疾病。

2. **强筋健骨**　西伯利亚冷杉可以快速改善身体的炎症和炎性疼痛,有显著的补肝肾、强筋骨作用,尤其能刺激生长期的骨骼发育,可与乳香相须为用,涂抹于青少年的脊柱、四肢骨骺发育处,强筋健骨并助长。

3. **心灵呵护**　有镇静放松作用,又因为酯类含量较高,因此气味相对香甜,更适合情绪压力引起的咳喘等呼吸系统疾病。

【**注意事项**】妊娠期谨慎使用,对敏感肤质具刺激性,敏感肌肤需稀释后使用,必要时请咨询医师。不要接触眼睛、内耳和敏感部位。

第七节　柏科

柏科,有22属,约150种,多数分布在北温带地区。

柏科具有安抚、滋补、保暖的属性,影响的身体系统包括内分泌系统、神经系统、呼吸系统。柏科植物多高大长寿,是最古老树种之一,所含的独特的倍半萜烯类成分使得其气味比松科更为稳重,仿佛能让思考更深远,适合在冥想、打坐、禅定等时候使用。收敛性强,能使毛孔、肌肤更加紧致,能帮助净化肾脏,消除水肿,让水溶性毒素排出体外。常见精油有丝柏、杜松浆果等。

丝柏

【**科属与萃取方法**】柏科柏木属，水蒸气蒸馏自叶片。

【**气味**】类型：中味香型。香味：清新中带有淡淡的木香。

【**主要化学成分**】α- 蒎烯、δ-3- 蒈烯。

【**性味归经**】味苦，性微温；入肺、肝、脾经。

【**功效**】利水消肿，收敛固涩，肃肺止咳。

【**芳香应用指引**】

1. **利水消肿，活血通脉，收敛体液**　多用于静脉循环障碍，如静脉瘀血所致痔疮、静脉曲张导致机体组织间隙积液、水肿。丝柏精油可以改善循环系统功能，提升活力和能量。使用时，视水肿部位及面积，依次涂抹适量的椰子油、丝柏和乳香；淋巴回流受阻者可加圆柚和天竺葵，局部涂抹，以促进淋巴、血液循环。

2. **收敛固涩**　丝柏是"收敛之要药"。帮助收缩毛孔，紧致肌肤，改善油性肤质。止汗，缓解脱发、尿频和尿失禁等。还可以用于静脉曲张、血管瘤、肝囊肿和肾囊肿。也可以用于月经量过多、月经时间过长等。

3. **肃肺止咳**　丝柏具有抗痉挛的特性，可用于缓解咳嗽、气管炎、气喘。

4. **心灵呵护**　丝柏精油对心灵有沉静凝敛的安抚作用，可以舒缓愤怒情绪，纾解内心紧张及压力，消除身心疲惫。

【**注意事项**】妊娠期谨慎使用，月经量少者经期需停用。不要接触眼睛、内耳和敏感部位。

杜松浆果

【**科属与萃取方法**】柏科刺柏属，水蒸气蒸馏自浆果。

【**气味**】类型：中味香型。香味：植物木质香调、干净、辛辣。

【**主要化学成分**】α- 蒎烯，桧烯。

【**性味归经**】味辛、甘，性温；入肾经。

【**功效**】补肾养肝，祛风胜湿。

【**芳香应用指引**】

1. **补肾养肝**　搭配天竺葵、益肾养肝复方，内用或涂抹于膀胱和肝肾部位，可补肾利尿，帮助肝脏排毒，缓解遗尿、肾虚腰酸、月经量少等问题；与圆柚、丝柏、代谢复方合用可减轻水肿，减肥。

2. **祛风胜湿**　可用于风湿性关节炎、痛风与泌尿系感染。

3. **护肤**　平衡油脂、深层净化肌肤。对粉刺、痤疮、皮炎、牛皮癣等，可用椰子油稀释后涂抹于患处。

4. **心灵呵护**　唤醒健康的意识，帮助提升你的灵性，缓解愤怒与恐惧情绪。

【**注意事项**】妊娠期慎用。不建议口服。熏香或外用时请咨询医师。严重肾功能不全患者慎用。不要接触眼睛、内耳和敏感部位。

侧柏

【**科属与萃取方法**】柏科侧柏属，蒸气蒸馏萃取自侧柏树的树心。

【**气味**】类型：中味香型。香味：植物木质香调、干净、辛辣。

【**主要化学成分**】甲基侧柏酯。

【**性味归经**】味辛、甘，性温；入肝、肾经。

【**功效**】养肝排毒，抗菌防腐。

【**芳香应用指引**】

1. **养肝排毒**　侧柏被称为生命之树，具有强大的净化作用，保护并对抗环境和季节威胁。侧柏取自侧柏树心，主要成分为甲基侧柏酯，其中β-侧柏酚可以抑制不同基因型乙肝病毒的核糖核酸酶，相关衍生物或许可以成为对抗乙型肝炎的制剂，因此肝区涂抹侧柏有助于肝病患者防护。

2. **抗菌防腐**　侧柏精油对皮肤有保养功能，主要用于油脂分泌过多引起的痤疮、头屑、脓疱、湿疹及霉菌感染。消炎杀菌作用强大，可以缓解真菌、念珠菌问题，实验室研究表示，侧柏对金黄色葡萄球菌、白色念珠菌的灭杀效果强于茶树。

3. **心灵呵护** 可宁神及帮助提升灵性或冥想，平衡情绪，帮助释怀，解除焦虑，寻得宽容的能量。鼓励人们抛开忧虑，放开控制，享受生活带来的活力。

【注意事项】妊娠期禁用。不建议内服。有可能导致皮肤敏感，外涂需大量稀释后涂抹。不要接触眼睛、内耳和敏感部位。

第八节　檀香科

檀香

【科属与萃取方法】檀香科，蒸汽蒸馏萃取自树干的心材。

【气味】类型：后味香型。香味：柔和、木质、甜味、淡雅、深沉、持久。

【主要化学成分】α-檀香醇、β-檀香醇。

【性味归经】味辛，性温；入心、脾、肾、肺经。

【功效】行气温中，补肾催情，镇静放松，宁心定悸，美白润肤。

【芳香应用指引】

1. 檀香主要有印度檀香与夏威夷檀香。印度檀香用于瑜伽入定甚佳，夏威夷檀香的倍半萜醇含量高于前者，香味较前者更为清纯甜美，甜美的木质气味可以引发平静和健康的感觉，常用于按摩。

2. **宁心定悸** 檀香精油取自树干的干燥心材，有宁心定悸止痛之效，用1~2滴涂抹胸部及膻中穴，并嗅吸，可快速缓解冠心病、心绞痛引起的胸痹心痛。

3. **美白润肤** 檀香精油美白润肤，对皮肤有着平衡和保养的功能，尤其对于干燥肌肤、变硬的角质、干性湿疹、伤口修复，夏威夷檀香精油还能淡化瘢痕、瑕疵和妊娠纹，适用于老化或因体内积累过多毒素引起的过敏、粉刺等肌肤问题。所以檀香是皮肤护理的高品质精油。

4. **心灵呵护** 镇静放松效果绝佳，可安抚神经紧张及焦虑，镇定的效果多于振奋。因此在冥想或者做瑜伽时，可用檀香熏香。

【注意事项】 不要接触眼睛、内耳和敏感部位。

第九节 樟科

樟科共有 45 属，2000 多种。樟科植物多是常绿乔木与灌木，常被作为观赏植物。樟科是重要的经济植物和生态植物，集香料、药用、材用等多用途于一身的重要植物资源。生命力顽强，多分布于亚马孙地区和东南亚。

普遍具有抗真菌、抗病毒、抗菌的能力，可用作兴奋剂和滋补剂。作用于心血管系统、神经系统、内分泌系统、皮肤系统等。

代表精油有肉桂。

肉桂

【科属与萃取方法】 樟科，水蒸气蒸馏自树皮。

【气味】 类型：中味香型。香味：香料味、甜味。

【主要化学成分】 肉桂醛、丁香酚。

【性味归经】 味辛、甘，性大热；入心、脾、肺、肾经。

【功效】 补火助阳，散寒止痛，温经通脉，引火归原。

【芳香应用指引】

1. 补火助阳 肉桂辛甘大热，补命门之火而助人体阳气，对平素阳气不足，体寒怕冷者用肉桂佐餐或泡脚都是很有益的。现代研究表明，肉桂醛可以促进健康的新陈代谢，有效降低糖化血红蛋白，诱发脂肪细胞自主性产热及代谢重组，降低血清总胆固醇、甘油三酯。与此同时血糖胰岛素、糖肝原、高密度胆固醇均有明显增加。

肉桂醇有效且安全，不会伤害肝脏，可以用于降糖降脂的配方中。具体用法是：每日数滴放入胶囊中内服或涂抹于脚底或胰脏部位，或者于空胶囊中灌入代谢复方 4 滴，芫荽 3 滴，牛至 2 滴（可与天竺葵、迷迭香交替使用），肉桂 1 滴，随餐服用，每次 1 粒，每日 1~3 次。

2. **引火归原** 即上越之火引导回到命门之中。将肉桂稀释后涂抹于足底，可以用于虚阳外浮，虚火上炎导致的上热下寒、口腔糜烂、生疮。此外，肉桂中的丁香酚可以有效对抗口腔细菌，维护口腔健康。

3. **温经通脉，散寒止痛** 用于脾胃虚寒、关节冷痛、宫寒痛经，常与生姜、茴香配伍。现代研究表明，肉桂具有强大的抗菌抗感染特性，可维护健康的免疫系统，应用于消化系统炎症，如幽门螺杆菌引发的胃溃疡及胃痛。

4. **心灵呵护** 肉桂辛甘大热，气味香甜，给心灵带来欢乐与勇气，帮助驱散恐惧，建立自信，支持灵魂看到自身的价值与潜力。其温暖、安抚的特质，帮助产生愉悦兴奋的效果，是种催情剂。

5. **其他** 肉桂还可以减轻人们对烟酒的依赖，帮助戒烟戒酒。

【注意事项】避免长期重复使用，可能会导致严重的接触性过敏，外用时，必须用椰子油稀释。妊娠期禁用。应谨慎使用扩香的方式，有可能灼伤鼻黏膜。不要接触眼睛、内耳和敏感部位。

山鸡椒

【科属与萃取方法】樟科，蒸气蒸馏萃取自果实。

【气味】类型：中味香型。香味：洁净、清新、香甜。

【主要化学成分】香叶醛、橙花醛、柠檬烯。

【性味归经】味辛、微苦，性温；入心、肺、脾、胃、肾经。

【功效】祛风散寒，理气止痛，温脾暖胃，补益心肺。

【芳香应用指引】

1. **祛风散寒** 山鸡椒有清洁与净化功能，熏香常用于预防感冒。

2. **温脾暖胃，理气止痛** 外涂局部可缓解胃痛呕吐，腹痛水泻、消化不良，胸腹胀。也可以佐餐，做调味剂，增添汤汁中清新的香味。搭配肉类料理，能助消化、解油腻。也能缓解关节冷痛，缓解十二指肠溃疡、消化不良、食欲不振、肠炎等。

3. **皮肤保养** 山鸡椒精油主要用于皮肤保养，杀菌能力强。可以用于油性皮肤、痤疮。在贵州民间，也有用山鸡椒捣绒外敷治疗疔疮的报道，还可以减轻多汗，除臭，是沐浴用的精油。

4. 补益心脏与呼吸系统 山鸡椒与香蜂草精油均有香叶醇与橙花醇，可扩张气管，用于支气管炎、气喘。但山鸡椒的价格远低于香蜂草，所以被誉为"平民的香蜂草"。一些体外实验显示，山鸡椒精油可以透过干扰AKT 蛋白，加速肺部癌细胞凋亡。

5. 心灵呵护 嗅吸或扩香可平衡身心并鼓舞思绪、积聚能量，化解各种负面能量。

【**注意事项**】气味十分强劲，建议先小剂量使用；避免接触眼睛、内耳等敏感部位。

第十节 菊科

菊科大约有 1000 多属，25000~30000 种。

菊科是双子叶植物纲菊亚纲的第一大科，是地球上分布最广泛的种子植物科，也是目前地球上最庞大的开花植物家族。除了极严寒、酷热地带以外，很多地方都可看到菊科植物的踪影。

菊科植物精油一般从花朵蒸馏萃取精油。菊科花朵的花序多呈头状花序或者短穗状花序，由一层至多层苞片形成总苞，最后花朵一朵朵聚在一起，这些庞大的家族成员，能给人带来归属感和被支持感，赋予人力量。

菊科植物精油中富含酯类化合物，有抗感染、抗炎和组织再生的能力，主要作用于皮肤系统、消化系统。

菊科植物精油多入肝经，有清肝明目的作用，常见精油有永久花、罗马洋甘菊、蓝艾菊等。

永久花

【**科属与萃取方法**】菊科蜡菊属，又称意大利蜡菊，使用蒸气蒸馏法从花朵中萃取。

【**气味**】类型：中味香型。香味：浓郁、甜甜的果味，是蜂蜜的香甜中带点苦涩。

【**主要化学成分**】乙酸橙花酯、α-蒎烯、γ-姜黄烯。

【**性味归经**】味甘、苦，性微寒；入心、肺、肝经。

【**功效**】清肝明目，止血消肿，活血化瘀。

【**芳香应用指引**】

1. **清肝明目**　永久花归肝经，有清肝明目的功效，主治目赤肿痛、眼目昏花，有改善视力，缓解眼部疲劳的作用，还能治肝火上扰型及肝肾不足型耳鸣。

2. **止血消肿**　永久花止血功效卓著，可用于割伤、挫伤等伤口出血、痔疮出血、鼻出血等各种出血症，以及用于月经淋漓不净、骨折初期止血消肿等。脑卒中、外伤致颅内出血也可用永久花外涂于头顶百会穴、颈部风池穴等区域，可加快破损血管修复和血肿吸收。

3. **活血化瘀**　下肢静脉曲张可与柠檬草、丝柏等精油合用，稀释后由下往上，分层涂抹于患处。永久花还可舒缓生长痛、坐骨神经痛等。

4. **护肤**　永久花亲肤性较佳，是强效的抗氧化剂，可促进细胞再生，成人可以直接涂抹于皮肤，不用稀释，用于皮肤晒伤、瘢痕组织、神经性皮炎等症。

5. **心灵呵护**　永久花入肝经，疏肝解郁，对情绪调节有一定作用。有助于平息愤怒、淡化惊恐、畏惧、恐慌的情绪，发挥抗抑郁的最大功效。

【**注意事项**】可能引起皮肤过敏。避免小孩拿到。妊娠期、哺乳期慎用。不要接触眼睛、内耳和敏感部位。

罗马洋甘菊

【**来源**】菊科春黄菊属，蒸气蒸馏萃取自花朵。

【**气味**】类型：中味香型。香味：清新、甜糯、似苹果的味道。

【**主要化学成分**】4-甲基当归戊酸戊酯、当归酸异丁酯、（E）-2-甲基巴豆酸异戊酯。

【**性味归经**】味微苦、辛，性凉；入肺、肝经。

【**功效**】清热解毒，清肝明目，镇惊平肝。

【芳香应用指引】

1. **清肝明目** 罗马洋甘菊是一支典型的调肝护肝精油，清肝平肝，效果温和而显著，可以有效缓解肝火上炎引发的目赤肿痛、头晕等症。

2. **清热解毒** 罗马洋甘菊被誉为植物医生，其清热解毒特性常用于小儿感冒发烧；温和的抗菌、抗炎功效，可镇静肌肤，有效缓解婴幼儿的尿布疹，以及过敏、湿疹、皮肤干燥等皮肤受损情况；缓解昆虫叮咬、蜜蜂蜇伤等，是小儿必备精油之一。

3. **平肝镇静** 罗马洋甘菊平息肝火，拥有精油中少见的当归酸异丁酯，具有上佳的放松效果，可以镇静神经系统，抗痉挛，改善失眠与焦虑，安抚幼儿啼哭，减轻儿童暴躁、多动问题，还能舒缓幼儿腹绞痛。

4. **心灵呵护** 使人放松、安定，抚平受惊的情绪，消除压力情绪带来的焦虑、暴躁，赋予平和和耐心的氛围。

【注意事项】不要接触眼睛、内耳和敏感部位。

蓝艾菊

【来源】菊科艾菊属，蒸馏的方式萃取自开花的全株植物。

【气味】类型：中味香型。香味：草本的香气、浓郁的甘甜。

【主要化学成分】倍半萜烯，如母菊天蓝烃；单萜烯，如松油萜、柠檬烯；酯类，如欧白芷异丁酯等。

【性味归经】味微苦、辛，性凉；入肺、肝经。

【功效】宣肺平喘，祛风清热。

【芳香应用指引】

1. **宣肺平喘** 蓝艾菊辛凉发散，具有宣肺平喘的功效。蓝艾菊是蓝色精油四大天王之首，母菊天蓝烃及香桧烯等化学成分含量较高，抑制过敏、发炎的前驱物质白三烯素 B4 形成，进而抑制体内的炎症反应，因此对呼吸道过敏引起的喘咳有上佳表现，是呼吸道抗敏专家，可以香熏或涂抹方法来应用。因其极其珍贵，常在复方中配伍使用。如平衡情绪的复方和舒缓筋肉的复方中都有本品的身影。

2. **祛风清热** 蓝艾菊也是皮肤抗敏专家，具有祛风清热的作用，可以改善皮肤瘙痒红肿的症状，加入喜爱的润肤用品或乳液中，保养肌肤，改善肌肤敏感。

3. **心灵呵护** 蓝色的精油对身心的帮助都很强大，可镇静神经系统，稳定情绪。让人建立自信并畅所欲言，提升面对环境变动的适应能力。

【**注意事项**】妊娠期慎用。母菊天蓝烃是一种特殊结构的蓝青色物质，蓝艾菊精油的靛蓝可能会让接触的物品染色。不要接触眼睛、内耳和敏感部位。

西洋蓍草

【**来源**】菊科蓍属，蒸馏萃取自全株植物。

【**气味**】类型：中味香型。香味：略甜、带香辛味。

【**主要化学成分**】倍半萜烯、母菊天蓝烃、单萜烯、单萜酮、丁香酚。

【**性味归经**】味微苦、辛，性凉；入肺、肝、胆经。

【**功效**】补肾滋阴，祛风抗敏，润肺化痰。

【**芳香应用指引**】

1. **补肾滋阴** 体现在四个方面：①肾主骨生髓，西洋蓍草能直接影响骨髓并促进血液更新。②具有类似激素的作用，止血收敛，改善月经先后不定期、经量多、更年期月经紊乱、子宫肌瘤、子宫下垂，以及长期痔疮出血问题。③可支持免疫系统、神经系统，可以和古巴香脂、姜黄等一同加入水中或者灌入胶囊服用，有调节免疫、抗氧化、抗过敏的作用。④肾其华在发，本品是头皮滋润剂，能刺激毛发生长，改善发质。

2. **收敛润肤** 性味辛凉，具有消炎、抗过敏的作用，也可以迅速愈合伤口，舒缓突发的伤口割伤、龟裂的皮肤以及溃疡，平衡油性皮肤的健康。可以和蓝艾菊、乳香等合用，加入喜爱的润肤用品或乳液中，保湿并改善肌肤敏感及肤质。

3. **润肺化痰** 用于肺炎、支气管炎、痰多黏稠者。

4. **心灵呵护** 负责调节情绪、唤醒记忆等认知过程。

【**注意事项**】西洋蓍草中含有一定量的龙脑，婴幼儿、孕妇及癫痫患者不建议使用，熏香或外用时请咨询医师。不要接触眼睛、内耳和敏感部位。

野菊花

【**科属与萃取方法**】菊科菊属，蒸馏萃取自花朵。

【**气味**】类型：前味香型。香味：柑橘的果香味，香甜，轻快。

【**主要化学成分**】野菊花醇，野菊花内酯等。

【**性味归经**】味苦、辛，性微寒；入肝、肺经。

【**功效**】疏散风热，清肝明目，清热解毒。

【**芳香应用指引**】

1.**疏散风热**　入肺经，善于疏散上焦风热，治外感风热、温病初起的发热头痛。

2.**清肝明目**　善于平肝阳，清肝经之热而明目，口服并且涂抹肝区、眼眶，可缓解目赤肿痛，久视昏暗，迎风流泪，怕光羞明，也能用于肝肾不足，虚火上炎所致的眼目昏花，对部分肝火上扰所致的高血压有降压作用。

3.**清热解毒**　野菊花味甚苦，清热解毒力强。中药野菊花是外科要药，主要用于热毒疮疡、红肿热痛之证，特别对于各类疔疮肿痛有良好疗效。对风热感冒引起的咽喉肿痛也有很好的缓解作用。现代药理研究发现野菊花对金黄色葡萄球菌、白喉杆菌、链球菌、绿脓杆菌、痢疾杆菌、流感病毒等均有抑制作用。

野菊花精油一般用于外涂或嗅吸。

【**注意事项**】野菊花性寒凉，阳虚头痛而恶寒者忌用。不要接触眼睛、内耳和敏感部位。

第十一节　伞形科

伞形科约有200属，2500多种，多分布在北温带、亚热带等区域。

伞形科这一名称是因为其花序为伞形，其伞形结构给予人支撑的力量。伞形科植物通常是茎部中空的芳香植物，包括一年或者多年生草本植物和一些灌木。常为入菜的香料，有利于肝胆疏泄，可补肾排毒、细胞再生等，有抗菌、抗寄生虫、抗痉挛、排毒、利尿的特性。

可作用于消化系统、内分泌系统、呼吸系统、皮肤系统等。

常用精油有芫荽、茴香、当归。

芫荽

【**科属与萃取方法**】伞形科芫荽属，以蒸馏法从种子中萃取得来。

【**气味**】类型：中味香型。香味：香料味、甜味、木香。

【**主要化学成分**】芳樟醇、α- 蒎烯、γ- 蒎烯、樟脑。

【**性味归经**】味辛，性温；入肺、胃经。

【**功效**】益肾补气，健胃消食，镇静止痛。

【**芳香应用指引**】

1. **益肾补气**　外涂可保养卵巢子宫。还可用于脾肾不足的高血糖，2~3 滴放入胶囊内服，2 滴涂抹于脚底胰脏部位，一日 3 次（可搭配肉桂、迷迭香、牛至等）。抗氧化，有强大的清除自由基的作用。芫荽叶还有独特的排除体内重金属的作用。

2. **健胃消食**　芫荽又称胡荽、香菜，有健胃消食作用，可缓解消化不良、脘腹胀痛、消化道痉挛等消化系统不适症状。

3. **镇静止痛**　可用于痛风、痛经、头痛和各类神经痛。

4. **心灵呵护**　芫荽香甜的草本植物香气，给人以勇气，帮助人们活出真实的自我，避免陷入服务他人而忽视了自己需要的循环。

【**注意事项**】建议低剂量使用，大剂量使用可能会影响思维活动，导致思维不清。避免接触眼睛、内耳和敏感部位。

茴香

【**科属与萃取方法**】伞形科茴香属，使用蒸气蒸馏法萃取自茴香的种子。

【**气味**】类型：前味到中味香型。香味：香料味、甜味。

【主要化学成分】反式茴香脑、α-蒎烯。

【性味归经】味辛,性温;入脾、胃、肾、肺经。

【功效】温肾散寒,和胃理气,催乳。

【芳香应用指引】

1. 温肾散寒　早在《本草纲目·菜部》中就记载茴香主治小便频数,肾虚腰疼,疝气,大小便闭等。常用于泌尿系统疾病,如前列腺增生、膀胱炎等。茴香可温肾散寒止痛,对少腹冷痛、寒疝腹痛、睾丸偏坠,可与胡椒、肉桂精油配伍使用。妇女痛经、月经不调等,可与鼠尾草、乳香、玫瑰伍用外涂在小腹部并热敷。

2. 疏肝和胃　茴香作为一种常用中药,有散寒止痛、理气和胃的功效,可用于食少吐泻等症。如胃炎、消化不良、胃肠胀气,可与消化复方、生姜、薄荷等同服,或者直接外涂胃脘区域,有助于消食导滞,和胃理气。是羊肉料理中必备的香料,能中和羊肉的膻味,使肉质更加鲜美。

3. 催乳　其疏肝理气作用使得茴香催乳作用显著,根据哺乳期用药外用较口服更安全、速效剂比长效剂安全的原则,可将茴香稀释后涂抹乳房,涂抹时间以哺乳后立刻使用为最佳,或者在婴儿最长一轮睡眠之前使用。

4. 心灵呵护　重新点燃生命的激情,提升自我,克服恐惧与羞愧,净化心灵,让身体与自我建立强大链接,恢复因情绪影响引起的食欲低下问题。

【注意事项】敏感肌肤需稀释后使用。不要接触眼睛、内耳和敏感部位。

当归

【科属与萃取方法】伞形科当归属,使用蒸气蒸馏法萃取自当归的根部。

【气味】类型:中味香型。香味:浓烈的特异的中药味,带有一点甘甜的香气。

【主要化学成分】α-蒎烯、β-蒎烯、莰烯。

【性味归经】味甘、辛,性温;入心、肝、脾经。

【功效】补血活血，温通散寒，调经止痛，润肠通便，降逆止咳。

【芳香应用指引】

1.补血活血　当归甘温质润，补血活血作用显著，尤其适合各类血虚症状，如心悸心慌，疲倦，面少血色，脉细无力。中药当归更是补血之圣药，大量的经典方剂中都能见到当归的身影，如当归补血汤、归脾汤、四物汤、人参养荣汤等，应用于内、妇、骨伤等科的病症中。研究表明，当归挥发油对血管平滑肌有明显的扩张血管、降压、保护血管内皮细胞等药理活性。可搭配乳香口服或者外涂使用。

同时，当归也是血中之气药，清代张德裕指出，"当归，其味甘而重，故专能补血，其气轻而辛，故又能行血，补中有动，行中有补。"所以其理气作用也尤为突出，常与佛手、野橘等柑橘类精油合用熏香，对全身气机升降出入、五脏六腑功能有广泛的调节作用。

2.调经止痛　现代研究显示，当归挥发油对子宫平滑肌舒缩功能有明显的调节作用。可以搭配乳香、快乐鼠尾草、女士复方等精油，外涂小腹部位。应用于血虚血瘀之月经不调、经闭、痛经等多种妇科疾病，效果显著。

当归也能散寒止痛，用于血虚、血滞而兼有寒凝，以及跌打损伤、风湿痹阻引发的关节肌肉疼痛，可用当归与乳香、冬青、通络复方精油等配伍外涂。

3.润肠通便　"润肠通便，血生而大肠自润"，中药当归在济川煎、润肠丸等经典古方中，通过补血而润肠通便，适用于血虚肠燥之便秘。现代研究也表明，当归对增加小肠推进率，促进胃肠动力的恢复有作用。使用时，可与消化复方一同稀释后外涂胃肠区域，并顺时针按摩腹部50~100次。

4.降逆止咳　当归主咳逆上气，即肺气上逆引发的咳嗽咳痰、痰少质黏不易咳出、气短喘促、心胸憋闷等，可配合尤加利、迷迭香、呼吸复方等熏香，用于缓解哮喘、支气管炎、夜咳等多种呼吸系统疾病。在苏子降气汤、当归六黄汤、金水六君煎等经典方剂中，中药当归均发挥着降逆止咳的功效。现代药理研究表明，当归精油可以显著舒张气道平滑肌，而止咳平喘。

【注意事项】大便溏薄者不适宜口服；当归有活血化瘀作用，怀孕早期慎用；当归辛温，对因热毒引起的皮肤红疹瘙痒不宜单独使用，需配伍茶树、罗马洋甘菊等清热解毒类精油，以缓其温性；敏感肌肤需稀释后使用。不要接触眼睛、内耳和敏感部位。

第十二节　番荔枝科

依兰依兰

【科属与萃取方法】番荔枝科，蒸气蒸馏萃取自花朵。

【气味】类型：中味香型。香味：甜腻、浓重、花香、香料香膏的基础香。

【主要化学成分】大根香叶烯、石竹烯。

【性味归经】味辛、甘，性温；入心、肾经。

【功效】宁心安神，补肾滋阴。

【芳香应用指引】

1. 根据依兰依兰花瓣所含成分的性状不同，蒸馏所得精油的功效也各不相同，可分为5个等级，蒸馏过程10分钟左右，最先流出的精油为超特级依兰依兰，常用于芳香疗法及心理及情绪的调理。蒸馏末段是依兰依兰香花纯露，仍有治疗作用，但偏重身体层面的改善。

2. **宁心安神**　平衡心律，适用于呼吸急促、心动过促等症状，可缓解心律不齐引发的心悸、心慌不适。低剂量使用可缓解高血压，对神经系统有放松的效果。

3. **补肾滋阴**　平衡激素的作用显著，缓解经前综合征、性冷感、产后恢复等生殖系统的问题。

4. **皮肤护理**　平衡油脂分泌，有保湿、柔嫩肌肤、淡化细纹，让气色看起来更健康；滋养头皮，缓解脱发。

5. **心灵呵护**　具有强大的安抚作用，缓解对于无法掌控自己带来的强大失落感，可以让人觉得人性尊严，重新被呵护，自信又不自我膨胀。提升两情相悦的欢愉，通过调节肾上腺素的分泌，放松神经系统，使人感到欢悦；熏香可催情。可纾解愤怒、焦虑、震惊、恐慌以及恐惧的情绪，适用于忧郁、愤怒或者因惊吓和重创所造成的精神创伤。

【注意事项】会刺激敏感肌肤；高剂量可能会引起头昏反胃。敏感肌肤需稀释后使用。

第十三节　蔷薇科

玫瑰

【科属与萃取方法】蔷薇科蔷薇属，蒸气蒸馏萃取自花朵。

【气味】类型：中味至前味香型。香味：花香、浓郁、深邃、性感。

【主要化学成分】香茅醇、牻牛儿醇、正十九烷、正二十一烷。

【性味归经】味甘、微苦，性微温；入肝、脾、肾、肺经。

【功效】滋养胞宫，行气解郁，凉血清热，养肝宁心。

【芳香应用指引】

1.保养子宫　玫瑰入肾经，调节内分泌生殖系统，调节女性激素，改善更年期妇女躁郁，改善产后忧郁的情绪，保持女性魅力，被称为"精油之后（皇后）"。有助孕作用。

2.行气解郁　《本草正义》有云："玫瑰花，香气最浓，清而不浊，和而不猛，柔肝醒胃。"玫瑰疏肝理气而解郁宽胸，是气分药。可缓解胸腹胀痛及乳房胀痛等症，对于经前乳房胀痛，可配柑橘类精油、乳香精油等使用。玫瑰精油还能用于肝气郁结、情志失调、肝胃不和引起的脘腹胀痛、嗳气，食欲降低。

3.养肝宁心　玫瑰又入血分，兼具养肝宁心作用。对月经不调、月经过多、痛经、巧克力囊肿，可与乳香、野橘、永久花、细胞修复复方合用；心悸心慌、心律不齐的调治，可配伍马郁兰、依兰依兰等精油使用。

4.护肤　帮助皮肤瘢痕愈合、美白、保湿、紧致肌肤、对抗皮肤老化。涂抹于手腕脉搏处，可增加女性魅力，保持青春美丽的面孔。

5.**心灵呵护**　玫瑰体现了神圣的爱，通过香薰与心灵的祈祷、冥想，帮助个人打开心灵去接受大自然赐予的爱。玫瑰抚平各种情绪，促进平静与放松，带来平衡、和谐与完美，让你拥有幸福快乐的感觉。有催情作用。

【注意事项】玫瑰有轻微收缩子宫作用，孕期慎用，孕期在 6 个月之内不宜使用。敏感肌肤需稀释后使用。

第十四节　木犀科

茉莉

【科属与萃取方法】木犀科茉莉属，溶剂萃取自花朵。

【气味】类型：基础香型。香味：强烈、甜味、持久、麝香、浓烈花香味。

【主要化学成分】乙酸苄酯、苯甲酸苄酯。

【性味归经】味辛、甘，性凉；入心、肾、肝经。

【功效】疏肝解郁，壮阳补肾。

【芳香应用指引】

1.**疏肝解郁**　护肝，用于肝炎、肝硬化等。

2.**壮阳补肾**　茉莉精油的部分功效与玫瑰相同，有滋养子宫、缓解痛经、调理内分泌的功能，促进子宫收缩，用于助产。缓解前列腺肥大、增强男性性功能，可做催情壮阳剂，又称"精油之皇"。

3.**护肤**　调理干燥及敏感肌肤，淡化皱纹、妊娠纹与瘢痕。

4.**心灵呵护**　微量时，它香味迷人，是天然香水和体香剂。可以放松、抗忧郁，增强自我认同感，提升信心。振奋情感，增加洞察力，增添智慧，促进强烈、相互鼓励的人际关系。

【注意事项】孕期慎用。敏感肌肤需稀释后使用。

第十五节　牻牛儿苗科植物

天竺葵

【科属与萃取方法】 牻牛儿科天竺葵属，蒸馏提取自全株植物。

【性味归经】 味苦、涩，性凉；入肾、肝、肺、心经。

【主要化学成分】 香茅醇、甲基香茅醇、香叶醇。

【功效】 滋阴补肾，疏肝利胆，利水消肿。

【芳香应用指引】

天竺葵是一种温和的精油，非常适合婴儿、儿童及老人、妇女使用。

1. **滋阴补肾**　阴虚证见心悸、失眠，甚则盗汗、低热、五心烦热，舌红少苔脉细数等，此类症状均可使用天竺葵熏香或涂抹足底反射区。因劳神过度、久病耗损或热病伤阴致心阴虚，或肾阴不足不能上济致心肾不交，可与岩兰草合用熏香。

2. **疏肝利胆**　外涂肝胆区或者足底，可用于胆结石、小儿退黄等。

3. **利水消肿**　下肢水肿时，可使用大量椰子油先涂抹于患处，根据肿胀面积大小，决定精油用量，依次涂抹乳香、丝柏、天竺葵，各1~3滴，每天2~3次，涂抹方向应由下往上，搭配点按复溜、丰隆、血海、委中等穴位，效果更佳。

4. **护肤**　天竺葵是为数不多的具有滋阴效果的精油，滋阴保湿效果奇佳，并且能够平衡皮脂的分泌，干性皮肤或混合性皮肤都非常适用。

5. **心灵呵护**　天竺葵被称为"情绪治疗师"。因其具有类似玫瑰的香气，又称为"平民玫瑰"，对心灵有安抚作用。有助于恢复对他人与世界的信心，促进信任，帮助重新打开心灵，让爱自由流动，因此有助于愈合破碎的心，具有抗忧郁、平衡和协调心绪的作用。天竺葵支持灌输无条件的爱，对难以表达情感的个体，跳开逻辑思维，直接进入内心的温暖与滋养。

【注意事项】 可能引起皮肤过敏，不要接触眼睛、内耳和敏感部位。

第十六节　胡椒科

黑胡椒

【科属与萃取方法】胡椒科胡椒属，蒸气蒸馏萃取自果实。

【气味】类型：中味香型。香味：香料味、温热、辛香、辛辣。

【主要化学成分】β- 石竹烯、柠檬烯、桧烯。

【性味归经】味辛，性热；入肾、脾、胃、大肠经。

【功效】温中散寒，通络止痛。

【芳香应用指引】

1. **温中散寒**　黑胡椒辛热，是纯阳之物，尤其适用于脾胃虚寒人群，善治疗胃寒呕吐、腹痛泄泻、食欲不振等，可局部外涂或者口服。

2. **通络止痛**　黑胡椒辛热散寒，能促进血液循环，活血通络，外涂可用于各类风寒湿痹，缓解关节冷痛、背痛、四肢拘挛等症状。

3. **其他**　帮助戒烟，减轻对烟草的渴望，缓解戒烟期间的焦虑症状；用于烹饪，增加菜肴的风味。

4. **心灵呵护**　黑胡椒包含大量的 β- 石竹烯，能够安抚神经，减轻焦虑。它能重新点燃希望之火，激发动力与高能量，加速疗愈过程。它赋予人力量去克服内心的挑战和问题，与真正的自我完美地结合在一起。

【注意事项】对皮肤有一定刺激性，外涂需稀释后使用。

第十七节　姜科

姜科是多年生草本，有 49 属，约 1500 种。其外形曼妙，根茎是地下根，也是地下茎。此科属植物通常都含有芳香化合物，大多是重要的香料和药用植物，具有镇痛、滋补、保暖的特性，还有芳香健胃、祛风活络的功用。常用于消化系统问题，如腹胀、呕吐等；还可以用于各类风寒湿痹，如风寒感冒和风寒入络所致肩周炎、关节炎等风寒痹证。

代表精油有生姜、白豆蔻、姜黄等。

生姜

【**科属与萃取方法**】姜科姜属，蒸馏萃取自植物根部。

【**性味归经**】味辛，性温；入肺、脾、胃、肾经。

【**主要化学成分**】β- 倍半水芹烯。

【**功效**】祛风散寒，温经止痛，温胃健脾。

【**芳香应用指引**】

1. **祛风散寒**　生姜性温，解表散寒，可应用在外感风寒，体虚畏寒，阳气不足者。足底涂抹生姜精油后再用温水泡脚，或是涂抹于头顶百会穴，达到升举阳气、温通经络的目的。

2. **温经止痛**　适用于风寒湿痹引起的头痛、肌肉关节疼痛、妇女痛经等。

3. **温胃健脾**　生姜精油可温胃健脾，主治脾胃虚寒、痰湿停滞型食欲不振、消化不良、腹泻。生姜亦为"呕家圣物"，有温中止呕的功效，用于急慢性胃肠炎引起的恶心、呕吐等。

4. **其他**　生姜可解鱼蟹毒，故在烹饪鱼肉等菜品的时候，1 滴生姜精油可起到提鲜解腥的作用。生姜精油配合雪松、迷迭香等，外涂头皮有生发之良效。

5. **心灵呵护**　生姜精油辛温助阳，香熏有助于提升体力、勇气，鼓励人们去创造自己想要的生活，提升敢于对自己的行为后果承担责任的能力，明确要想改变世界，首先要改变自己。

【**注意事项**】外涂需稀释后使用，使用后 3~6 小时避免阳光照射，同时需避免长期局部使用，可能导致皮肤接触性过敏。

白豆蔻

【**科属与萃取方法**】姜科小豆蔻属，蒸气蒸馏萃取自豆蔻籽。

【气味】类型：中香型。香味：香料味，辛辣，果香浓郁，温暖感。

【主要化学成分】α- 乙酸松油酯，乙酸芳樟酯，1,8- 桉油醇。

【性味归经】味辛，性温；入肺、脾、胃经。

【功效】化湿消胀，温中止呕，化痰止咳。

【芳香应用指引】

1. 化湿消胀、温中止呕　白豆蔻性温可祛寒，辛散可祛湿，有助于消化，对湿阻气滞或寒凝气滞之胃肠不适，都有上佳表现。主治脘腹胀满，胃逆呕吐等消化系统症状，如食欲不振、消化不良、食道反流、胃肠胀气、胃炎。可与薄荷、消化复方、柠檬草、生姜配伍，每日数滴放入胶囊中内服或视需求涂抹于胃部。可刺激唾液流动，有效消除口臭，帮助胃液和胆汁分泌，分解并减少体内脂肪，在消化复方中添加少许豆蔻，可以提升疗效，赋予独特的香气。

2. 化痰止咳　豆蔻中含有非常高的 1,8- 桉叶醇含量，对呼吸系统有深刻影响，可用于咳嗽、痰多、气喘等。

3. 烹饪应用　豆蔻香气特殊，常用作调香料，烹饪调味时使用。

4. 心灵呵护　气味香甜，扩香时，帮助个人重新获得自我控制力，在极度愤怒和沮丧的时刻带来情绪平衡、头脑清醒及客观评判。

【注意事项】重复使用有可能导致严重的接触性过敏，不要接触眼睛、内耳和敏感部位。

姜黄

【科属与萃取方法】姜科姜黄属，由植物根茎蒸馏萃取而来。

【气味】类型：中味香型。香味：温暖的、辛辣的、泥土的芳香。

【主要化学成分】芳姜黄酮，姜黄酮。

【性味归经】味辛，性温；入心、脾经。

【功效】活血行气，通经止痛，健脾助运，抗氧化。

【芳香应用指引】姜黄有着古老的香料、染色剂和药物使用史。姜黄在印度阿育吠陀疗法和中医等亚洲传统医学中早有运用，由来已久，在印度被称为"印度藏红花"，主要用于止痛，调节血压，促进血液循环，促消化，消除炎症等问题。

1. **活血行气**　用于气滞血瘀型的各种胸痛、腹痛、痛经。

2. **通络止痛**　姜黄精油有姜黄酮和芳姜黄酮两种独特的化学成分，能够缓解关节炎症引起的疼痛，结合其温通止痛的特性，尤其适用于各类风寒湿痹证。

3. **抗氧化**　姜黄精油是天然的抗氧化剂，能促进免疫系统。姜黄素还具有降血脂、抗肿瘤、抗炎、利胆等作用，可以和古巴香脂一同内服或扩香。

4. **皮肤呵护**　姜黄精油含有的酮类能帮助皮肤清洁，使肌肤顺滑和光亮。

5. **心灵呵护**　扩香时姜黄可提振情绪，也可以改善心情，用于抑郁和焦虑调理。

【注意事项】妊娠期慎用。对敏感肤质具有刺激性，敏感肌肤需稀释后使用。

第十八节　败酱科

穗甘松

【科属与萃取方法】败酱科甘松属，蒸气蒸馏萃取自根部。

【主要化学成分】缬草酮。

【气味】类型：基础香型。香味：独特的泥土味，又带有山羊味，让初试者望而却步。

【性味归经】味辛、苦、甘，性温；入心、肺、脾、膀胱经。

【功效】镇静安神，抗菌除湿。

【芳香应用指引】

1. **镇静助眠**　熏香可以安神放松，独特的木质香味深受男士喜爱，又被称作"男士的薰衣草"；缓解心律不齐、心动过快引发的心悸、心慌，能降血压。

2. **抗菌**　它有抗真菌的作用，可以缓解念珠菌引起的阴道炎，治疗蜂窝织炎。

3. **护肤**　是一款具有平衡功效的精油，可添加在面霜和护手霜中，与木质精油和花类精油一起调节皮肤生理平衡，促进皮肤长久生新，也可用于神经性皮炎，因情绪导致的皮肤过敏等。

4. **心灵呵护**　木质的香味适用于冥想，穗甘松可提振心情及帮助放松，可帮助人们消除内心的旧伤与情绪障碍，使人沉稳内敛，唤醒自我察觉的能力。

【**注意事项**】可与柑橘类精油进行调和，中和其独特的木香。敏感肌肤需稀释后使用。

第十九节　木兰科

木兰花

【**科属与萃取方法**】木兰科木兰属，蒸气蒸馏萃取自花朵。

【**气味**】类型：中味香型。香味：果香、花香味。

【**主要化学成分**】芳樟醇、柠檬醛、丁香油酚。

【**性味归经**】味辛，性温；入肾、肺经。

【**功效**】祛风散寒，宣肺通窍，补肾养精，镇静舒眠，洁肤美白。

【**芳香应用指引**】

1. **祛风散寒，宣肺通窍**　木兰花辛温，能驱寒通鼻窍，改善风寒头疼、鼻塞等。

2. **补肾养精，滋养胞宫**　有催情作用。

3. **镇静舒眠**　木兰花是已知精油中芳香醇含量最高的精油，达到71%，可镇静安眠，还有抗炎、抗真菌、镇痛的作用。

4. **皮肤**　洁肤美白保湿，舒缓肌肤，维持洁净健康的肤质。并有助于处理轻微擦伤、瘢痕问题，还有淡斑的功效。

5. **心灵呵护**　木兰花外柔内刚，对生性柔弱的人可通过嗅吸表达勇气，熏香或者涂抹足底，可缓解焦虑、抗抑郁，帮助转换负面记忆和情绪。

【注意事项】不要接触眼睛、内耳和敏感部位。

五味子

【科属与萃取方法】木兰科植物五味子属，蒸气蒸馏萃取自果实。

【气味】类型：中味香型。香味：淡雅的果香味。

【主要化学成分】依兰烯、β-雪松烯。

【性味归经】味酸、苦、甘、辛、咸，性温；入心、肺、肝、肾经。

【功效】敛肺滋肾，生津敛汗，涩精止泻，宁心安神。

【芳香应用指引】

五味子最早列于《神农本草经》，被划分为上品。《新修本草》记载："五味皮肉甘酸，核中辛苦，都有咸味。"故有五味子之名。由于其囊括五味的特性，被古代医者认为可以同时滋补五脏的珍贵药材。

1. 敛肺滋肾　酸能收敛，性温而润，上能敛肺气，下能滋肾阴。对肺肾虚损之咳喘、久咳虚喘、虚乏气短之症，可涂抹或者与没药、佛手共用香熏（感冒初期不宜用）。阴虚体质者，还可用五味子配当归、天竺葵、依兰依兰香熏，有养阴之功效。

2. 生津敛汗　本品益气生津止渴，并能敛汗，自汗、盗汗可用五味子精油配薰衣草、丝柏、西洋蓍草香熏。

3. 涩精止泻　五味子补肾精，配伍杜松浆果、丝柏外涂腰骶部可改善梦遗虚脱、久泻不止等症。和迷迭香一同香熏还可益智强身，改善脑力。

4. 宁心安神　五味子既补益心肾，又能宁心安神。对心肾阴血亏、心血不足、心气虚所致的心悸心慌，可用五味子与丝柏、马郁兰、依兰依兰香熏；失眠多梦可与薰衣草、岩兰草、当归香熏。五味子还能缓解情绪超负荷带来的压力，有助于提升工作表现，增加耐力减轻疲劳。

【注意事项】补气养阴，收敛特性的精油在感冒初起阶段不宜用；一般症状，夹带外感或其他急性病症时暂缓使用；目前建议香熏为主要途径；胃溃疡患者请咨询医生后使用；肝经有湿邪时慎用。

第二十节 豆科

古巴香脂

【**科属与萃取方法**】豆科苏木亚科古巴属，水蒸气蒸馏自树脂。

【**气味**】类型：中味香型。香味：木质味，淡淡的清香。

【**主要化学成分**】β- 石竹烯。

【**性味归经**】味苦，性平；入心、肺、脾、肝、肾经。

【**功效**】化腐生肌，通络止痛，健脾益气。

【**芳香应用指引**】

1. **化腐生肌** 来自巴西雨林的古巴香脂，是萃取自苦配巴树的树脂，与"精油之王"乳香相似。树脂在皮肤方面具有特殊功效。其化腐生肌的作用，体现在抗菌消炎，帮助愈合伤口上。在处理口腔溃疡、皮肤溃疡、伤口、痤疮、牛皮癣及防腐方面都有上佳表现。

2. **通络止痛** 古巴香脂最大亮点是含有 β- 石竹烯（BCP），BCP 是大麻素受体 2 型（CB2）激动剂，具有广泛的生物活性，如通过兴奋 CB2 受体及激活内源性阿片镇痛系统发挥镇痛作用；通过激动脊髓等中枢系统的 CB2 受体，减轻脑缺血再灌注损伤，对神经变性疾病具有神经保护作用，因此对头痛，偏头痛，肌腱、筋骨扭伤疼痛等都有很好的缓解作用。（β- 石竹烯生物学功能的研究进展. 张季林，魏惠珍，张洁，山东医药，2018，38.）

3. **健脾益气** 古巴香脂精油健脾益气作用体现在内服时具有强大的抗氧化能力，可缓解便秘、腹泻等消化系统问题。协助其他精油作用于心血管系统、呼吸系统。

4. **心灵呵护** 气味香甜伴随一丝木质香调，更利于使思绪清晰，带来身心畅快愉悦感，有助于舒缓焦虑症，古巴香脂可以帮助那些陷入羞愧、责备、恐惧、自我厌恶或无价值感的人，经历持久的愈合，宽恕自己，继续前进。

【**注意事项**】可能引起皮肤过敏。避免小孩拿到。怀孕期、哺乳期或在医生看护下的人请咨询医生后使用。不要接触眼睛、内耳和敏感部位。

第二十一节　杜鹃花科

冬青

【**科属与萃取方法**】杜鹃花科白珠树属，将叶片蒸馏萃取而得。

【**气味**】类型：中味香型。香味：清新的，独特的木材香味。

【**主要化学成分**】甲基水杨酸。

【**性味归经**】味苦、涩，性凉；入肝、肾经。

【**功效**】祛风活络，消肿止痛。

【**芳香应用指引**】

1. 消肿止痛　高含量的甲基水杨酸赋予了冬青强大的消炎、止痛作用，是植物界的"阿司匹林"，可用于各种跌打损伤、关节炎、肌腱炎等，也可用于运动前后舒缓按摩。

2. 祛风通络　抗风湿作用强大，可用于风湿、类风湿性关节炎等，有强筋健骨、缓解腰膝酸软的作用。

3. 心灵呵护　清新香气能振奋精神与增加活力，香气可提升与增强感官知觉。

【**注意事项**】不可口服。癫痫及妊娠期谨慎使用，对敏感肤质具刺激性，敏感肌肤需稀释后使用。不要接触眼睛、内耳和敏感部位。

第二十二节　睡莲科

蓝莲花

【**科属与萃取方式**】睡莲科睡莲属，溶剂萃取。

【**气味**】类型：前味、中味；香味：浓郁。

【**主要化学成分**】角鲨烯等。

【**性味归经**】味苦、甘，性平；入肺、肝、脾、胃经。

【**功效**】清热解毒，美容润肤，净化心灵。

【**芳香应用指引**】

1.**清热解毒**　蓝莲花5~7月采摘，具有清香消暑的特性，香熏能清心除烦，消除熬夜带来的焦灼不适，保持口腔清新。其清热解毒作用还体现在外涂可以提高局部皮肤的消炎抗菌能力，适用于缓解面部粉刺、痘疮及防止伤口感染。

2.**美容润肤**　蓝睡莲含有的角鲨烯是护肤的圣品，具有强力的保湿能力，有助于保持皮肤的柔软健康，将其涂敷在皮肤上，能有效保护皮肤脂质细胞不受自由基伤害及防止皮肤表面水分散失，改善皮肤干燥粗糙，令肌肤散发健康美丽的自然光泽。此外还有柔肤、舒缓、净化及抚平的功效，可镇静外在环境带给肌肤的不适感，非常适合敏感性肌肤，更可修复激光手术后敏感泛红的肌肤。平时取少量轻轻擦拭于皮肤上，有助于改善老化肤质及瑕疵，增加皮肤健康和保湿的效果。

3.**心灵呵护**　蓝莲花被视为圣洁、美丽的化身，常被用作供奉女神的祭品。平时涂于颈部和手腕，可使身心趋于宁静、舒缓与愉悦。

【**注意事项**】不要接触眼睛、内耳和敏感部位。

第二十三节　复方精油

消化复方

【**主要组成**】生姜、薄荷、龙艾、芫荽、小茴香、大茴香。

【**作用人体系统**】消化系统。

【**临床应用**】腹泻、便秘、肠绞痛、抽筋、消化道痉挛、腹胀气、消化不良、结肠炎、胃痛、痔疮、宿醉、晕车、食物中毒。

【**功效与配方解析**】和胃消胀，理气止痛。

消化复方是针对消化系统的一款精油，它集生姜、芫荽、大茴香、小茴香于一身，具有温暖、抗痉挛、助消化的作用；薄荷不仅舒缓肠道痉挛，促进胃肠消化，还能促进其他精油的吸收。因此，各类胃肠问题，如腹胀、腹泻、便秘、胃痛等，都可有效缓解。还可以舒缓醉酒后的胃肠不适，有醒酒的作用。加上生姜为"呕家圣药"，止呕作用强，因此也能用于晕车、晕船所引发的胃肠不适症状。

【芳香应用指引】

1. 便秘、腹泻　具体使用方法参见消化系统的便秘部分。

2. 醉酒、晕车　醉酒或者晕车引起的恶心、呕吐等胃脘不适可用消化复方、薄荷、生姜外涂胃肠区域；或滴在水中，或灌胶囊口服。

3. 肠易激综合征　胃肠道蠕动紊乱、肠道感染、慢性炎症、情绪等多种原因均容易引发该问题，常见表现有反复腹痛、腹泻、便秘、腹泻便秘交替出现，而胃镜、肠镜、大便常规等检查均无异常，更有情绪紧张如考试前腹泻等情况出现。可用消化复方局部涂抹按摩，口服、熏香也可缓解肠胃症状，并愉悦心情。

【使用方法】熏香、涂抹、内服。

【注意事项】孕妇涂抹耳郭或熏香，有胶囊可以内服。

呼吸复方

【主要成分】月桂叶、罗文莎叶、薄荷、尤加利、茶树、柠檬、豆蔻。

【作用人体系统】呼吸系统。

【临床应用】鼻炎、打鼾、鼻塞、鼻窦炎、肺炎、肺气肿、咳嗽、气喘、支气管炎、失去嗅觉。

【功效与配方解析】宣肺通窍，止咳化痰。

本方由大量的作用于呼吸道并具有杀菌、抗病毒、止咳化痰作用的精油按一定比例组方而成。从中药药性分析，辛温的月桂叶、罗文莎叶、豆蔻与辛凉的尤加利、茶树、薄荷、柠檬入肺经宣肺通窍、凉温并用，广泛适用于风寒或风热引起的感冒鼻塞者，对急慢性鼻炎、支气管炎，不仅具有明显的通窍作用，而且因有豆蔻、柠檬、薄荷和胃理气化痰，肺胃兼顾。

呼吸复方具有开放与舒缓呼吸道的能力，也有净化空气、抵御空气中可能对身体有害的细菌和病毒的功效。扩香或局部涂抹在胸部、背部、脚底，能帮助净化及舒缓呼吸道，使呼吸更顺畅，或在夜晚时扩香有助于改善因呼吸道不畅引起的打鼾及失眠。

【芳香应用指引】

1. 预防和缓解感冒　流感季节，用呼吸复方、防卫复方精油各2滴香熏（白天可加薄荷或野橘等柑橘类精油，晚上可加薰衣草精油），可预防并缓解感冒症状，防止感冒传染。

2. 咳嗽　呼吸复方、茶树、防卫复方熏香，并涂抹胸口、咽喉；咳嗽夹痰可加尤加利化痰；炎症感染加茶树或者麦卢卡消炎；过敏性咳嗽可加薰衣草；反复咳嗽不愈可加用香蜂草。

3. 鼻炎　将呼吸复方精油和薄荷精油（或者茶树、薰衣草、乳香精油）涂抹于鼻翼两侧迎香穴和鼻根印堂穴，并坚持熏香。

4. 打鼾　熏香并在睡前用呼吸复方涂抹脚底可缓解。

【使用方法】熏香、涂抹。

【注意事项】不建议内服。

防卫复方

【主要成分】野橘、丁香、肉桂、尤加利、迷迭香。

【作用人体系统】免疫系统、呼吸系统。

【临床应用】增加人体抵抗力，用于感冒、病毒感染、咳嗽、气管炎、牙痛、牙龈炎等口腔疾病。

【功效与配方解析】扶正祛邪，固护肺气。

本方中丁香酚类、肉桂醛类精油本身均具有强大的抗菌、抗病毒、抗氧化、刺激免疫系统作用，具有顾护肺气，抵御外邪能力，加上尤加利、迷迭香精油这对呼吸系统的姐妹花，一寒一温，止咳化痰，扶正祛邪相得益彰，野橘甘微温，理气化痰，舒缓气管痉挛，并缓和肉桂、丁香的辛热之性。

【芳香应用指引】

1. 感冒　熏香及外涂防卫复方不仅可预防感冒，还可缓解感冒的咽喉肿痛症状。

2. **牙痛**　将防卫复方2滴滴入水中漱口，或用棉签蘸取防卫复方精油直接涂抹在牙痛处，加茶树、丁香效果更佳。

3. **戒烟**　将防卫复方2滴滴在舌头上，咀嚼一下可减低吸烟的欲望（再加上1滴稀释的丁香及黑胡椒精油，效果更佳）。

【**使用方法**】熏香、涂抹、内服。

【**注意事项**】敏感肌肤与儿童应用时需要稀释。

活络复方

【**主要成分**】冬青、樟树、蓝艾菊、洋甘菊、永久花、桂花、薄荷。

【**作用人体系统**】肌肉系统、骨骼系统。

【**临床应用**】腰椎间盘突出、颈椎病、肩周炎、腱鞘炎、骨刺、背痛、落枕、运动创伤、肌肉酸痛、软组织损伤。

【**功效与配方解析**】祛风通络，活血定痛。

活络复方中有樟树、桂花，性温；冬青、蓝艾菊、洋甘菊、永久花皆属菊类精油，性凉，因此活络复方也是温凉并用，肌肉骨骼疼痛不适者均可以使用。冬青中水杨酸甲酯含量大于90%，与樟树一样，止痛效果显著，有益于关节炎、风湿病、肌腱炎。以上四支花类精油都有抗氧化、抗炎、镇痛作用。珍贵的蓝艾菊、洋甘菊精油不仅抗炎，缓解炎症反应，同时具有卓越的抗过敏特性，中和冬青和樟树对皮肤的刺激，有效预防皮肤过敏；永久花可以改善循环系统，桂花精油能加强活血通络的效力；而薄荷精油有解痉舒缓和冷却皮肤的效果，作为一支启动精油可以加强精油渗透力。活络复方适用于任何骨骼、肌肉和关节，是疼痛管理的主力军。

【**芳香应用指引**】

1. **祛风通络**　用于运动损伤，例如在做热身运动时将活络复方涂抹于肌肉、关节处，可预防关节韧带扭伤、肌肉拉伤等运动损伤；也可在运动后局部涂抹于腰腹、小腿、肱二头肌等，加快局部代谢，缓解运动后乳酸堆积产生的肌肉酸痛。当不慎出现扭伤、拉伤甚至骨折等急性运动损伤时，搭配乳香、柠檬草、冬青等消肿镇痛；若出现骨折、挫伤等出血倾向的损伤时，视需要，伤后24小时内冷敷，加用永久花、丝柏收敛止血，24小时后加乳香、没药，热敷活血化瘀。

2. **活血定痛** 针对颈椎病、腰椎间盘突出、膝关节炎、网球肘、鼠标手、肩周炎等慢性或劳损性疾病引起的疼痛，常与椰子油、乳香、冬青、柠檬草、牛至、马郁兰、丝柏、薄荷等相须为用，每次选择3~5种精油，各2滴分层涂抹于局部，一天1~2次。肩周炎等寒凝气滞证需加生姜、肉桂、黑胡椒等散寒除痹。头疼、痛经等均可外涂使用，也能用于缓解生长痛，可睡前把活络复方稀释后涂抹在儿童的腿部、足底、脊柱等处，缓解因生长刺激而产生的生长痛。

【使用方法】涂抹。

【注意事项】敏感性皮肤和儿童应用时需要稀释。

平衡复方

【主要成分】云杉、花梨木、蓝艾菊、乳香。

【作用人体系统】情绪调节系统、神经系统、骨骼系统。

【临床应用】癫痫、抽搐、更年期综合征、失眠、肌肉酸痛和僵硬、倒时差和神经性皮炎等，以及恐惧绝望、生气、焦虑等情绪问题。

【功效与配方解析】镇静助眠，平肝降逆，舒缓解痉，活血通脉。

在平衡复方中，我们可以看到云杉、花梨木、乳香精油都来源于树木，这三种植物均有沉稳的特性，能稳定身体。云杉平衡和开放，有助于释放情绪上的障碍；花梨木精油可以舒缓皮肤，平静心灵，放松身体，并创造平和与温柔的感觉；而蓝艾菊可以帮助摆脱愤怒的感情，增加自我控制力，抗过敏与镇静的特性可以运用于神经性皮炎等病情反复、病程较长的复杂皮肤疾病，既有舒缓皮肤的作用，还可以有效平复焦虑的情绪。乳香精油富含倍半萜烯，可帮助提高松果体和脑下垂体的含氧量，从而有效修复松果体和脑下垂体的功能，促进激素平衡，改善睡眠情况等。所以平衡复方是一支镇静神经系统的复方精油，可用于调节易怒的情绪，平衡更年期前后的情绪波动，其偏木质的香味很受男士的喜爱。

【芳香应用指引】

1. **镇静助眠**　平衡复方尤其适用于压力性和情绪紧张性失眠，可与薰衣草和柑橘类精油同用，滴在熏香器中熏香，或者睡前涂抹在足底、滴洒在枕头上等。重度失眠者需加岩兰草。

2. **舒缓解痉**　可用于肌肉痉挛，平衡复方、薰衣草，稀释后涂抹局部，效果甚佳。

3. **平肝降逆**　高血压患者血压突然升高时，可使用调理级的香蜂草精油舌下含服、涂抹额头，平衡复方精油涂抹足底，耳后降压沟涂抹薰衣草或马郁兰精油，口服柠檬精油，心脏部位涂抹乳香精油等做紧急处理。

4. **活血通脉**　平衡复方可促进血液循环，将平衡复方、乳香外涂风池、手掌及瘀血处，这两支精油均能有效提高红细胞携氧能力，促进血液循环。

5. **抗抑郁**　本品熏香或者涂抹脚底有安定情绪的作用，常与薰衣草、安宁复方配伍使用，抗抑郁常与活力提神复方和乳香配伍，可熏香或者涂抹头顶百会穴或者足底涌泉穴。

【使用方法】熏香、涂抹。

【注意事项】敏感肌肤与儿童应用时需要稀释，不建议内服。

安宁复方

【主要成分】薰衣草、马郁兰、罗马洋甘菊、依兰依兰、檀香木、香草。

【作用人体系统】神经系统。

【临床应用】失眠、压力、焦虑、皮肤护理、情绪等方面。

【功效与配方解析】镇静安神，疏肝解郁。

安宁复方，顾名思义是一支镇静安神的复方精油，可用于失眠、心神不安、情绪焦虑、头痛等问题。安宁复方中包含的所有单方精油成分均有镇静、放松的作用，因此熏香可以缓解焦虑的情绪和失眠问题，外涂则可以放松肢体肌肉。本配方花类精油偏多，因此具有养护皮肤的功效。安宁复方的气味芳香甜美，相比平衡复方，更受大多数女性朋友的偏爱。

【芳香应用指引】

1. **镇静安神，疏肝解郁** 熏香，或局部涂抹于头颈、足底，可缓解睡眠障碍，并有抗焦虑、抗抑郁作用；涂抹于局部相关部位，可缓解肌肉紧张、痉挛；多动症，可熏香或局部涂抹于后颈。

2. **磨牙** 临睡前，2 滴外涂于喉咙、脚底，睡觉时 2~3 滴香熏，可搭配平衡复方、薰衣草。

【使用方法】 涂抹、熏香。

【注意事项】 不建议内服。

益肾养肝复方

【主要成分】 丁香、圆柚、迷迭香、天竺葵、杜松浆果、甜橙、芫荽叶等。

【作用人体系统】 内分泌系统、情绪平衡系统。

【临床应用】 腰胁不适或者疼痛，肝气郁结、肝炎、肝硬化、肝功能不全、酒精中毒、肝肾囊肿、前列腺炎等。

【功效与配方解析】 养肝益肾，净化排毒，健脾化湿，疏肝解郁。

益肾养肝复方是一支净化肝脏、肾脏的复方精油。因此该方常用于肝肾问题，如肝功能不全、肝损伤、肝炎及肾脏疾病等，帮助身体排出毒素，恢复活力。益肾养肝复方中，圆柚及甜橙均是芸香科植物，入肝经，可调肝行气；迷迭香、天竺葵、杜松浆果有补肾的作用，合用可补肾调肝。丁香中丁香酚是有效的抗病毒和抗氧化剂；圆柚也经常被用来净化肾脏、肝脏和淋巴系统；天竺葵又支持肝、肾及胰腺的功能，与芫荽叶均有解毒的功效，排毒效果极佳，因此一些皮肤顽疾也可使用这支精油。

【芳香应用指引】

1. **养肝益肾** 适用于肝损伤、肝功能不全。益肾养肝复方可增强肝脏代谢能力，加强排毒，2 滴放入胶囊内服，或与侧柏、天竺葵精油联用，分层涂抹于肝脏部位、脚底反射区等，一天 2 次。

2. **净化排毒** ①肝硬化、肝炎、肾炎，可将本方滴入胶囊内服，或选择乳香、天竺葵、消化复方、细胞修复复方，椰子油稀释后涂于肝脏或者肾脏部位、脚底，效果更佳。②醒酒：椰子油稀释后涂抹1滴于肝脏部位，配合消化复方、薄荷涂抹于胃部。

3. **疏肝解郁** 益肾养肝复方也能用于平衡情绪。肝火上炎致愤怒、生气者，肝郁气滞致郁郁寡欢、精神不振者，可使用该方2滴放入胶囊内服或者2滴涂抹于肝脏部位，每天早晚各1次，并加野橘或圆柚等柑橘类精油熏香。

【使用方法】熏香、涂抹、内服。

【注意事项】有可能会有光敏性。

代谢复方

【主要成分】肉桂、生姜、薄荷、圆柚和柠檬。

【作用人体系统】消化系统、内分泌系统。

【临床应用】糖尿病、肥胖，便秘、腹泻等胃肠问题。

【功效与配方解析】健脾助运，净化排毒。

代谢复方中的单方精油都有排毒功效，能以一种天然健康的方法促进减脂、减重、降糖。代谢复方能帮助控制食欲，加强新陈代谢，促进积极的情绪。圆柚和柠檬都富含 d- 柠檬烯，能帮助净化和清理身体，而薄荷、生姜和肉桂则对内分泌系统起到激励的效果，从而帮助减重。

【芳香应用指引】

1. **健脾化湿，消脂减肥**

（1）内服：成年男子每天24滴以内，分三次，每次4~8滴滴入空胶囊中随餐口服；女子每天20滴，4~6滴滴入空胶囊中口服。或是4~6滴代谢复方加2~4滴圆柚滴入胶囊中随餐口服，每天2~3次。通常从第3瓶开始体重可见明显降低。

（2）局部外涂：脂肪堆积处，如腰腹、大腿或上臂内侧等区域，涂抹代谢复方精油及圆柚精油，40℃左右的毛巾热敷，并覆盖保鲜膜，15~30分钟后解开毛巾，运动前涂抹效果更佳。

2. **温肾化气，平衡血糖** 配方中的肉桂具有温肾化气，促进水液代谢作用。肉桂醇可有效控制血糖水平（具体见肉桂单方精油介绍），故推荐在口服降糖药的同时，佐以降糖配方，即代谢复方4滴，芫荽3滴，牛至2滴（可与天竺葵、罗勒交替使用），肉桂1滴灌入空胶囊中随餐服用，每日1~3次。此配方在使用中反馈效果颇佳，尤其是口服西药血糖仍控制不佳的湿阻人群，可逐渐稳定血糖水平，并减少服药剂量。

3. 健脾助运　可滴入胶囊内服或者稀释后涂抹于腹部、脚底等并按摩（便秘顺时针按摩、腹泻逆时针按摩），可搭配柠檬口服，消化复方、薄荷外涂。

【使用方法】熏香、涂抹、内服。

【注意事项】口服有微微刺激感，可以选择滴入胶囊中内服。

细胞修复复方

【主要成分】绿花白千层、乳香、夏季香薄荷、柑橘、百里香、丁香、柠檬草。

【作用人体系统】免疫系统、细胞系统。

【临床应用】增强人体抗氧化力、细胞修复、尿频尿急、前列腺炎、甲状腺、乳腺问题等。

【功效与配方解析】疏肝解毒，活血止痛，涤痰消癥。

细胞修复复方是一支针对细胞异常、基因突变、组织增生的复方精油，抗氧化能力强，常用于肿瘤、癌症、乳腺及甲状腺问题。其中乳香、丁香、百里香这些"香字辈"精油以及柠檬草和绿花白千层都有抗氧化、抗菌、止痛、抗肿瘤、预防细胞DNA损伤的特性，野橘和薄荷解痉，均可抗氧化、疏肝理气，所以细胞修复复方可以应用于包括乳腺癌在内的各种肿瘤。

【芳香应用指引】

1. 疏肝解毒

（1）甲状腺及乳腺问题：稀释后外涂局部或涂抹于脊椎，或滴入空胶囊内服。

（2）自身免疫性疾病：局部涂抹于足底，或滴入空胶囊内服。

（3）保护细胞健康、更新，提升免疫力：局部涂抹于皮肤部位或滴入空胶囊内服，保护身体和细胞不受自由基侵害。

2.活血止痛 运用于神经痛、神经损伤等，可稀释后涂抹于局部、足底或脊椎，或滴入空胶囊内服。

3.涤痰消癥 可用于癌症和肿瘤防治，稀释后局部涂抹于足底或脊椎，或滴入空胶囊内服。

【使用方法】熏香、涂抹、内服。

【注意事项】涂抹建议稀释，有可能会出现过敏反应。

女士复方

【主要成分】椰子油、广藿香、佛手柑、玫瑰、夏威夷檀香、茉莉、岩兰草、肉桂、可可、依兰依兰等。

【作用人体系统】内分泌系统。

【临床应用】内分泌失调、月经不规律、围绝经期综合征、女性性冷感、情绪低迷等。

【功效与配方解析】滋阴补肾、调经止痛。

女士复方是一支女性的专属精油。专门针对女士的内分泌失调、月经不规则、围绝经期综合征、女性性冷感、情绪低迷等问题。其中玫瑰、茉莉、依兰依兰既有滋阴补肾，缓解五心烦热，又有保湿、抗菌、催情、解痉、养护子宫和卵巢、调节月经，缓解痛经的作用，并且能提升情绪，带来乐观和能量，有抗抑郁的作用；肉桂能温暖生殖系统，并且有强大的抗菌、抗真菌、抗病毒，提高免疫力的作用；檀香、广藿香、佛手柑都有抗抑郁、镇静作用，同时可以宽胸理气，开放心胸，减少以自我为中心的想法。

【芳香应用指引】

1.滋阴补肾 手足心热、潮热盗汗等明显的阴虚症状，可将女士复方稀释后涂抹于足底或腰腹部位等；失眠或者情绪抑郁、焦虑、急躁易怒，可搭配野橘等柑橘类精油熏香，或涂抹于手腕脉搏搏动处并嗅吸，也可用于泡澡沐浴等。

2.调经 月经不规律，可稀释后涂抹于少腹部的子宫及卵巢相对处，也可涂抹于手足反射区，配合点按三阴交、足三里、肾俞、血海、太溪、关元等穴位。

3. 止痛　用于痛经时，可与生姜、胡椒或者肉桂等合用温阳散寒，乳香、野橘等理气止痛的精油合用，可局部涂抹在小腹部，配合三阴交、合谷、足三里等穴位，伴有明显冷痛的可配合温敷。

【使用方法】熏香、涂抹。

【注意事项】不建议内服，敏感性皮肤需要稀释。孕期、哺乳期慎用。

温柔复方

【主要成分】椰子油、欧丹参（鼠尾草）、薰衣草、依兰依兰、茴香、胡萝卜籽、玫瑰草、穗花牡荆提取物、香叶天竺葵等。

【作用人体系统】内分泌系统。

【临床应用】痛经、月经前后不定期、闭经、性冷感，内分泌失调引起的失眠，潮热、情绪失衡等围绝经期前后诸症。

【功效与配方解析】调经止痛。

温柔复方也是一支应用于女性健康的复方精油，常与女士复方搭配使用。本品中有大量的花类精油提取物如依兰依兰、穗花牡荆提取物，以及薰衣草、香叶天竺葵、鼠尾草等，均有抗菌、镇静、放松、抗抑郁、养护内分泌系统的作用。穗花牡荆提取物可以平衡雌激素及植物性女性激素的浓度，帮助女性体内的黄体酮分泌恢复正常，有助于排卵的正常化，因此适用于更年期前后人群。胡萝卜籽总黄酮具有解痉、扩张血管的作用，可缓解经期腹痛。胡萝卜籽与茴香、玫瑰草还有消食化积之效，因此也能缓解经期腹胀不适的症状。

【芳香应用指引】

1. 月经不调　包括月经量、痛经、月经周期等问题。常与女士复方、玫瑰、茉莉等联用，涂抹于下腹、手足反射区，或者三阴交、足三里、肾俞、血海、太溪、关元等穴位。

2. 围绝经期综合征　常有月经紊乱、潮热、心悸、头晕，伴随激动、易怒、焦虑、多疑等情绪波动，可局部涂抹温柔复方在下腹部、颈部、太阳穴，或者嗅吸。

【使用方法】熏香、涂抹。

【注意事项】不建议内服，敏感性皮肤需要稀释。妊娠期避免使用。

理疗复方

【主要成分】丝柏、椒样薄荷、马郁兰、罗勒、圆柚、薰衣草。

【作用人体系统】运动系统。

【临床应用】颈椎病、肩周炎、腰椎间盘突出等颈肩及腰背部疼痛，头疼，关节炎，关节肌肉扭挫伤。

【功效与配方解析】镇静放松，舒筋止痛。

理疗复方是一支放松肌肉紧张，缓解慢性疲劳的常用精油。在本品中，马郁兰和薰衣草既有消炎作用，又能镇静放松，可极大程度放松紧张的肌肉组织，有效缓解如长期伏案、低头等不良姿势引起的颈椎和肩部、腰背的僵硬不适。圆柚和丝柏可以收敛水肿，可应用于关节积液、下肢水肿等。罗勒有强大的消炎止痛能力，可减轻头痛及运动系统的各种疼痛等；薄荷清凉，不仅清热止痛，更赋予本品更强的渗透力，配合手法按摩时，有助于精油的吸收，增强血液循环，提升按摩作用。

【芳香应用指引】

1. **镇静放松、舒筋止痛**　适用于运动系统的疼痛管理，如肩颈酸胀、腰背板滞不适等各类关节、肌肉疼痛。可搭配乳香、冬青、活络复方、柠檬草、马郁兰等疼痛管理精油，选择 2~3 种，每种 1~2 滴稀释后涂抹于局部并按摩。

2. **消肿**　如关节积液、下肢水肿等，可搭配乳香、没药、天竺葵等，帮助液体吸收，刺激血液循环。

【使用方法】涂抹。

【注意事项】需要稀释，不建议内服。

柑橘复方

【主要成分】野橘、柠檬、圆柚、佛手柑、克莱门汀柑橘、香草提取物。

【作用人体系统】情绪和心理。

【临床应用】平衡情绪，改善抑郁、沮丧、悲伤、冷淡等负面情绪，也是除臭消毒的天然清洁剂。

【功效与配方解析】疏肝解郁，清洁净化。

柑橘复方也是一支独特的复配精油，融合了野橘、柠檬、圆柚、佛手柑、克莱门汀柑橘等多种柑橘类植物，清甜的香气不仅疏肝解郁，也使得柑橘复方有强大的清洁净化功能；添加的少许香草，帮助提振精神，充满了愉悦和活力。

【芳香应用指引】

1. 疏肝解郁、提振精神　熏香或者涂抹于手腕、耳后，可以平衡情绪、解压，改善抑郁、沮丧、悲伤、冷淡等负面情绪，提振精神，愉悦心情。与薰衣草、岩兰草等合用，可改善睡眠质量。

2. 清洁净化　扩香可净化空气、消除异味、祛除空气中的病原菌；或者适量滴在清水中，擦拭台面、器皿，不仅能做到表面杀菌，还能留下满室清香。

【使用方法】熏香、涂抹。

【注意事项】需要稀释，有光敏性，外涂后 12 小时避免紫外线直接照射皮肤。

活力提神复方

【主要成分】香蜂草、薰衣草、醒目薰衣草、檀香、鼠尾草、依兰依兰、桂花、百里香、印度檀香、夏威夷檀香。

【作用人体系统】情绪和心理、心脑血管系统。

【临床应用】抑郁、性冷感、平衡情绪。

【功效与配方解析】提升情绪，安神定悸。

活力提神复方是一支适合放松身心时使用的精油。它结合了依兰依兰、百里香、桂花等多种带有欢快、愉悦香氛的单方精油，能够营造充满活力的氛围；香蜂草、印度檀香和夏威夷檀香安神定悸，给心脏强大的支撑力量。因此活力提神复方是促进正面情绪、添加自信的独特配方，也是能量和清新的完美结合。

【芳香应用指引】

1. **提升情绪**　产后抑郁、焦虑、萎靡不振等，可白天熏香活力提神复方或者涂抹于手腕、太阳穴、颈后、耳后等。

2. **安神定悸**　香蜂草号称"心脏的起搏器"，印度檀香和夏威夷檀香又能宽胸理气，都异常珍贵，因此如遇到心慌、心悸不适、头昏欲仆等紧急情况，也可将活力提神复方嗅吸后涂抹在胸前和太阳穴，有定悸开窍之功效。

【使用方法】熏香、涂抹。

【注意事项】需要稀释，不建议内服。

中篇 保健

第五章　内科疾病

第一节　心血管系统疾病

一、高血压

（一）什么是高血压

高血压（hypertension）是指以体循环动脉血压（收缩压和／或舒张压）增高为主要特征（收缩压 ≥ 140 毫米汞柱和／或舒张压 ≥ 90 毫米汞柱），可伴有心、脑、肾等器官的功能或器质性损害的临床综合征。高血压分原发性与继发性，继发性高血压可见于慢性肾病或肾上腺皮质腺瘤等，原发性高血压与遗传基因有关，占 95%，是最常见的慢性病，也是心脑血管病最主要的危险因素。

（二）高血压的临床表现

以头晕、头痛、心悸、心慌、目眩、失眠、耳鸣及记忆力下降等为主要表现；极少数人以心、脑、肾等靶器官受损的并发症作为首发表现，但是也有不少患者并没有任何不适感觉，多在体检时发现，所以又称高血压为心血管病的"无形杀手"，因此加强对有高血压家族史的 35 岁以上人群进行血压定期检测很有必要。

（三）精油如何调控高血压

高血压的发生多与遗传因素相关，随着年龄增长，动脉硬化指数增高，血管顺应性下降，血压逐年增高，60 岁以上发病率高达 60% 以上。同时情绪的影响将会使血压波动加剧，血压瞬间升高。精油在改善情绪，放松心情，以及抗氧化、清理血脂、支持正常细胞代谢，以及高血压的调控中具有独特的优势。

（四）芳香应用指引

1. 稳定血压，清理血管

（1）推荐用油：柠檬、茶树、薰衣草、香蜂草、马郁兰、岩兰草。

（2）使用方法

内服：柠檬、茶树精油每次 2~4 滴，每天 2~3 次，其中茶树每月只需服用 2 周；香蜂草舌下含服，每次 1~2 滴，每天早晚各 1 次。

涂抹：早上用马郁兰 2 滴自上而下单向涂抹双侧耳后降压沟 40~100 次，并用马郁兰或茶树 2 滴点按足背太冲穴 2 分钟，晚上换成薰衣草或岩兰草涂抹耳后降压沟与太冲穴，方法同上。

心血管系统的脊椎疗法，每周 1 次。

2. 头晕头痛　需平肝息风、平肝潜阳。

（1）推荐用油：乳香、罗马洋甘菊、永久花、薰衣草、马郁兰、香蜂草。

（2）使用方法

内服：香蜂草 1~2 滴，舌下含服，每天 1~2 次，必要时 4 小时舌下含服 1 次。

涂抹：罗马洋甘菊、永久花、薰衣草各 1~2 滴，椰子油稀释，按摩肩颈与太阳穴；必要时香蜂草精油涂抹额头，平衡复方精油涂抹足底，耳后降压沟涂抹薰衣草精油、马郁兰精油各 1~2 滴，椰子油稀释，局部按摩片刻。

头疗：取以上推荐精油各 3 滴，椰子油 1 : 1 稀释，放入 5 毫升的小量杯，用棉签蘸取做头疗。

泡浴：马郁兰、薰衣草每次各 2 滴泡浴。

3. 失眠　失眠可增加心血管事件发生风险，是影响血压稳定的重要因素。

（1）推荐用油：薰衣草、岩兰草、苦橙叶、雪松、平衡复方、安宁复方等。

（2）使用方法

香熏：每次选用以上 2~3 种精油，临睡前香熏，可舒缓压力，放松心情，镇静安眠。

二、高血脂

（一）什么是高脂血症

一般成人血清总胆固醇（TC）≥ 5.72mmol/L，甘油三酯（TG）＞1.70mmol/L，低密度脂蛋白 ≥ 3.64mmol/L。高脂血症是由于脂质代谢或转运异常，使血浆中一种或几种脂质高于正常。主要由遗传因素，或与环境因素相互作用所致，称为原发性高脂血症。凡由已知疾病如糖尿病、甲状腺功能低下等引起的血脂异常则称为继发性高脂血症。高血脂和饮食结构、运动、情绪波动、不良的生活习惯都有关系，是脑卒中、冠心病、心肌梗死、心脏猝死的危险因素。

中医认为高脂血症的发生可以归因于痰浊和血瘀。痰浊、血瘀为有形实邪，随气流行，阻滞气机，使气血流转不畅，可以停留在血管之中，黏附在血管壁上，血液中有形的有害物质增加，在生化检查中可能以脂蛋白含量异常作为呈现方式。

（二）高脂血症临床表现

高脂血症患者在早期可以没有异常自觉症状，容易被忽视，往往是在体检时被发现，也有患者因头晕、胸闷心悸、乏力、眼睑黄脂瘤来就诊时被发现。高脂血症常以黄色瘤和动脉粥样硬化作为临床典型表现，但由于黄色瘤的发病率较低，以及动脉粥样硬化的发生和发展需要较长的时间，所以需要密切关注本病的早期诊断。

黄色瘤，是一种良性肿瘤，由体内多余的脂质堆积形成，在体表呈局限性黄色或橘红色皮肤隆起，形状类似丘疹、斑块，质地柔软，按之没有异常感觉，眼睑黄脂瘤比较影响美观，一般来说，通过中西医有效治疗后，随着血脂下降，黄色瘤大多会随之消失。

动脉粥样硬化，其病变特征为血中脂质沉积在动脉内膜，导致动脉壁增厚、硬化并失去弹性。但是，动脉粥样硬化是一个日积月累的过程，不可能几天就形成，且由于人体自身具有代偿机制，轻微的动脉粥样硬化，患者不会有显著的身体不适。

肥胖是高脂血症患者常见症状。高脂血症是由于人体内脂质含量过高，而人体内的脂质大多是通过摄食的方式进入体内，吃进的脂肪超出了人体能够处理的量，被剩下的脂质就成了高脂血症形成的重要原料。因此，大多数高脂血症患者都体重超标。

（三）精油如何调理高脂血症

高脂血症属于代谢性疾病，高脂血症调控主要从清源和固本两大方面着手。一是清源，即清除体内过多的脂油；二是固本，改善脏腑气化功能，促使代谢产物的及时运转，及时改善体内气滞、痰浊、瘀血状况。常用的清源法有疏肝理气、活血化瘀、化痰祛湿等药物疗法，以及控制饮食、适度运动等非药物方法。

精油首选柑橘类，因其具备疏肝理气与健脾化痰的双重作用，可以控制食欲，提升能量，排除毒素，促进新陈代谢，达到调控血脂的目的。其中柠檬精油可清理脂质，促进健康；薄荷精油帮助消化、提神醒脑，鼓舞情绪；圆柚精油可以消除脂肪团及促进消化；肉桂辛热，可以提升新陈代谢能力，转化糖分，帮助细胞释出脂肪，同时能促进食物消化及提升体能，强化其他精油的作用。

杜松浆果不仅补肾，而且帮助代谢，所以在减肥方面杜松浆果也可以与天竺葵、丝柏、圆柚混合后局部涂抹于肾脏区域或腹部，有瘦腰的作用。天竺葵具有补肾养肝，利尿祛湿，促进淋巴排泄的功能，协调身体迅速有效地排除过多的体液。

常用的固本法有健脾化湿、益肾泄浊等，调控血脂的精油可以从健脾、益肾着手，选用杜松浆果、天竺葵、肉桂、丝柏、迷迭香、罗勒、胡椒等，提升代谢能力来达到降脂目的。

（四）芳香应用指引

1.预防血脂升高或轻度升高

（1）推荐用油：柠檬、茶树、代谢复方、圆柚、姜黄等。

（2）使用方法：①柠檬 2~4 滴、茶树 2 滴，滴入温水中饮用（茶树精油每月饮用 15 天），每天 2~3 次。

②代谢复方、圆柚、姜黄2滴，滴入胶囊，每次1粒，每天2~3次，随餐内服。

2. 高血脂伴肥胖

（1）推荐用油：柠檬、薄荷、圆柚、肉桂、代谢复方、丝柏、迷迭香、天竺葵、胡椒等。

（2）使用方法

内服：柠檬、薄荷、圆柚各2滴，肉桂1滴，滴入温水中饮用或灌入胶囊吞服。

涂抹：①每次选用精油2~3种，以代谢复方、圆柚、丝柏、迷迭香、天竺葵、胡椒为主，每种2~4滴在脂肪堆积处局部涂抹，椰子油稀释打底，顺时针方向按摩20分钟，敷上保鲜膜，若能行走一小时后取下保鲜膜，效果更佳。

②若兼有内分泌失调引起的肥胖，可以在以上用油基础上，加依兰依兰、快乐鼠尾草各2~3滴。

③瘦腰：杜松浆果3滴、丝柏2滴、圆柚3滴、天竺葵3滴，加椰子油1∶（1~3）稀释，局部涂抹于肾脏区域或腹部，有瘦腰的作用。

三、高尿酸

（一）什么是高尿酸血症

尿酸是嘌呤在人体氧化分解后的最终产物，嘌呤代谢紊乱导致高尿酸血症。高尿酸血症（HUA）是指在正常嘌呤饮食状态下，非同日两次空腹血尿酸水平男性高于420μmol/L，女性高于360μmol/L，即称为高尿酸血症。目前我国高尿酸血症者约有1.2亿，约占总人口的10%，高发人群为中老年男性和绝经后女性。

（二）高尿酸血症有哪些临床表现

当体内的尿酸含量超出肾脏的清除功能上限时，尿酸会在身体内积蓄，逐渐形成尿酸盐结晶，停留在关节腔、肾脏等部位，引起相应病变。因高尿酸血症在早期没有临床症状，可以归于"未病"的范畴，高尿酸血症最为人熟知的症状是痛风，患者经常在夜晚出现突发性的关节疼痛，有的在关节局部伴有严重的灼热感、疼痛、水肿、红肿，持续几天或几周不等。如果治疗不及时，一方面因剧烈疼痛影响生活起居，另一方面会造成骨质破坏，关节周围组织纤维化，继发退行性改变，导致关节受损变形。

肾脏病变，诸如尿酸性尿路结石、肾功能不全、慢性肾病、高血压等。从高尿酸血症的形成中可以看出，它与肾脏关系十分密切，肾脏对于尿酸的处理能力直接影响血液中尿酸的含量。当人体自身产生的尿酸远超过自净能力时，尿酸就如同聚沙成塔一般形成尿酸盐结晶或结石，沉积在肾间质、尿路等部位，影响这些脏器功能的发挥。很多时候，我们的血压和肾脏息息相关。尿酸过高，很可能导致肾功能异常，据统计，基本上尿酸的浓度每升高 60μmol/L，我们患上高血压的概率就会提高将近 20%。

（三）精油如何调理高尿酸血症

嘌呤 80% 来源于体内代谢产物，20% 来源于饮食。高尿酸血症的形成与嘌呤的排泄和生成密切相关，所以改善肝、肾的嘌呤代谢以及减少嘌呤物质的摄入是我们调理的重点，当然痛风发作疼痛时，要急则治标，先缓解疼痛。

改善饮食习惯和生活方式是高尿酸血症的最基础防治。忌吃海鲜、动物内脏、鸡、鸭、鹅、猪肉、牛肉、豆制品及饮酒等，减少高嘌呤食物的摄入，在烹饪肉食时应先把肉食在沸水中过水 1~2 分钟，尽量多去除嘌呤。

适量运动，运动后及时补充水分，促进嘌呤的排泄。

中医认为脾肾不足、湿热内蕴是高尿酸血症发病的重要机制，湿热加上痰瘀阻塞脉络是关键的病理环节，病位在肾，但与肝、脾密切相关。

因此高尿酸属虚实夹杂，脾肾不足，肝失疏泄为本，湿、浊、痰、瘀互结为标。在选择精油时要考虑具有清热利湿，健脾化痰，泄浊祛瘀，健脾补肾功能的精油。

（四）芳香应用指引

1. 高尿酸

（1）推荐用油：柠檬、消化复方、牛至、罗勒、杜松浆果、益肾养肝复方等。

（2）使用方法

①疏肝理气，清热利湿：喝柠檬精油排尿酸，每次4~8滴，每天2~3次。

②健脾化痰，泄浊祛瘀：消化复方、牛至灌胶囊内服，调理脾胃，清利湿气。

③补肾化气：益肾养肝复方、柠檬各2~4滴，滴入温水中饮用，每天2~3次。

2. 痛风

（1）推荐用油

①痛风性关节炎，骨关节和周围结缔组织的炎症，肿痛，水肿，用冬青、冷杉、丝柏等高大乔木类精油加乳香、牛至、马郁兰祛风通络，化瘀定痛。疼痛剧烈加香蜂草、牛至、罗勒。

②痛风性肾结石，采用杜松浆果、益肾养肝复方、冷杉、丝柏、雪松补肾化气，利尿通淋，促进代谢产物嘌呤的排出。

（2）使用方法

①内服：对痛风性肾结石采用补肾化气，利尿通淋，乳香、柠檬草、柠檬、益肾养肝复方各1~2滴滴入纯净水250~500毫升中，2~4小时1次。

痛风性关节炎疼痛剧烈者用乳香、牛至、罗勒各2滴，灌入胶囊服用，每次1粒，每天1~2次。

②外涂：选用推荐用油2~3种，各2滴，椰子油1：（1~3）涂抹肾俞穴、涌泉穴。

痛风性关节炎，采用冬青、冷杉、活络复方、丝柏各1~2滴，椰子油1：3稀释，涂抹局部。疼痛剧烈时外涂香蜂草、乳香、牛至、活络复方各1~2滴，椰子油打底，2~4小时一次，然后用50℃左右的温热毛巾热敷，疼痛缓解后，局部涂抹改为4~6小时1次。

四、高黏血症

（一）什么是高黏血症

高黏血症是由于血液黏性因子升高，使血液过度黏稠、血流缓慢，以血液流变学参数异常为特点的临床病理综合征。通俗地讲，就是血液黏稠度增高了。血黏度高是由于血液中红细胞聚集或者红细胞变形能力下降，使血液的黏稠度增加，循环阻力增大，微循环血流不畅所致。

血黏稠度不断增高，有可能引起或加重动脉硬化、高血压、视网膜炎，甚至脑血栓、冠状动脉血管狭窄或阻塞等一系列疾病，严重的甚至危及生命，因此必须引起足够的重视，及早采取措施。

（二）高血黏临床表现

早期主要表现是：①晨起头晕，晚上清醒。血黏度高的人，早晨起床后即感到头脑晕乎乎的，吃过早饭后，大脑逐渐变得清醒。到了晚饭后，精神状态最好。②午饭后犯困。一般午饭后困倦在正常人当中也很常见，这是因为午餐后，血液供应需满足胃部消化，但属于可以忍耐的范围。高血黏的人一般午饭后立即犯困，若不午睡则会感到全身不适，整个下午都会无精打采。如果睡上一会儿，精神状态明显好转，这是血黏高的人大脑血液供应不足出现的典型症状。③下蹲时感到呼吸困难、气短。这是因为人下蹲时，回到心脏的血液减少，加之血液过于黏稠，使肺、脑等重要脏器缺血，导致呼吸困难、憋气等。④阵发性视力模糊。平时视力尚可，但有暂时性视力模糊。这是因为血黏度高的人血液不能充分营养视神经，使视神经和视网膜暂时性缺血缺氧，导致阵发性视力模糊。

高黏血症在中医学属于瘀血范畴，其临床表现，一是舌下脉络瘀紫，舌体暗紫或有瘀点瘀斑；二是脉象细涩；三是固定部位疼痛，瘀血为有形之邪，阻于脉络，不通则痛，在心血管系统主要表现为胸痛、头痛、经脉疼痛；四是晨起头晕，多因气虚血瘀引起。

（三）精油如何调理高血黏

很多精油具有活血化瘀作用，如乳香、没药、香蜂草、古巴香脂、马郁兰等，通过活血通脉可以改善红细胞的聚集黏附，降低血液黏稠度，改善微循环。

（四）芳香应用指引

1. 推荐用油　大部分精油都具有活血化瘀、改善微循环的作用，常用的有乳香、没药、姜黄、香蜂草、古巴香脂、马郁兰等。

2. 使用方法

（1）内服：取乳香、姜黄、香蜂草、古巴香脂精油1~2种，每种2滴，舌下含服，每天2~3次。

（2）头疗：选用乳香、没药、古巴香脂、马郁兰各3~4滴，薄荷1~2滴，加椰子油24~30滴，混匀后做头疗，每周1~3次。

（3）脊椎疗法：乳香、香蜂草、马郁兰、古巴香脂、姜黄、薄荷各2~3滴，椰子油打底，依次涂抹。

五、冠心病

（一）什么是冠心病

冠状动脉粥样硬化性心脏病（俗称冠心病）是由冠状动脉粥样硬化、冠状动脉痉挛炎性狭窄等引起的冠状动脉供血不足，心肌急剧缺血缺氧，出现发作性胸骨后或心前区压榨性胸闷或疼痛。高血压、脂代谢紊乱、高尿酸、肥胖、吸烟、糖尿病、A型性格等均与冠心病发病密切相关。

冠心病在中医诊断中大多归属于"胸痹"范畴，可分为虚实两方面，实为痰瘀痹阻胸阳，阻滞心脉，不通则痛；虚为气血阴阳虚衰，心脉失养，气虚血少，不荣则痛。在疾病形成过程中，大多是先实而后致虚，亦有先虚而后致实者。

（二）冠心病的主要临床表现

冠心病最明显的症状就是胸闷、胸痛，可能是阵发性的，也可能是持续性的。一般来说，冠心病发作时呈胸骨后压榨性疼痛，可放射至心前区和左上肢，常以劳力或情绪激动等因素为诱因，发作多持续数分钟，休息或应用硝酸酯类药物后可缓解。

冠心病所导致的胸部闷痛类似有一口气憋在胸中喘不出，呼吸欠畅，稍微厉害一点，会从胸部一直痛到背部，疼痛的范围比较大，又有喘气不停止，躺在床上不能平卧，坐着或靠着会比较舒服这种症状。

冠脉供血不足，是冠心病十分明显的诊断依据，因为血供不足，能够被血液带到心脏的氧气减少了，大部分患者又伴有管腔狭窄，心肌细胞不能得到很好的氧供和营养支持，稍微动一动就容易感到疲倦乏力，头晕眼花，甚至气喘吁吁，大汗淋漓，意识模糊。

（三）如何用精油做好冠心病的一级与二级预防

一级预防对减少心血管死亡率的作用占50%~74%，二级预防作用占24%~47%，可见一级与二级预防对减少心血管病死亡率非常重要。

冠心病的一级预防是针对冠心病的危险因子，如动脉硬化、高血压、高血脂、高尿酸血症、高血糖、高黏血症、肥胖进行科学预防，精油调控主要针对冠心病的以上危险因子进行调理。

冠心病二级预防，主要是针对已确诊为冠心病的患者，预防冠心病急性事件发作，延长寿命、降低死亡率、提高生活质量。

根据中医辨证，针对冠心病常见的胸闷、胸痛主症，选择相应精油进行干预。

1. **心气虚血瘀证**　见胸闷气短，心悸胸痛，自汗乏力，舌质淡或暗，苔薄白润，脉沉细或结代。选用野橘、乳香、香蜂草、夏威夷檀香等益气活血化瘀类精油。

2. **心肾阳虚证**　可见心前区剧痛，频频发作，胸闷气短，面色苍白或发青，形寒肢冷，舌淡或紫暗，苔白滑，脉微弱或沉迟或结代等症。在以上心气虚血瘀用油的基础上加丁香、肉桂、生姜等温阳散寒止痛。

3. **心阴亏损证** 见心悸易惊，胸中热痛，五心烦热，失眠、盗汗，舌质红或紫暗，少苔，脉细数等。用依兰依兰、马郁兰、玫瑰、薰衣草，滋阴清热，养心安神。

4. **痰浊闭阻证** 多见胸脘痞满，心前区闷痛，眼睑虚浮，头晕，心悸气短，腹胀，恶心纳呆，倦怠乏力，舌质淡或紫暗，舌苔白腻，脉沉滑或滑数等症。采用代谢复方、芫荽、圆柚、消化复方、藿香、生姜、迷迭香、豆蔻等健脾和胃，宣痹通阳，祛痰化浊。

5. **寒凝血瘀证** 多见胸中拘急而痛，遇寒加重或诱发，心悸气短，唇舌青紫，畏寒肢冷，苔白滑，脉沉紧或沉细等症。宜采用香蜂草、乳香、夏威夷檀香、肉桂、丁香、生姜等温经散寒，缓急止痛。

6. **气滞血瘀证** 多见胸中胀痛或胀闷憋气，苔白、脉弦，为胸痹之气滞偏重者；胸中刺痛或痛彻肩背，痛处固定，而面色晦暗，舌质青紫，或有瘀点瘀斑，脉弦涩滞或结代为胸痹之血瘀偏重者。宜采用柠檬、野橘、红橘、佛手等柑橘类精油疏肝行气，加乳香、马郁兰、没药活血化瘀类精油调理，气滞偏重加青橘、莱姆，血瘀偏重加没药、香蜂草。

在选择精油时尽可能按照中医辨证思路用油，可能会取得更理想的调理效应。

（四）芳香应用指引

1. 心气虚血瘀证

（1）推荐用油：野橘、乳香、香蜂草、夏威夷檀香。

（2）使用方法

①涂抹：选用以上精油2~3种，香熏或椰子油稀释后局部涂抹。

②舌下含服：乳香或香蜂草各2滴，舌下含服。

2. 心肾阳虚证

（1）推荐用油：乳香、香蜂草、夏威夷檀香、野橘、丁香、肉桂、杜松浆果。

（2）使用方法

①舌下含服：乳香、香蜂草各2滴，舌下含服。

②嗅吸：夏威夷檀香、野橘各2滴滴入掌心嗅吸，或夏威夷檀香、野

橘、丁香、肉桂各 1~2 滴滴入香熏器中香熏等。

③涂抹：取以上精油每种 2~3 滴，椰子油打底，依次涂抹，做脊椎疗法，重点点按心俞、肾俞、命门穴，每周 1~2 次。

3. 心阴亏损证

（1）推荐用油：依兰依兰、马郁兰、玫瑰、薰衣草。

（2）使用方法

①香熏：采用依兰依兰、马郁兰、玫瑰、薰衣草各 2 滴，滴入香熏器中香熏。

②涂抹点按：依兰依兰、马郁兰各 2 滴，椰子油稀释，涂抹胸部及膻中、三阴交、涌泉穴，并点按穴位。

4. 痰浊闭阻证

（1）推荐用油：乳香、圆柚、藿香、生姜、马郁兰。

（2）使用方法

①香熏：选择以上 3~4 种精油，每种 2 滴，香熏。

②涂抹：选择乳香、马郁兰、生姜或藿香，每种 1~2 滴，依次涂抹胸部，点按膻中穴，椰子油 1：（1~3）稀释。

③内服：采用代谢复方、芫荽、圆柚、消化复方、藿香等精油 3~4 种，每种 2 滴，灌入胶囊，每次 1 粒，每天 2~3 次，随餐服用。

5. 寒凝血瘀证

（1）推荐用油：香蜂草、乳香、夏威夷檀香、肉桂、丁香、生姜、胡椒、甜茴香。

（2）使用方法

①香熏：夏威夷檀香、肉桂、丁香、生姜滴入手心或香熏器中香熏。

②舌下含服：采用香蜂草、乳香各 2 滴舌下含服。

③涂抹：乳香、夏威夷檀香各 2 滴，丁香、生姜各 1 滴，椰子油 1：3 稀释后胸部涂抹，必要时 2~3 小时重复涂抹一次。

6. 气滞血瘀证

（1）推荐用油：柠檬、野橘、红橘、佛手、青橘、莱姆、乳香、马郁兰、没药、香蜂草等。

（2）使用方法

①香熏：选择野橘、红橘、佛手、柠檬、莱姆、马郁兰等 2~3 种精油，滴入熏香器中香熏。

②内服：选择柠檬、野橘、青橘、莱姆等柑橘类精油 1~2 种，每次 2~3 滴，滴入温水中饮用，有疏肝理气作用。

③舌下含服：乳香、香蜂草各 2 滴，舌下含服。

④涂抹：马郁兰、乳香、没药各 2 滴，椰子油稀释涂抹胸部，并点按膻中穴。

第二节　呼吸系统疾病

一、感冒

（一）什么是感冒

感冒可分为普通感冒与流行型感冒两种，都是因病毒感染引起的上呼吸道炎症，尽管两者表现的症状大多一致，但是轻重程度有很大区别。普通感冒 70%~80% 由鼻病毒、冠状病毒、腺病毒、呼吸道合胞病毒、埃可病毒、柯萨奇病毒等引起，20%~30% 的上呼吸道感染由细菌引起。中医认为多因外感六淫（风、寒、暑、湿、燥、火）之邪引起，呈自限性，大多散发，冬春季节多发，不会出现大流行。而流感是流感病毒引起的急性呼吸道感染，中医认为多因疫毒入侵等引起，也是一种传染性强、传播速度快的疾病。

（二）感冒的临床表现

1.普通感冒　以鼻塞、流涕、喷嚏、头痛、发热等为特征，四时皆有，以冬春季节为多见。中医辨证主要分为风寒、风热、暑湿三种类型。

风寒感冒是感受风寒之邪引起的疾病，多发生在寒冷季节，比如冬季、深秋和初春，风寒感冒的症状表现为发热轻、恶寒重、无汗、头痛身痛、鼻流清涕、咳嗽、咽部不红肿，舌淡红、脉浮紧。

风热感冒，是感受风热邪气引起的疾病，多发生于气候温暖季节，如春季、初夏和初秋等，风热感冒的症状表现为发热重、恶寒轻、有汗或少汗、头痛鼻塞、咽喉肿痛，舌红、脉数等。

暑湿感冒是夏天特有的感冒，俗称热伤风。夏季入伏以后天气闷热，雨水较多，湿热交蒸，人在室外行走容易感受暑湿，暑湿感冒的特点便是"暑热夹湿"，发热症状缠绵反复，因为湿邪不能因汗而解，所以退热时间比较长。若因避暑长期在空调房中坐卧，也会感受风寒引起暑湿感冒。

2. 流行性感冒　急起高热、全身疼痛、显著乏力和轻度呼吸道症状。一般秋冬季节是其高发期，可能引起较严重的并发症，甚至死亡。归属于中医戾气致病的范畴，发病急骤，来势凶猛，变化多端。病情可出现发热、扰神（神志不清、意识模糊等）、动血（出血症状）、生风（经脉拘急、抽动等）、剧烈吐泻等危重病状。

（三）精油如何调理感冒

精油大多具有抗菌、抗病毒作用，并且能直接进入细胞内杀伤病毒，因此，精油对病毒性感冒具有较大优势。针对普通感冒风寒、风热、暑湿之不同，采用相应的精油。最常用到的是防卫复方，实验证明其有较强的抗病毒作用，薄荷、尤加利、茶树、藿香、生姜对不同证型的感冒有着较好的防治作用。如果是流行性感冒急重证，应赴医院就诊，精油配合治疗。

（四）芳香应用指引

1. 风寒感冒

（1）推荐用油：生姜、野橘、香蜂草、防卫复方、呼吸复方等以辛温解表。

（2）使用方法

①涂抹：退热选生姜、防卫复方、野橘各2滴，香蜂草1滴（也可用山鸡椒代），滴入温水中，用毛巾浸湿，趁热敷在额头、颈项、腋下、腹股沟处，每次敷约3分钟，总共20分钟左右。若热24小时持续不退，建议到医院诊治，不可耽误病情。

②口罩嗅吸法：如夹有鼻塞流清涕，可用防卫复方、呼吸复方各1~2

滴，滴在口罩精油扣内，戴 1~2 小时后取下，每天 2~3 次。

2. 风热感冒

（1）推荐用油：薄荷、薰衣草、茶树、尤加利、香蜂草、防卫复方、呼吸复方等以辛凉解表。

（2）使用方法

①刮痧：用薰衣草、薄荷精油各 2 滴，加椰子油 12 滴，背部膀胱经刮痧。体弱者可以选用以上 3~5 种精油做脊椎疗法。

②湿敷：也可以用薄荷 3 滴，茶树、薰衣草 1~2 滴滴入温水中，用毛巾浸湿敷在额头、颈项、腋下、腹股沟处，每次敷约 3 分钟，总共约 20 分钟，大多可以热退身凉，神清气爽。若热持续不退，须到医院诊治，不可耽误病情。

③伴有鼻塞流清涕：防卫复方、呼吸复方各 1~2 滴，滴在口罩精油扣内，戴 1~2 小时后取下，每天 2~3 次。

3. 暑湿感冒

（1）推荐用油：薄荷、藿香等精油。

（2）使用方法

①解暑退热饮料：薄荷、藿香各 2 滴，滴入 250 毫升温水中饮用；若舌苔白腻因贪凉饮冷引起，饮料中加生姜 1 滴。

②刮痧：用薄荷、藿香各 2 滴，椰子油 12 滴稀释，背部膀胱经刮痧，自上而下。如果因贪凉饮冷引起的，再加生姜 2 滴，背部刮痧。

二、咳嗽

（一）什么是咳嗽

咳嗽是一种呼吸道常见症状，由于气管、支气管黏膜或胸膜受炎症、异物、物理或化学性刺激引起。咳嗽是一种反射性的防御动作，临床表现先是声门关闭、呼吸肌收缩、肺内压升高，然后声门张开，肺内空气喷射而出，通常伴随声音。通过咳嗽可以清除呼吸道分泌物及气道内的异物。但如果咳嗽不停，会给患者带来很大的痛苦，如气急、胸闷、气喘等呼吸不畅的症状。

中医认为咳嗽是由肺失宣降，肺气上逆引起，咳吐痰液，是肺系疾病的主要证候之一，大多是由外感六淫（寒、暑、燥、湿、风、火六种外感病邪）或者内邪干肺引起，六淫侵袭体表，卫气被遏，以致肺的宣降功能失常；内邪干肺主要由于饮食不节，脾失运化，湿聚成痰；或是由于情志不畅，五志过极化火，气火循经犯肺，即木火刑金；或是因久病伤肺，肺失濡养或肺的主气功能失常，以致肃降无权。

（二）咳嗽的临床表现

顾名思义，咳嗽的主要症状就是咳嗽，外感和内伤均可以引起，中医常分为风寒袭肺、风热犯肺、风燥伤肺、痰湿蕴肺、痰热郁肺、肝火犯肺、肺阴亏耗证七类。

风寒咳嗽是由风寒之邪引起，咳痰稀薄色白，常伴鼻塞，流清涕，肢体酸痛，无汗，舌苔薄白，脉浮或浮紧；风热咳嗽是由风热之邪导致的，咳痰不爽，痰黏稠或黄，常伴鼻流黄涕，口渴，舌苔薄黄，脉浮数或浮滑，与风寒咳嗽比起来，热的症状比较明显，常伴有咽喉红肿；风燥咳嗽，干咳明显，咽喉、唇、口、鼻干燥，痰少而黏不易咯出，正所谓"燥胜则干"。

痰湿咳嗽，是由于脾湿生痰，肺气不通，最明显的就是痰黏腻或稠厚成块，每于早晨或食后则咳甚痰多，进甘甜油腻食物后加重；痰热咳嗽，一是有痰，二是有热，表现为痰质黏厚或稠黄，自己感觉身体发热；肝火犯肺与情志密切相关，是一类与心情密切相关的咳嗽，心情舒畅时咳嗽减少，不愉快时咳嗽增加；肺阴亏耗，多半是由于久咳耗伤肺阴所致。

（三）精油如何调理咳嗽

针对引起咳嗽的病因选用不同的配方。叶是植物的肺，进行光合作用与养分的转换，负责植物的呼吸，因此从叶片中提取的精油对于人体的呼吸系统有帮助，如茶树、冬青、牛至、尤加利、迷迭香、苦橙叶、马郁兰等，大树类精油的枝叶也对呼吸系统有帮助，如道格拉斯冷杉、丝柏、雪松、西伯利亚冷杉。一般外感咳嗽，注重肺经调理，慢性咳嗽需要从咳嗽成因综合调理。有脾虚生痰的需要加柑橘类精油野橘、圆柚、佛手柑、豆蔻等健脾化痰；肝火犯肺的需要加茶树、尤加利、罗马洋甘菊、永久花等精油清肝泻火、止咳化痰；肺阴亏虚的需要滋补类的精油，如薰衣草、柠檬、夏威夷檀香、摩洛哥蓝艾菊精油等。

（四）芳香应用指引

1. 外感咳嗽

（1）推荐用油

①风寒咳嗽：呼吸复方、防卫复方、野橘、生姜、迷迭香。

②风热咳嗽：呼吸复方、防卫复方、薄荷、尤加利。

（2）使用方法

①香熏：风寒咳嗽用呼吸复方、防卫复方、野橘、生姜各2滴香熏，或呼吸复方、防卫复方各2滴，滴在口罩内嗅吸，每天2~3次。

风热咳嗽用呼吸复方、防卫复方、薄荷、尤加利各2滴香熏，或呼吸复方、防卫复方、薄荷各1~2滴，滴在口罩内嗅吸，每天2~3次。

②涂抹点按：风寒咳嗽用防卫复方2滴，生姜、迷迭香各1~2滴涂抹并点按天突穴、风池穴、背部肺俞穴；风热咳嗽用呼吸复方2滴，尤加利、茶树各1~2滴涂抹并点按天突穴、风池穴、背部肺俞穴。

2. 慢性咳嗽　有痰湿咳嗽、痰热咳嗽、肝火犯肺、肺阴虚不同，应用相应的精油调理。

（1）推荐用油

①痰湿咳嗽：脾虚生痰生湿，从健脾化痰着手，首选柑橘类精油。可以选择红橘、野橘、佛手柑、小豆蔻、广藿香、生姜、消化复方等精油健脾化痰。

②痰热咳嗽：用柠檬、圆柚、尤加利、茶树、麦卢卡、薄荷等精油清肺化痰。

③肝火犯肺：用罗马洋甘菊、永久花、野橘、蓝艾菊、西洋蓍草等精油清（肺）金平（肝）木。

④阴虚咳嗽：选用柠檬、尤加利、日本扁柏、薰衣草。

（2）使用方法

①香熏：各证型咳嗽选择推荐用油3~4种，每种2~3滴香熏。

② 涂抹点按：选择各证型推荐用油 3~4 种，每种 2~3 滴，椰子油按 1∶3 比例稀释打底，涂抹胸背部。每天 1 次，并点按以下穴位。

痰湿咳嗽点按天突穴、膻中穴、足三里、丰隆、背部肺俞、脾俞穴；痰热咳嗽在以上穴位基础上加太渊、尺泽、大椎穴；肝火犯肺咳嗽点按天突、太冲、大椎、肝俞、肺俞穴；阴虚咳嗽点按天突、膻中、肺俞、肾俞、三阴交、涌泉穴。

三、发热

（一）什么是发热

发热是指机体在致热源作用下或各种原因引起体温调节中枢的功能障碍时，体温升高超出正常范围。正常人体体温一般为 36~37℃。对于发热，西医可简单分为感染性发热和非感染性发热。感染性发热是指由各种病原体如病毒、支原体等引起的感染，不论急慢性，局部或全身；非感染性发热病因复杂，以恶性肿瘤、结缔组织病、皮肤病变等多见。中医认为非感染性发热与内伤发热相类似，是由于脏腑功能失调，气血阴阳失衡导致的虚或郁而发热，但内伤发热的温度较外感发热低，病程较长，且具有反复性。

（二）发热的临床表现

发热，可表现为全身或某部位感觉灼热或身热不扬，脸色红，但最为大众普遍接受的是由体温计测量出的温度，腋下温度大于 37℃，口测温度大于 37.4℃，肛测温度大于 37.7℃。

发热，临床上分为三个阶段：体温上升期，高热期，体温下降期。体温上升期产热大于散热，体温上升，常感寒战，身体烦疼，疲倦，皮肤或发红或苍白；高热期产热和散热保持相对平衡，寒战不明显，热势明显，皮肤抚摸有灼热感，汗出较多，呼吸加快变深，是患者感觉最不舒适的阶段；体温下降期散热大于产热，病因基本消失，进入恢复阶段，人逐渐感到舒服，症状不明显，可见出汗多，皮肤潮湿。

在日常生活中急性发热不易被忽视，大多都会及时就医，但是由内伤引起的慢性发热，由于起病时间长，发热热度低，大多又不具有感受外邪所致的鼻塞、流涕、咳嗽等症状，容易被忽视，所以当身体自感不适时，测量体温变化尤为重要。

中医将发热分为外感发热与内伤发热，外感发热多因外感六淫之邪引起，须分辨风寒发热、风热发热、暑温发热。

凡非外感所导致的发热均属内伤发热。西医功能性发热、慢性感染性疾病、肿瘤、血液病、结缔组织病、内分泌疾病等均可见发热症状，详见相关章节。

（三）精油如何调理发热

由于引起发热的原因众多，所以本节内容所指引的芳香疗法需在医生指导下配合治疗，一旦病情变化须及时就医。

外感发热有风寒发热、风热发热、暑热，须根据病邪不同，分别予以辛温解表、辛凉解表及清暑降温。

（四）芳香应用指引

1. 推荐用油

（1）风寒发热：生姜、藿香、芫荽叶、丁香、百里香、山鸡椒、迷迭香等精油。

（2）风热发热：薄荷、尤加利、茶树、薰衣草、罗马洋甘菊等精油。

（3）暑热：①阳暑：薄荷、柠檬、茶树、罗马洋甘菊等精油；②阴暑：藿香、生姜、小茴香、黑胡椒等精油。

2. 使用方法

（1）香熏：取各证型发热推荐用油3~4种，滴入香熏器中香熏。

（2）背部刮痧：风寒发热取生姜、藿香，风热发热取薄荷、尤加利每种2~3滴，椰子油1∶（3~6）稀释，自上而下背部刮痧。

（3）脊椎疗法：取各证型相应精油3~5种，每种2~3滴，椰子油1∶1打底，依次涂抹脊椎，然后用热敷垫热敷15分钟。

四、支气管炎

（一）什么是气管炎

支气管炎是临床常见病、多发病，是指气管、支气管黏膜及其周围组织的非特异性炎症，多由上呼吸道感染蔓延而来，气温变化幅度大或气候寒冷时多发，老人和小孩是易感人群，可分急性和慢性。急性支气管炎以病原微生物、粉尘、刺激性气体、过敏因素等为病因，引起支气管黏膜充血水肿、炎性渗出等；慢性支气管炎发病原因同急性发作，过敏、病原体感染、气候均可引起，其中吸烟是已公认的引起本病的主要因素。中医认为当人体正气虚衰，肺脾肾三脏功能失调，气机不利，水液代谢异常，肺气肃降失职，邪气滞留于胸膈，反复不愈，成为慢性支气管炎。

（二）气管炎的临床表现

急性支气管炎，由于调养失宜，感受风寒、风热、邪毒，从皮毛而受或从口鼻而入，肺当先受之，致肺气郁闭，宣降失畅，引动伏痰，起病快，开始就有明显的上呼吸道感染症状，如鼻塞、流涕、咳嗽、咽疼等，咳嗽是其最常见的临床表现，咳嗽进行性加重，甚者为持续性，痰量从少变多，可夹杂有脓、血等，但恶寒发热、肢体酸疼等不明显，如有发热，也以低热为主。

慢性支气管炎，起病缓慢，发病前多有急性支气管炎、流感或肺炎等病史，病程日久，损耗肺肾两脏，肺气失宣兼有肾不纳气，是为本虚标实之证。主要表现为咳嗽、咳痰，晨起时最为明显，平时痰量不多，呈黏稠或泡沫状，咳声短促或急剧，呼多吸少，但急性发作期的症状与急性支气管炎类似。发作与季节气候密切相关，秋冬季节多发，春夏季节缓解，但若到了慢性支气管炎晚期，全年发作，不分季节。

（三）精油如何调理气管炎

气管炎均以咳嗽、咳痰持续不愈为主症，急性气管炎多因外感六淫之邪而起，慢性气管炎多因外感不愈迁延累及肺肾，导致本虚标实。精油主要从呼吸系统用油着手。急性气管炎以清肺化痰、温肺化痰为主，慢性气管炎以健脾化痰、补肾纳气为主。

（四）芳香应用指引

1. 急性气管炎

（1）推荐用油

①清肺化痰：选择尤加利、茶树、罗马洋甘菊、侧柏、薰衣草、百里香、丝柏等。

②温肺化痰：生姜、迷迭香、丁香、百里香、道格拉斯冷杉、雪松、小豆蔻、罗文沙叶等。

（2）使用方法

①香熏：选择以上3~4支精油香熏，每天2次。

②涂抹点按：用以上精油2~3种，椰子油1∶3稀释，清肺化痰点按天突、太渊、大椎、肺俞穴各3分钟左右，每天2~3次；温肺化痰点按天突、膻中、肺俞、丰隆穴各3分钟左右，每天2~3次。

③脊椎疗法：用证型对应精油4~5种，每次3滴，椰子油1∶（1~3）打底做脊椎疗法，每周3~5次。

2. 慢性气管炎

（1）推荐用油

①健脾化痰：野橘、圆柚、豆蔻、红橘、佛手柑、甜茴香、芫荽等。

②补肾纳气：杜松浆果、天竺葵、柠檬草、岩兰草、丝柏、没药等。

（2）使用方法

①香熏：取对应推荐用油3~4种，每种2滴，香熏。

②涂抹点按：选择对应推荐精油2~3种，每种2滴，椰子油1∶3稀释，点按天突、肺俞、丰隆、脾俞穴各3分钟左右，每天2~3次；点按天突、肾俞、涌泉穴各3分钟左右，每天2~3次。

③脊椎疗法：取对应推荐精油4~5种，每次3滴，椰子油1∶（1~3）打底做脊椎疗法，每周1~3次。

五、肺炎

（一）什么是肺炎

肺炎是指包括终末气管、肺泡腔和肺间质等在内的肺实质炎症，可由病原微生物（细菌、寄生虫、病毒等）、环境因素、自身免疫水平及致敏源等因素引起。在临床上，肺炎又分为社区获得性肺炎和医院获得性肺炎。日常中，我们得的大多都是社区获得性肺炎，以肺炎链球菌为代表性病菌。肺炎链球菌是人体内的正常菌群，人体机体自身免疫功能正常时不致病，免疫力下降时，有毒力的肺炎链球菌的荚膜对组织的侵袭使白细胞或红细胞渗出，侵犯黏膜。中医无肺炎病名，根据其临床表现隶属于中医学"发热""咳嗽""喘息"范畴。

（二）肺炎的临床表现

肺炎，通常是急性起病，起病症状较为明显。以肺炎链球菌为例介绍临床表现，多见突然寒战，兼有高热，可达39~40℃，呈急性热面容（面颊绯红，皮肤灼热，呼吸浅而快等），全身症状明显（肌肉酸痛、头痛等），早期多干咳，稍后可见痰中带血或呈铁锈色痰，出现不同程度的呼吸困难。

肺炎以风寒闭肺型和风热闭肺型多见，后期可发展为痰热闭阻型。风寒闭肺型以恶寒、发热、无汗、呛咳频作、痰白清稀，甚则呼吸急促，舌淡苔薄白或白腻，脉浮紧为主症；风热闭肺型多初起发热、恶风、口渴喜饮水、饮水量多、出汗热不解仍感机体灼热、咽喉红肿、痰黏稠而黄，舌红苔薄黄或薄白而干，脉浮数，重者可有高热烦躁、咳嗽昼夜不停、呼吸困难浅快、大便不通难解，舌红苔黄，脉数大。痰热闭阻型可见气喘难以平复，甚至鼻翼扇动、喉间痰鸣、烦躁不安，苔黄腻而厚，脉滑数。

（三）精油如何调理肺炎

精油对肺炎的调理必须配合医生诊治，才能发挥更好作用。针对肺炎的主症发热、咳嗽、咳痰、胸闷、胸痛、气急，结合中医寒热虚实辨证思路选择相应精油。咳嗽、咳痰前面已经有介绍。胸闷、胸痛、气急均因病邪郁闭于肺所致，主要在于宣肺、清肺、化痰止咳，尤加利、迷迭香、茶树、罗马洋甘菊、柠檬、麦卢卡、百里香是肺炎常用精油。

（四）芳香应用指引

1.风寒闭肺

（1）推荐用油：生姜、迷迭香、芫荽、丁香、豆蔻、山鸡椒、百里香等。

（2）使用方法

①香熏：取以上 3~4 种精油各 2 滴，香熏，每天 2~3 次。

②涂抹点按：选择 2~3 种精油各 2 滴，椰子油 1∶3 稀释，点按天突、膻中、风池、肺俞穴各 2~3 分钟，每天 2~3 次。

③脊椎疗法：取以上精油 4~5 种，每种 3 滴，椰子油 1∶3 稀释，做脊椎疗法，每周 3~5 次。

2.风热闭肺

（1）推荐用油：尤加利、茶树、麦卢卡、柠檬、薄荷等。

（2）使用方法

①香熏：每次选择以上精油 3~4 种，每种 2 滴，香熏，每天 2~3 次。

②涂抹点按：选择 2~3 种精油，每种 2 滴，椰子油 1∶3 稀释，点按天突、太渊、肺俞穴各 2~3 分钟，每天 2~3 次。

③脊椎疗法：取以上精油 4~5 种，每种 3 滴，椰子油 1∶3 稀释，做脊椎疗法，每周 3~5 次。

3.痰热闭阻

（1）推荐用油：香蜂草、尤加利、迷迭香、圆柚、麦卢卡、古巴香脂、罗马洋甘菊、侧柏等。

（2）使用方法

①香熏：每次选择以上精油 3~4 种，每种 2 滴香熏，每天 2~3 次。

②涂抹点按：选择 2~3 种精油，每种 2 滴，椰子油 1∶3 稀释，点按天突、膻中、肺俞、丰隆穴各 2~3 分钟，每天 2~3 次。

③脊椎疗法：取以上精油 4~5 种，每种 3 滴，椰子油 1∶3 稀释，做脊椎疗法，每周 3~5 次。

六、哮喘

（一）什么是哮喘

哮喘是一种有明显家族聚集倾向的多基因遗传病，由多种细胞参与的气道慢性炎症疾病。气道高反应性，是各种哮喘发作的共同原因，当气道处于高反应性时，气道对各种致敏因子的反应性增强，表现出过快或过早收缩。另外，还与机体炎症反应相关，多种炎症细胞、炎症因子参与，同样可导致气道收缩，引发哮喘。

哮喘在中医上分为哮证和喘证两种。哮以哮鸣音为特征，喘指呼吸困难，哮必兼喘，而喘未必哮，所以两者在病因上具有相同之处。六淫外邪侵袭肺系，痰伏于肺，痰浊内盛，每因外感、情志刺激、劳累过度等，致使肺气上逆，或肾不纳气。

（二）哮喘的临床表现

哮喘在临床上主要表现为反复发作的喘息、气急、胸闷、咳嗽等症状，伴有明显的哮鸣音，多于夜间或凌晨发作，或急剧运动后发作。大多数患者在哮喘发作前会有症状，如咽痒、流涕等，发作时呼吸困难，甚者不能平卧，胸部有压迫感，像一块石头压在胸口，咳嗽多为干咳。

中医将哮病按痰的寒热性质分为冷哮和热哮。冷哮可见喉中哮鸣如水鸡声，痰少咯吐不爽，色白多泡沫，胸膈满闷难以透气，形寒怕热；热哮多喉中痰鸣如吼，喘而气粗，咳痰色黄或白黏稠，口苦口渴想喝水；特殊者可见寒包热哮现象，兼有冷哮和热哮的症状。喘证按虚实分为虚喘和实喘两类。实喘多呼吸深长，呼出快，气粗声高，胸部胀闷透气不爽，多伴有痰鸣音，脉数有力，病势急迫；虚喘为呼吸短促难以继续，深吸为快，语声无力，若气欲断，鲜少伴有痰鸣音，脉微弱或浮大中空，病势徐缓，轻重程度与身体劳累程度密切相关。

（三）精油如何调理哮喘

精油对哮喘的治疗优势在于日常预防，对哮喘急性发作者应及时就医，以免贻误病情。可以选择缓解呼吸道痉挛的精油，如薰衣草、野橘、尤加利、马郁兰等在天突穴、脚底涌泉穴点按涂抹。缓解期可以采用精油调节机体免疫功能、缓解呼吸道不畅或痉挛。如乳香、茶树、防卫复方、益肾养肝复方可以用于日常防护，香蜂草、尤加利、马郁兰、野橘可以缓解呼吸道的痉挛或不畅。

（四）芳香应用指引

1. 发作期

（1）推荐用油

①冷哮：温肺散寒，化痰平喘，选择呼吸复方、防卫复方、香蜂草、生姜、百里香、迷迭香、道格拉斯冷杉等精油。

②热哮：清热宣肺，化痰定喘，选用呼吸复方、薄荷、尤加利、迷迭香、薰衣草、百里香、茶树、蓝艾菊、麦卢卡等精油。

③寒包热哮：解表清里，选择呼吸复方、生姜、百里香、香蜂草、尤加利、薰衣草、蓝艾菊、马郁兰、道格拉斯冷杉等。

（2）使用方法

①香熏：取以上对应推荐用油3~4种，每次各2滴香熏，每天2次。

②涂抹点按：选择2~3种对应推荐用油各2滴，椰子油1∶3稀释，寒哮点按胸部天突、膻中穴与背部风门、肺俞、脾俞、肾俞穴各1~2分钟，每天1~2次；热哮加按大椎、曲池、丰隆穴各1~3分钟；寒包热哮加按膈俞、胃俞穴及腿部丰隆穴各1~2分钟，每天2~3次，如果有情绪压力再涂一层佛手柑，早晚在脚底各涂抹2~4滴平衡复方。

③脊椎疗法：取以上对应推荐用油4~5种，每种3滴，椰子油1∶3稀释，做脊椎疗法，每周3~5次。

④内服：预防哮喘发作，可以服用薄荷、柠檬、薰衣草各2滴，灌入胶囊，每天2~3次。早上内服2滴乳香，必要时晚上加服1次。

（3）注意事项：哮喘患者在使用精油时应避免直接闻嗅方式来缓解症状，以免纯精油刺激引发哮喘。一般通过涂抹或按摩，从温和的油，如薰衣草、柠檬开始试用，然后用化痰功效的尤加利、迷迭香，让人放松。哮喘发作时，分清寒热，在背上和胸口涂抹相应精油。与此同时，在饮食上注意忌口，不宜食用辛辣、鸡、羊、海鲜等发物。

2. 缓解期

（1）推荐用油

①肺虚：补肺固卫，可用乳香、香蜂草、野橘、红橘、柠檬等精油。

②脾虚：健脾化痰，可用乳香、红橘、圆柚、佛手柑、小豆蔻、芫荽等精油。

③肾虚：补肾摄纳，可用天竺葵、杜松浆果、快乐鼠尾草、柠檬草、马郁兰、道格拉斯冷杉、茉莉、玫瑰等精油。

（2）使用方法

①香熏：取以上对应推荐用油 3~4 种，每次各 2 滴香熏，每天 2 次。

②涂抹点按：取以上对应精油 2~3 种，每次各 2 滴，椰子油 1∶3 稀释，涂抹胸背部，并点按天突穴；肺虚点按膻中穴，腹部关元、气海穴，背部风门、肺俞穴；脾虚加脾俞、足三里、阴陵泉穴；肾虚点按穴位是在脾虚基础上加肾俞、涌泉穴，各 2~3 分钟，每天 1 次。

③脊椎疗法：取对应推荐用油 4~5 种，每种 3 滴，椰子油 1∶3 稀释，做脊椎疗法，每周 1~3 次。

④内服：柠檬、薰衣草、薄荷各 2 滴，灌入胶囊，每次 1 粒，每天 2~3 次。连续服用 15~30 天。

第三节　消化系统疾病

一、胃炎

（一）什么是胃炎

胃炎的发病部位位于胃黏膜，是由各种刺激因素引起的胃黏膜炎症，可分为急性和慢性两类。急性胃炎多在急诊时发现，临床上以慢性胃炎常见，大多与幽门螺杆菌（HP）感染有关，也与自身免疫、胆汁反流等诸多因素相关。HP 能够利用其产生的氨及空泡毒素导致细胞损伤，促使上皮细胞释放炎症介质引起自身免疫反应，长此以往，胃黏膜逐渐受损。

《灵枢·邪气脏腑病形》曰："胃病者，腹胀，胃脘当心而痛。"胃炎根据其临床表现可归属于中医学"胃脘痛""痞满""嘈杂"等病症范畴。多因外感六淫、饮食不节、劳倦中虚、情志不遂等诸多因素，导致肝气横逆，乘脾犯胃；或脾胃虚弱，纳运失常，燥湿失济；或因湿热内蕴，日久气滞血瘀，瘀血阻络，营阴损伤。

（二）胃炎的临床表现

急性胃炎患者起病急，起病前多有饮食不洁或暴饮暴食史，发病时病位在上腹部，多有饱胀不适感，恶心呕吐，甚者呕血、便血。慢性胃炎临床症状不显，患者多无明显感觉，因体检发现，可表现为上腹部隐隐作痛、烧灼感、饱胀感，嗳气，恶心，泛酸。中医最常见的是以下几种证型。

1.**肝胃不和** 多因情志不畅、肝气失疏，横逆犯胃所致。脘腹或胁肋的胀痛为主症，情绪不畅易诱发或加重病情，常伴叹气、嘈杂泛酸、肠鸣矢气，舌淡红苔薄白脉弦。

2.**脾胃湿热** 常因过食肥甘厚味或饮食不节，导致湿热之邪内生，损伤脾土，除见胃脘胀满或灼痛或隐痛、恶心、纳呆之外，舌苔黄腻为该型的特征。

3.**脾胃虚寒** 因过食生冷、过用寒凉，或长期患病，或年老体衰而致，因是虚寒，所以胃痛隐隐，喜温，伴有食欲不振，口不渴，舌淡苔白，脉迟或缓等虚寒特征。

（三）精油如何调理胃炎

胃炎的主要临床表现以胃痛、痞满、呕吐、嗳气、嘈杂、纳呆、泛酸等气机阻滞、胃气上逆、消化不良的症状为主，香料类精油如黑胡椒、小茴香、肉桂、生姜均有温胃散寒，帮助消化的特性；茶树、牛至、柠檬草均有清热、和胃化湿的作用；柑橘类精油均有疏肝和胃及健脾和胃的效用。在配方时可以把这些因素考虑进去。

（四）芳香应用指引

1. 急性胃炎

（1）推荐用油

①寒邪伤胃：因胃寒引起胃痛伴呕吐者，胃痛喜热敷，用消化复方、生姜、甜茴香、黑胡椒、红橘等精油。

②热邪伤胃：如因胃热引起，胃痛呕吐多伴口苦、嘈杂、泛酸，用消化复方、茶树、牛至、薄荷等精油。

③饮食积滞：暴饮暴食或饮食不洁，引起胃脘胀痛，嗳腐吞酸，舌苔黄厚而腻，脉滑。可以用消化复方、豆蔻、茴香、芫荽、薄荷等精油。

（2）使用方法

①内服：各型取对应的推荐用油2~3种，每种2滴，灌入胶囊内服，每次1粒，每天3次，随餐服用。请注意如果没有胶囊，也可以滴入温水中饮用，但是牛至对黏膜刺激较大，不可直接滴入温水饮用，须剔除。

②涂抹：寒邪伤胃用消化复方加生姜或甜茴香各2滴，加椰子油1：（1~3）稀释，涂抹胃部。热邪伤胃用消化复方加薄荷或茶树各2滴，加椰子油1：（1~3）稀释，涂抹胃部。

2. 慢性胃炎

（1）推荐用油

①脾胃虚寒：消化复方、生姜、黑胡椒或小豆蔻等精油。

②脾胃湿热：消化复方、茶树、牛至、薄荷等精油。

③肝胃不和：消化复方、柑橘类、薄荷等精油。

（2）使用方法

①内服：各型取相对应精油各2滴，滴入胶囊吞服或温水中饮用，每天2~3次，随餐。注意牛至不可直接滴入温水吞服。

②涂抹：各型取相对应的精油各2滴，椰子油1：1稀释打底，涂抹胃部。

③脊椎疗法：各型取相应精油各2滴，椰子油1：1稀释打底，依次涂抹脊椎，并点按脾俞、胃俞穴。

二、胃溃疡

（一）什么是胃溃疡

胃溃疡是临床上常见病之一，多见于胃小弯部位，指胃黏膜被自身消化而形成的溃疡。胃溃疡发病是胃酸、胃蛋白酶与胃黏膜相互作用引起的。HP 被认为是胃溃疡发生的主要病因，但其具体机制尚未阐明，主流观点是 HP 感染后引起胃黏膜炎症，削弱了胃黏膜的屏障作用，使胃酸对黏膜的侵蚀作用增强。另外，精神因素是胃溃疡发作的重要诱因。

中医有"不荣则痛"和"不通则痛"两种疼痛病机。七情内伤和饮食劳倦是胃溃疡最直接的原因。《素问·六元正纪大论》有言："木郁之发，民病胃脘当心而痛。"现代人工作和生活压力大，情志波动剧烈，疏泄失职，气机郁久，化火犯胃，灼伤胃膜；嗜食辛辣厚味，助湿生痰化热，灼伤胃膜，发为溃疡。

（二）胃溃疡的临床表现

与胃炎类似，上腹部也是胃溃疡发病的主要部位，出血、穿孔是常见并发症。临床上典型胃溃疡可见以下特征：病史可达数年甚至数十年；缓解期与急性发作期相交替，可因季节或情志而诱发；发作时上腹痛呈节律性发作。胃溃疡还有一个特征性症状可与十二指肠溃疡相鉴别，胃溃疡的疼痛常在进食后 1 小时内出现，经 1~2 小时逐渐缓解；而十二指肠溃疡的疼痛多在饥饿时发作。

（三）精油如何调理胃溃疡

胃溃疡与虚寒、湿热、瘀血等相关。针对以上病因选用不同的精油。脾胃虚寒，运化失职，故胃脘隐痛，绵绵不休，劳累后加重，神疲纳呆，大便溏薄，舌淡苔腻，选用柑橘类、香料类精油健脾和胃；湿热中阻可见胃脘痞满或灼热，餐后尤甚，恶心欲吐，嗳气频频，嘈杂泛酸，舌质淡红，苔薄腻选用清热化湿类精油，如消化复方、茶树、佛手、薄荷；胃溃疡出血者以瘀血阻络常见，症见胃脘疼痛，如针刺，痛有定处，或见吐血黑便，舌质紫暗或有瘀斑。可以选择化瘀止血类精油，如没药、永久花、乳香、柠檬、西洋蓍草等。

（四）芳香应用指引

1. 脾胃虚寒

（1）推荐用油：消化复方、生姜、没药、黑胡椒、豆蔻、红橘、野橘等精油。

（2）使用方法

①内服：选以上 2~3 种精油，每种 2 滴，滴入温水或胶囊中服用，每天 2~3 次，随餐服用。

②涂抹点按：消化复方、生姜各 2 滴，椰子油 10 滴涂抹胃部及点按腿部足三里穴。

2. 湿热中阻

（1）推荐用油：消化复方、茶树、柠檬、薄荷、藿香等精油。

（2）使用方法

①内服：选择以上 2~3 种精油，每种 2 滴，滴入温水或胶囊中服用，每天 2~3 次，随餐服用。

②涂抹点按：消化复方、茶树各 2 滴，椰子油 10 滴涂抹胃部及点按足三里穴。

3. 瘀血阻络

（1）推荐用油：消化复方、没药、乳香、永久花、佛手、西洋蓍草等。

（2）使用方法

①内服：取以上推荐用油 2~3 种，每种 2 滴，滴入温水或胶囊中服用，每天 2~3 次，随餐服用。

②涂抹点按：消化复方、没药各 2 滴，椰子油 10 滴涂抹胃部并点按腿部足三里穴。

三、肠炎

（一）什么是肠炎

肠炎是细菌、病毒、真菌和寄生虫等引起的小肠炎症。肠炎按病程长短分为急性和慢性两类。急性肠炎一般潜伏期为 12~36 小时，多见于夏秋两季。慢性肠炎一般病程在 2 个月以上，具体发病机制尚不明确，但发生发展过程可能受到遗传、环境（母乳喂养、饮食、吸烟、药物等）和微生物等因素的影响，导致黏膜屏障改变和免疫系统缺陷，从而引起持续炎性反应。

（二）肠炎的临床表现

恶心、呕吐、腹泻是急性肠炎的主要症状，严重者可以伴有发热、脱水、休克等，需及时就医，以免贻误病情。

慢性肠炎以长期慢性或反复发作的腹痛及消化不良等症状为特征，重者可有黏液便或水样便。临床常见的有非特异性溃疡性结肠炎和局限性肠炎等。是一类与免疫介导相关的肠道慢性及复发性炎症性疾病，有终身复发倾向，主要包括溃疡性结肠炎和克罗恩病。

中医认为急性肠炎与饮食不洁，湿热下注相关，或因暑湿引起；慢性肠炎的发生与机体正气不足相关。常见以下证型：①脾气虚弱，便溏时作，食油腻加剧，腹部胀闷隐痛，纳少，面色萎黄，四肢无力，舌苔薄白，脉细无力；②脾肾阳虚，火不生土，腹部胀满喜温喜按，黎明前泻下溏薄或稀水或完谷不化，身寒肢冷，腰膝酸软，舌淡，脉沉细；③肝脾失调，肝气乘脾，每因情绪而发，可伴有烦躁易怒，胸胁满闷，腹痛欲泻，泻后痛减。

（三）精油如何调理肠炎

肠炎属于消化系统疾病，根据急慢性肠炎的证候特点，施以相应的精油。一般以疏肝健脾的柑橘类精油，还有温脾健胃、助消化的香料类精油为首选，有炎症的需要加茶树、牛至、百里香、柠檬草等抗菌消炎类精油灌胶囊服用。

（四）芳香应用指引

1. 急性肠炎

（1）推荐用油

①湿热下注：消化复方、茶树、藿香等精油。

②暑湿泄泻：消化复方、生姜、藿香等精油。

（2）使用方法

①内服：各证型取推荐用油 2~3 种，每种 1~2 滴滴入温水中饮用，每天 2~3 次，随餐服用。

②按摩：各证型取推荐用油 2~3 种，每种 2 滴，逆时针轻轻按摩脐周 40~100 次，每天 2~3 次，做完局部热敷 10 分钟。

2. 慢性肠炎

（1）推荐用油

①脾气虚弱：消化复方、野橘或红橘、豆蔻、生姜等精油。

②脾肾阳虚：消化复方、生姜、黑胡椒、小茴香、肉桂、百里香、丁香等精油。

③肝脾失调：野橘、红橘、豆蔻、消化复方、佛手等精油。

（2）使用方法

①内服：各证型取推荐用油 2~3 种，每种 1~2 滴滴入温水中饮用，或灌入胶囊内口服，每天 2~3 次，随餐服用。建议配合服用益生菌与酵素。

②按摩：各证型取推荐用油 2~3 种，每种 2 滴，稀释后逆时针轻轻按摩脐周 40~100 次，腹部喜暖的加生姜 2 滴，每周 2~3 次。

四、便秘

（一）什么是便秘

便秘是指大便次数减少，一般每周少于 3 次，伴排便困难、粪便干结。大部分人以功能性便秘多见，可能是由于进食量少，尤其是食物纤维和水分摄入不足或工作紧张、生活压力大、学业负担重等精神因素或肠功能紊乱，腹泻与便秘交替出现。少部分人以器质性改变为疾病病因，肠道、肛门、盆腔、腹腔的器质性改变均可导致排便无力。

《素问·灵兰秘典论》云："大肠者，传导之官，变化出焉。"饮食入胃，经过脾的运化，胃的腐熟水谷，至小肠分清泌浊，最后大肠传导糟粕，使粪便排出体外。"魄门也为五脏使"，是指魄门的启闭功能受五脏之气的调节，各种内外之邪侵犯肠腑，肝肺气机不畅，导致湿、食、痰、热等阻滞肠道气机，气滞则无力传化而致便秘。或因日久不愈，湿食之邪化热，耗伤阴血，津液枯乏，肠道失于濡润滑利，水不行舟所致。

（二）便秘的临床症状

便秘可分为急性和慢性，急性较为少见。急性便秘大多与肠梗阻密切相关，引起肠道功能紊乱。慢性便秘无特征性症状，可见排便费力、不尽感或下腹重坠感，排便量少，有便意或缺乏便意，腹胀、疲乏、胃口差，部分可伴有呕吐、肠绞痛，严重者可见腹部包块（注意与肿瘤相鉴别），条索状的大便可被触及。

中医认为便秘有虚实之分，除大便干结外，实证便秘，因热邪者多口干口臭，小便短赤，舌红苔黄燥；因寒邪者多伴腹痛拘急，手足不温，呃逆呕吐，舌苔白腻；因气滞者多伴有肠鸣矢气，嗳气频作，脘痞胀满；因虚致便秘者，多因阴（血）虚者肠道失于濡养，而见皮肤干燥，口唇色红（淡），舌红绛少津（舌淡），大便干燥如羊屎；气虚者，推动无力，虽有便意但难排出，易气短乏力；因阳虚者，多有怕冷，腹中冷痛，得温痛减，伴有腰膝酸冷，脉沉迟等。

（三）精油如何调理便秘

芳香疗法治疗便秘主要是通过柑橘类精油及帮助消化的香料类精油的内服与按摩，促进肠道蠕动，舒缓情绪，解除肠道痉挛，达到通便的目的。便秘须分寒热虚实，针对不同病因分别予以清热通便、温里通便、润肠通便、补气通便。

（四）芳香应用指引

1. 热秘

（1）推荐用油：消化复方、茶树、柠檬、薄荷、圆柚等精油。

（2）使用方法

①按摩：取消化复方加以上精油各 2 滴，椰子油 1∶3 稀释，顺时针方向按摩腹部 40~100 下，清热通便，促进肠道蠕动。

②内服：茶树 2 滴，柠檬 4 滴，滴入 250 毫升温水中饮用，每天 2~3 次，清热通腑。也可以在一汤勺（15 毫升）芝麻油中滴入柠檬、圆柚各 3 滴，每天清晨空腹顿服。

2. 寒秘

（1）推荐用油：消化复方、生姜、黑胡椒、迷迭香、肉桂等精油。

（2）使用方法

①按摩：取消化复方、生姜、迷迭香各 2 滴，黑胡椒、肉桂各 1 滴，椰子油 1∶3 稀释，顺时针方向按摩腹部 40~100 下，温里散寒，促进肠道蠕动，建立健康的消化系统。必要时可以在按摩之后热敷，效果更佳。

②内服：消化复方 2 滴、胡椒或肉桂 1 滴，滴入一汤勺核桃油中，清晨空腹一次性顿服，或滴入 250 毫升温水中饮用，每天 2~3 次，温里散寒，润肠通便。

3. 虚秘

（1）推荐用油

①阴血亏虚：消化复方、柠檬、天竺葵、马郁兰、当归等精油。

②气虚便秘：消化复方、柠檬或圆柚、迷迭香、益肾养肝复方等精油。

（2）使用方法

①内服：阴血亏虚便秘取消化复方、柠檬、天竺葵精油各 2 滴，加入一汤勺生槐花或枇杷蜂蜜，并冲入温水中稀释后饮用，每天早晚 2 次。

气虚便秘取柠檬或圆柚 4 滴，消化复方 2 滴，滴入一汤勺花生油中，每天清晨空腹服用或滴入 250 毫升温水中饮用，每天 2~3 次。

②按摩：各型取以上推荐用油各 2 滴，椰子油 1∶（1~3）打底，涂于

腹部，顺时针方向按摩 40~100 次，每天 2 次。必要时可加用热敷包，促进疗效。

第四节 内分泌系统疾病

一、糖尿病

（一）什么是糖尿病

糖尿病是一种因体内胰岛素绝对或者相对不足所导致的一系列临床综合征，与遗传基因有着非常密切的关联。糖尿病的主要临床表现为多饮、多尿、多食和体重下降（三多一少），以及血糖高、尿液中含有葡萄糖（正常的尿液中不应含有葡萄糖）等。世界卫生组织将糖尿病分为四种类型，即 1 型糖尿病、2 型糖尿病、其他类型糖尿病和妊娠期糖尿病，虽然每种类型的糖尿病的症状相似，但是导致疾病的原因和人群分布却不同。更为恐怖的是糖尿病的并发症，它是由糖尿病病变转变而来，后果相当严重。足部病变（足部坏疽、截肢）、肾病（肾功能衰竭、尿毒症）、眼病（模糊不清、失明）、脑病（脑血管病变）、心脏病、皮肤病、性病等是糖尿病最常见的并发症，是导致糖尿病患者死亡的主要因素。

1 型或 2 型糖尿病均存在明显的遗传异质性。糖尿病存在家族发病倾向，1/4~1/2 患者有糖尿病家族史。进食过多、体力活动减少导致的肥胖是 2 型糖尿病最主要的病因，使具有 2 型糖尿病遗传易感性的个体容易发病。1 型糖尿病患者存在免疫系统异常，在某些病毒如柯萨奇病毒、风疹病毒、腮腺病毒等感染后导致自身免疫反应，破坏胰岛素 β 细胞。

糖尿病的诊断一般不难，连续 2 次空腹血糖大于或等于 7.0mmol/L，和 / 或餐后 2 小时血糖大于或等于 11.1mmol/L 即可确诊（各版本诊疗指南的诊断标准略有差异）。

1.1 型糖尿病

发病年龄轻，大多小于 30 岁，起病突然，多饮、多尿、多食、消瘦症状明显，血糖水平高，不少患者以酮症酸中毒（恶心、呕吐、昏迷等）为首发症状，单用口服药无效，需用胰岛素治疗。

2.2 型糖尿病

常见于中老年人，肥胖者发病率高，常可伴有高血压、血脂异常、动脉硬化等疾病。起病隐匿，早期无任何症状，或仅有轻度乏力、口渴，血糖增高不明显者需做糖耐量试验才能确诊。血清胰岛素水平早期正常或增高，晚期低下。

（二）糖尿病的临床表现

严重高血糖时出现典型的"三多一少"症状，即多饮、多尿、多食和消瘦，多见于 1 型糖尿病。发生酮症或酮症酸中毒时"三多一少"症状更为明显。疲乏无力、肥胖则多见于 2 型糖尿病。2 型糖尿病发病前常有肥胖，若得不到及时治疗，身体不能很好地利用糖分，只得动用肌肉和脂肪，造成肌肉消耗，脂肪减少，所以会消瘦，应该注意积极控制血糖，合理饮食。

中医学根据糖尿病的"三多"症状把其归属于消渴症范畴。认为其发病主要与先天禀赋不足，过食肥甘，情志失调，劳欲过度等导致肾阴亏虚，肺胃燥热相关。病机重点为阴虚燥热，而以阴虚为本，燥热为标。病延日久，阴损及阳，阴阳俱虚。

上消主症为烦渴多饮、口干舌燥；中消主症为多食易饥，形体消瘦，大便干结；下消主症为尿频量多，尿如脂膏。临床上"三多"症状往往同时存在，仅在表现程度上有轻重不同而已。在糖尿病前期或血糖控制以后，"三多"症状有时并不显著。故治疗上应三焦兼顾、三消同治。《医学心悟·三消》曰："治上消者宜润其肺，兼清其胃""治中消者宜清其胃，兼滋其肾""治下消者宜滋其肾，兼补其肺"。

（三）精油如何调理糖尿病

糖尿病是生活中一种常见的疾病。糖尿病本身并不严重，严重的是持续高血糖与长期代谢紊乱等可导致并发症。严重者可引起失水、电解质紊乱和酸碱平衡失调等，甚至急性并发症酮症酸中毒和高渗透压非酮性昏迷。糖尿病属代谢类疾病，饮食结构、脾胃功能、运动热量消耗、神经内分泌功能等均对血糖有直接影响。植物精油源于植物，对机体新陈代谢、食欲控制、体重控制、情绪调整、抗氧化等方面都有良好作用，对血糖控制有一定辅助作用。由于诸多植物精油有活血化瘀、镇静止痛、营养神经等作用，所以对糖尿病引起的血管、神经等损伤有独特的调理作用。如现代研究认为牛至精油有一定的降低血糖作用，代谢复方精油有较好的抑制食欲和控制体重效果。中医理论认为，肉桂可以温补命门，促进脾肾功能，现代研究发现肉桂精油有促进消化代谢的作用，对控制血糖很有好处。而大部分植物精油都有一定的抗氧化功能，其中乳香、丁香、百里香、红橘、古巴香脂、生姜精油等具有较高的抗氧化指数的精油。茶树精油、麦卢卡精油的抗菌能力已经得到现代科学研究的证实，用于糖尿病患者的皮肤溃疡，取得了较好效果。

精油对糖尿病的调控在原有医治的基础上，能锦上添花，改善症状，增强降糖效果，对糖尿病前期或胰岛素抵抗的患者可以起到防治作用。对糖尿病并发症患者有改善症状的作用。精油不是药，但是一旦与药物联合，会产生意想不到的效果。

（四）芳香应用指引

1. 上消　与肺燥有关。"治上消者宜润其肺，兼清其胃。"

（1）推荐用油：柠檬、牛至、尤加利、天竺葵、罗勒等。

（2）使用方法

①内服：柠檬、牛至、天竺葵、罗勒精油各2滴，灌入空胶囊，随餐服用，每日2~3次。有胃溃疡等胃黏膜损伤性胃病的患者，去牛至，换西洋蓍草，或改没药精油2滴。

可配合柠檬精油4滴加入500mL温水中饮用，每日2次。增强胃肠道代谢。

②足底胰腺反射区按摩：用以上精油各1~2滴，椰子油1∶1稀释按摩足底反射区，每天2次。

③香熏：取推荐用油2~3种，每种2滴，香熏。

④脊椎疗法：取推荐用油，每种3滴，椰子油1∶1稀释，分层涂抹北部，点按大椎、肺俞穴，每周1~3次。

2. 中消　与胃热有关。"治中消者宜清其胃，兼滋其肾。"

糖尿病患者由于糖代谢异常，会有明显的饥饿感，表现出食欲亢进，饮食控制对血糖控制有较大意义。代谢复方精油内含有圆柚、柠檬、椒样薄荷、生姜、肉桂等，可促进代谢，控制饥饿感，减肥瘦身，镇定胃部及提升情绪，有利尿作用。

（1）推荐用油

①调理脾胃，促进代谢：代谢失调引起的消谷善饥、肥胖及伴随的血糖、血脂、尿酸升高，可以用代谢复方、芫荽、茴香、尤加利、圆柚、柠檬、椒样薄荷、肉桂、消化复方等精油。

②情志调整：情志失调引起神经功能失调，会导致失眠、头痛、血糖波动等，可以用安宁复方、薰衣草、依兰依兰、乳香、罗马洋甘菊、苦橙叶、平衡复方等精油。

（2）使用方法

①内服：调理脾胃，促进代谢可用代谢复方精油4滴、芫荽精油3滴、牛至精油2滴、肉桂精油1滴，灌入空胶囊，随餐服用，每日2~3次。有胃溃疡等胃黏膜损伤性胃病的患者，牛至换成罗勒、天竺葵，或茴香精油2滴。

也可采用代谢复方精油在每餐前半小时，舌下含服6~8滴。因为代谢复方中含有肉桂，对血糖控制非常有好处，因此可用肉桂精油1~2滴，每餐前半小时滴入胶囊，内服。也可以选择代谢复方奶昔代餐食用，每次3勺，温水摇匀。

以上方法可配合柠檬精油4滴加入500mL温水中饮用，每日2次。增强胃肠道代谢。

②香熏：取推荐的精油各2~3种，每种2滴，香熏。睡眠不佳的可以用安宁复方、薰衣草或岩兰草精油。

③头疗与足疗：乳香、罗马洋甘菊、平衡复方精油按摩头颈部，苦橙叶、乳香精油各2~4滴，睡前按摩头部与足底反射区，可安神助眠，舒缓紧张情绪，可以起到间接平稳血糖的作用。

④脊椎疗法：取推荐用油5~6种，每种2~3滴，椰子油1∶1稀释，分层涂抹背部，并点按胃俞，肾俞穴。每周1~3次。

3. **下消** 与肾虚有关。"治下消者宜滋其肾，兼补其肺。"肾为先天之本，主藏精而寓元阴元阳。肾失濡养，开阖固摄失权，则水谷精微直趋下泄，随小便而排出体外，表现为尿多味甜。肾阴亏虚则虚火内生，上灼心肺则可见烦渴多饮。

（1）推荐用油：天竺葵、罗勒、益肾养肝复方、依兰依兰、永久花、迷迭香。

（2）使用方法

①内服：取以上推荐用油 3~4 种，每种 2 滴，灌入胶囊，每次 1 粒，每天 2~3 次，餐前服用。

②香熏：取以上推荐用油 3~4 种，每种 2 滴，香熏。每天 1~2 次。

③脊椎疗法：取以上精油各 3 滴，椰子油 1：1 稀释，依次涂抹背部，并点按肝俞、肾俞、三阴交、太溪、涌泉穴。每周 1~3 次。

④足底按摩：天竺葵、依兰依兰、罗勒各 1~2 滴，椰子油 1：1 稀释，涂抹足底胰腺反射区，每天 1~2 次。

4. **糖尿病并发症**

（1）推荐用油

①改善肢体麻木冷痛：糖尿病引起血管神经损伤，会表现出肢体麻木冷痛，肢体皮肤变黑，色素沉着，严重者出现间歇性跛行、肢端坏疽等。可以选择乳香、没药、天竺葵、小茴香、肉桂等精油。

②促进溃疡愈合修复：糖尿病患者创口难以愈合，极容易在肢端形成坏疽，迁延不愈，临床治疗很棘手。可以用没药、茶树、薰衣草、丝柏、西洋蓍草、麦卢卡等精油来改善症状。

没药精油有活血化瘀、收敛生肌的功能。茶树、麦卢卡有一定的抗感染作用。

（2）使用方法

①涂抹：改善肢体麻木冷痛可用乳香、没药、天竺葵、小茴香或肉桂精油各 2 滴，分层涂抹于患处，并适度按摩，每日 2 次。

②喷洒：促进溃疡愈合修复可用没药、茶树、薰衣草、丝柏涂于溃疡局部，严重者加西洋蓍草、麦卢卡等精油用椰子油 1：3 比例调配成喷雾剂喷洒创面，每天 2~3 次。

二、甲状腺疾病

（一）什么是甲状腺疾病

甲状腺是人体最大的内分泌腺。棕红色，分左右两叶，中间相连（称峡部），呈"H"形，20~30 克。甲状腺位于喉下部，气管上部前侧，吞咽时可随喉部上下移动。

甲状腺疾病主要分为内科治疗的甲状腺疾病和外科治疗的甲状腺疾病两大类。内科治疗的甲状腺疾病主要包括甲状腺功能亢进症（俗称甲亢）和甲状腺炎症（包括急性、亚急性和慢性甲状腺炎症）。外科治疗的甲状腺疾病包括甲状腺肿和甲状腺肿瘤。两者的主要区别是内科治疗的甲状腺疾病，甲状腺功能异常，而外科治疗的甲状腺疾病，甲状腺功能检查都正常。但两者并不是绝对孤立的，可能相互转变，特别是内科治疗的甲状腺疾病也可能需要外科治疗。

（二）甲状腺疾病的临床表现

亚急性甲状腺炎表现为低热、颈部甲状腺处疼痛，起病较急，病程较短。急性甲状腺炎为细菌感染引起的急性间质炎或化脓性炎，由于甲状腺对细菌感染抵抗力强，故很少见。甲状腺功能亢进则表现为心悸、饥饿、消瘦、手抖、大便次数增加等高代谢证候；甲状腺机能减退则表现为心动过缓、怕冷乏力、黏液性水肿、纳呆便少等症状。甲状腺肿瘤、结节则可在甲状腺局部触及硬块、包块，伴或不伴压痛。

（三）精油如何调理甲状腺疾病

针对甲状腺疾病的相关症状，精油可以发挥软坚散结、舒缓情绪、清热解毒、活血止痛、调节代谢等方面的作用，以缓解甲状腺疾病的症状。乳香、没药在中医学中有活血散结止痛的作用，罗马洋甘菊、安宁复方精油有平肝潜阳作用，马郁兰精油有疏肝解郁作用，薄荷精油有清热止痛作用，均适用于甲状腺疾病。

（四）芳香应用指引

1. 甲状腺功能亢进

（1）推荐用油：乳香、没药、柠檬草、香蜂草、马郁兰、罗马洋甘菊、薰衣草、百里香、野橘等精油。

（2）使用方法

①内用：乳香 2 滴滴舌下，每天 2 次。

②涂抹：取以上推荐用油 2~3 种，每种 2 滴，涂抹于甲状腺区域，每天 2 次。

心悸、手抖者，香蜂草、马郁兰、罗马洋甘菊各 2 滴，涂抹心前区及足底，每天 2 次。

伴眼突者，乳香、罗马洋甘菊，用椰子油 1：1 稀释后，涂抹眼眶（切忌将精油渗入眼睛，如误入，需用大量椰子油冲洗眼睛）。

③香熏：晚上选用乳香、薰衣草、罗马洋甘菊、马郁兰等具有平肝安神作用的精油 2~3 种，每种 2 滴香熏，以调理甲亢引起的不良情绪。

白天选用薄荷、野橘香熏，具有疏肝理气、舒缓情绪、提振心神作用，适合于情绪低沉、郁闷者。

2. 甲状腺功能减退

（1）推荐用油：乳香、丁香、细胞修复复方、补肾养肝复方、活力提神复方等。

（2）使用方法

①内服：乳香、丁香或细胞修复复方各 2 滴，滴入温水或灌入胶囊，每天 2 次。

②涂抹：乳香、细胞修复复方或丁香各 2 滴，椰子油 1：3 稀释，涂抹于甲状腺区域，每天 2 次。

补肾养肝复方精油、活力提神复方精油各 2 滴，椰子油打底，涂抹于颈部两侧或肝区，每天 2 次。

3. 甲状腺疼痛

（1）推荐用油：乳香、丁香、牛至、薄荷等。

（2）使用方法：乳香、薄荷精油各 2 滴，涂抹甲状腺区域。疼痛剧烈的，可加用丁香、牛至精油各 1 滴，用椰子油 1 :（3~4）稀释混合后，涂抹甲状腺区域。

4. 甲状腺肿瘤、结节

（1）推荐用油：没药、乳香、丝柏、细胞修复复方、圆柚、野橘、平衡复方精油等。

（2）使用方法：没药或乳香、细胞修复复方、圆柚或野橘各 2 滴，椰子油 1 : 3 稀释，涂抹于甲状腺区域，可分开轮流使用，每天 3 次。若细胞修复复方精油使用后感觉皮肤刺激，可选用更温和的平衡精油。

三、肥胖症

（一）什么是肥胖症

肥胖症是一组常见的代谢症候群。当人体进食热量多于消耗热量时，多余热量以脂肪形式储存于体内，其量超过正常生理需要量，且达一定值时演变为肥胖症。正常男性成人脂肪组织重量占体重的 15%~18%，女性占 20%~25%。随年龄增长，体脂所占比例增加。如无明显病因者称单纯性肥胖症，有明确病因者称为继发性肥胖症。

肥胖症外因以饮食过多而活动过少为主。热量摄入多于热量消耗，使脂肪合成增加是肥胖的物质基础。内因为脂肪代谢紊乱而致肥胖。肥胖症与遗传因素相关，人类单纯性肥胖的发病有一定的遗传背景。肥胖的形成还与生活行为方式、摄食行为、嗜好、气候及社会心理因素有关。另外，肥胖症与神经精神因素和内分泌因素均有一定关系。如下丘脑病变、甲状腺素、胰岛素、糖皮质激素、性激素等均可能在单纯性肥胖发病机制中起作用。此外，肥胖症还与棕色脂肪组织异常、环境因素等相关。

（二）肥胖症的临床表现

1. 一般表现

单纯性肥胖可见于任何年龄，约 1/2 成年肥胖者有幼年肥胖史。一般呈体重缓慢增加（女性分娩后除外），短时间内体重迅速增加，应考虑继发性肥胖。男性脂肪分布以颈项部、躯干部和头部为主，而女性则以腹部、下腹部、胸部乳房及臀部为主。

肥胖者的特征是身材矮胖、浑圆，脸部上窄下宽，双下颏，颈粗短，向后仰头枕部赘肉明显增厚。双乳因皮下脂肪厚而增大。站立时腹部向前凸出而高于胸部平面，脐孔深凹。手背因脂肪增厚而使掌指关节突出处皮肤凹陷，骨突不明显。

肥胖程度一般以体重指数表示

BMI= kg/m^2 即体重（千克）除以身高（米）的平方

国内标准 BMI 在 18.5~24.9 时属正常，BMI 大于 25 为超重，BMI 大于 28 为肥胖。

轻至中度原发性肥胖可无任何自觉症状，重度肥胖者则多有怕热，活动能力降低，甚至活动时有轻度气促，睡眠时打鼾。可有高血压病、糖尿病、痛风等临床表现。

2. 其他表现

肥胖症患者并发冠心病、高血压的概率明显高于非肥胖者，其发生率一般 5~10 倍于非肥胖者，尤其是腰围粗（男性＞ 90cm，女性＞ 85cm）的中心性肥胖患者。高血压在肥胖患者中非常常见，也是加重心肾病变的主要危险因素，体重减轻后血压会有所恢复。肥胖患者肺活量降低，且肺的顺应性下降，可导致多种肺功能异常，如肥胖性低通气综合征，临床以嗜睡、肥胖、肺泡性低通气为特征，常伴有阻塞性睡眠呼吸困难。严重者可致肺心综合征，由于腹腔和胸壁脂肪组织堆积增厚，膈肌升高而降低肺活量，肺通气不良，引起活动后呼吸困难，严重者可导致低氧、发绀、高碳酸血症，甚至出现肺动脉高压导致心力衰竭。此外，重度肥胖者尚可引起睡眠窒息，偶见猝死。

肥胖症在脂代谢活跃的同时多伴有代谢紊乱，会出现高甘油三酯血症、高胆固醇血症和低密度脂蛋白增多等。糖代谢紊乱表现为糖耐量异常和糖尿病，尤其是中心性肥胖者。体重超过正常范围 20% 者，糖尿病的发生率增加 1 倍以上。当 BMI ＞ $35kg/m^2$ 时，死亡率约为正常体重的 8 倍。

在肌肉骨骼方面，肥胖者最常见的是骨关节炎，由于长期负重，使关节软组织发生改变，膝关节的病变最多见。肥胖患者中大约有 10% 合并高尿酸血症，容易发生痛风。

肥胖的内分泌系统改变。肥胖者多伴有性腺功能减退，垂体促性腺激素减少，睾酮对促性腺激素的反应降低。脂肪组织可以促进雄激素向雌激素转化，所以男性肥胖者部分会出现乳腺发育；肥胖女孩月经初潮提前；成年女性肥胖者常有月经紊乱，无排卵性月经，甚至闭经，多囊卵巢综合征发生率高。

（三）精油如何调理肥胖症

肥胖症是一种代谢性疾病，不仅要重视原发病因的探究，更要重视帮助肥胖患者建立健康的生活方式。适度运动、控制饮食及合理的起居，都是必须遵循的原则。在此基础上，我们再施以芳香疗法才具有积极意义。植物精油通过控制食欲、促进代谢、调节内分泌、改善肥胖症状等途径对肥胖症起到一定的调控作用。如丝柏、圆柚、天竺葵都有一定的利水消肿效果，有促进淋巴循环和紧致皮肤的作用。代谢复方含有圆柚、薄荷、生姜、肉桂等精油，有助胃肠道正常功能，并加速代谢。

（四）芳香应用指引

1. 推荐用油　黑胡椒、广藿香、圆柚、天竺葵、迷迭香、杜松浆果、丝柏、代谢复方精油等。

2. 使用方法

（1）全身都适用的减肥按摩配方：黑胡椒、广藿香、圆柚各 2 滴，椰子油 1：（1~3）稀释，混匀后按摩肩背、腹部、腰腿脂肪堆积处。

（2）腿、腹部减肥：天竺葵 4 滴、黑胡椒 2 滴、迷迭香 3 滴、15mL 椰子油混匀后涂抹腿、腹部，并点按局部穴位。

（3）瘦腰：杜松浆果 3 滴、丝柏 2 滴、圆柚 3 滴、15mL 椰子油混匀后备用。

（4）瘦腿：圆柚 3 滴、迷迭香 3 滴、丝柏 2 滴、15mL 椰子油或杜松浆果 2 滴、圆柚 4 滴、丝柏 2 滴、天竺葵 4 滴加椰子油 20mL。把混匀的精油均匀涂于小腿按摩，并点按小腿丰隆、承山穴。

（5）瘦手臂：迷迭香 2 滴、丝柏 3 滴、天竺葵 3 滴、椰子油 15mL 混匀。

（6）内服：代谢复方精油 3~4 滴、圆柚 2~4 滴加入温水中，餐前饮用或灌入胶囊服用，每天 3 次。

第五节 风湿免疫系统疾病

一、什么是风湿免疫性疾病

风湿免疫性疾病主要包括类风湿性关节炎、系统性红斑狼疮、强直性脊柱炎、原发性干燥综合征、骨关节炎、痛风等。风湿免疫性疾病主要侵犯关节、肌肉、骨骼及关节周围的软组织，如肌腱、韧带、滑囊、筋膜等部位。常见的有自身免疫性结缔组织病、系统性血管炎、骨与关节的病变。风湿免疫性疾病发病机制相当复杂，各种风湿病的病理损伤及组织器官类型也不一样，其自身免疫机制也不尽相同，但共同点为免疫调节缺陷。

二、风湿免疫性疾病的临床表现

临床常见发热；关节痛、颈肩痛、腰背痛、足跟痛，往往是风湿病的主要表现；关节的肿胀、皮疹、口腔溃疡、外阴溃疡、皮肤溃疡等；雷诺征，指（趾）端遇冷或情绪激动时出现发白，然后发紫、发红或伴有指（趾）端的麻木、疼痛；肌肉疼痛、肌无力；多器官损害，如心脏炎症、肾脏损害、间质性肺炎、系统性血管炎等。

三、精油如何调理风湿免疫性疾病

植物精油具有高渗透性，易达到肌肤的深层组织，进而被细小的脉管所吸收，最后经由血液循环，到达被治疗的器官。同时，植物精油所具有的类中药的"四气五味"，即寒热温凉、酸甘苦辛咸，能带来类似中药的治疗作用，结合中医理论应用，对风湿免疫性疾病引起的皮肤、肌肉、骨骼乃至脏器损伤起到一定的疗愈作用。如针对类风湿关节炎导致的关节冷痛肿胀，采用生姜、黑胡椒、肉桂精油，能起到温经散寒止痛的作用，有效改善关节不适。而对于干燥综合征，可用滋润性的植物精油，如天竺葵、薰衣草、夏威夷檀香、玫瑰、茉莉、西洋蓍草等，对口眼干燥等症状有较好的改善。

四、芳香应用指引

（一）肌肉，骨骼和关节疼痛

1. **推荐用油** 乳香、牛至、冬青、柠檬草、生姜、马郁兰、西伯利亚冷杉、活络复方、薄荷等精油。

2. **使用方法**

涂抹：椰子油打底，按疼痛区域大小，选择以上精油 3~5 种，每种 2~3 滴，分层涂抹，涂抹后热敷 15 分钟。以上调理每天 1 次。疼痛严重者每天可多次用乳香、活络复方涂抹疼痛处。

（二）关节肿胀

1. **推荐用油** 丝柏、冬青、冷杉、生姜、永久花等精油。

2. **使用方法** 取以上精油各 2~3 滴，每天 2~3 次，涂抹患处，然后热敷 10 分钟。

（三）关节红肿热痛

1. **推荐用油** 乳香、没药、丝柏、活络复方、茶树、薄荷等精油。

2. **使用方法** 选取以上 3~4 种精油各 2~3 滴，每日 2~3 次，涂抹患处，再加热敷 10 分钟。

（四）皮肤溃疡

1. **推荐用油** 没药、西洋蓍草、茶树、麦卢卡、薰衣草精油。

2. **使用方法** 选取以上精油 2~3 种，每种 2 滴，涂抹患处，严重者需加椰子油稀释，灌入喷瓶里备用。

（五）皮肤红斑皮损

1. **推荐用油** 罗马洋甘菊、永久花、蓝艾菊、西洋蓍草等精油。

2.**使用方法** 取以上精油 2~3 种，每种 1 滴，椰子油 10 滴混匀后涂抹患处。

（六）干眼症

1.**推荐用油** 乳香、罗马洋甘菊、薰衣草、永久花等精油。

2.**使用方法** 选取以上精油 2 种，每种 1 滴，椰子油 6 滴，混匀后涂抹按摩眼眶，并点按上眼眶攒竹穴、鱼腰穴、丝竹空、太阳穴；下眼眶精明穴、承泣穴、四白穴。

（七）干燥综合征

1.**推荐用油** 罗马洋甘菊、薰衣草、天竺葵、平衡复方、乳香、玫瑰、依兰依兰、蓝艾菊、西洋蓍草等精油。

2.**使用方法**

（1）香熏：选取以上精油 2~4 种，每种 2 滴，睡前熏香 2~4 小时。

（2）涂抹：平衡复方精油 2 滴，加以上推荐用油 1 种，睡前涂抹足底。干眼症选用推荐用油 2~3 种，涂抹眼眶周围。每天 1~3 次。

（3）脊椎疗法：用椰子油、乳香、蓝艾菊或西洋蓍草、罗马洋甘菊、薰衣草、薄荷各 2~3 滴做脊椎疗法，每周 1~3 次。

（4）内服：薰衣草、天竺葵、西洋蓍草、乳香各 2 滴，滴入空心胶囊内，每次 1 粒，每天 1~2 次。建议内服深海鳕鱼提取的小分子胶原蛋白肽，以补充津液。

第六节 神经系统疾病

中枢神经系统、周围神经系统以感觉、运动、意识障碍为主要表现的疾病。神经系统疾病的症状体征可表现为意识障碍、感知觉障碍、运动障碍、肌张力异常、头痛、头晕、眩晕等。本节主要介绍常见的几种病症的调理用油。

一、头痛

（一）什么是头痛

头痛是指头颅上半部的疼痛，可由全身性与局部性病变引起。导致头痛的病因复杂，简单来说包括颅脑病变（脑膜炎、脑肿瘤、硬膜下血肿、颅内转移瘤等），颅外病变（颈椎病、三叉神经痛、颅骨肿瘤等），全身性疾病（高血压病、流感、肺炎、铅中毒、贫血、中暑等），神经官能症（神经衰弱、癔症性头痛等），主要涉及血管、神经。

中医认为头为"诸阳之会""清阳之府"，是人体的最高位。头痛可由外感六淫或内伤杂病引起，头部经络拘急或脉络失濡养，清阳不升或升发过度均可引起。外感头痛病因病机比较清楚，因六淫之邪上犯清窍，阻遏清阳可致头痛；内伤头痛病因病机较为复杂，饮食劳倦、情志失调、先天不足、体虚久病、房事不节、头部外伤或久病入络等皆可致头痛。头痛的基本病机可归纳为"不荣则痛"和"不通则痛"。

（二）头痛的临床表现

头痛的临床表现与病因密切相关，以常见的头痛举例，高血压或血管供血不足导致的头痛可见额部或整个头部疼痛，带有搏动性，疼痛加重或减轻一定程度上与血管收缩舒张相对应；脑肿瘤引起的头痛部位不一定与病变部位一致，多为持续性，可有长短不等的缓解期，疼痛多为中度或轻度，可能随咳嗽、摇头、俯身等加剧；肌收缩性头痛（或称紧张性头痛）的发作与焦虑、紧张等情绪密切相关，多见于青壮年，一般无器质性病变。

因为手足三阴三阳经或本经循行或支络相连或气脉相通，都可与头部关联，所以头痛的临床表现也常常与经络循行部位有关。头后部头痛，可累及颈项，为太阳头痛；前额部头痛为阳明头痛；头两侧头痛，可牵涉到耳朵，为少阳头痛；颠顶（头顶）头痛为厥阴头痛。头痛亦有虚实之分，虚为不荣，多为隐痛、空痛，劳累加剧、时作时止；实为不通，多为跳痛、胀痛，痛无休止，或痛处固定有刺痛感。

（三）精油如何调理头痛

头痛病因复杂，使用芳香疗法前需排除颅内肿瘤、颅内感染等引起的头痛。植物精油在舒缓情绪，镇静安神，调理气血方面独树一帜，通过头部按摩，可以有效缓解焦虑、高血压、失眠引起的血管神经性头痛。如具有活血化瘀功能的乳香精油，不仅能有效穿透血脑屏障，提升下丘脑的供氧，还对脑血管损伤导致的神经功能问题有一定的修复作用，如中风后的半身不遂、头痛头晕、复视、口眼歪斜等情况。此外，中医学认为"无虚不作眩"，各类头晕多伴有脑供血不足，亦即气血不足的情况，植物精油中的迷迭香、野橘、益肾养肝复方等具有一定的促进气血流通的作用，对头晕有帮助。

（四）芳香应用指引

本方案主要针对高血压、颈椎病、脑血管供血不足、鼻窦炎、情绪焦虑、失眠等引起的血管神经性头痛。由于疼痛部位不同，又有以下区分。

1. 太阳头痛（头痛连及颈项部） 可见于高血压、脑梗死、颈椎病等。

（1）推荐用油：乳香、薰衣草、马郁兰、柠檬、茶树、生姜、薄荷、冬青、活络复方等精油。

（2）使用方法

高血压头痛取乳香、薰衣草、马郁兰、柠檬、茶树各3~4滴，薄荷1滴，严重者加香蜂草1滴，滴在调油玻璃或陶瓷器皿内，加椰子油1:1稀释做头部按摩，每天或隔天一次。

颈椎病引起头痛牵连颈项部，用乳香、薰衣草、马郁兰、薄荷、冬青、活络复方精油，各3~4滴，局部怕冷加生姜，棉签蘸取精油，做头部按摩，其后双手拇指按住风池、小指按住太阳穴，食指、中指顺势按在头部两侧颞部，自发际边缘向百会方向推按，连续3次巩固疗效。每天1次或每周3~5次。

2. 少阳头痛（太阳穴疼痛） 可见于高血压、脑梗死等。

（1）推荐用油：乳香、罗勒、古巴香脂、马郁兰、薄荷、椰子油等精油。

（2）使用方法：取以上精油各 3~4 滴，椰子油 1：1 稀释，操作方法同太阳头痛。

3. 阳明头痛（前额疼痛） 可见于鼻窦炎、情绪焦虑、失眠等。

（1）推荐用油：乳香、罗勒、古巴香脂、薰衣草、茶树、平衡复方、柠檬、薄荷等精油。

（2）使用方法：取以上精油 3~5 种，每种 3~4 滴，椰子油 1：1 稀释，操作方法同太阳头痛。

4. 厥阴头痛（头顶疼痛） 可见于高血压、脑梗死、脑血管供血不足等。

（1）推荐用油：乳香、细胞修复复方、马郁兰、罗马洋甘菊、罗勒、薰衣草、薄荷（高血压患者慎用或少用）。

（2）使用方法：取以上精油 3~5 种，每种 3~4 滴，椰子油 1：1 稀释，操作方法同太阳头痛。

5. 情绪焦虑、失眠引起的头痛

（1）推荐用油：平衡复方、薰衣草、岩兰草、玫瑰、野橘、橙花等精油。

（2）使用方法：取以上精油各 3~4 滴，椰子油 1：1 稀释，操作方法同太阳头痛。

注：前四类头痛兼有情绪焦虑与失眠症状者，可以在原有精油基础上选加治疗情绪类用油 1~2 种。

二、失眠

（一）什么是失眠

失眠通常指患者对睡眠时间和（或）质量不满足并影响日间社会功能的一种主观体验。习惯按病因分为原发性和继发性两类，原发性失眠通常在排除了可能引起失眠的病因后仍表现为失眠，可分为心理生理性失眠、特发性失眠、主观性失眠三类。继发性失眠包括由于躯体疾病、精神障碍、药物滥用等引起的失眠，以及睡眠呼吸障碍等引起的失眠。失眠常与其他疾病同时发生，有时很难确定这些疾病与失眠之间的因果关系。

失眠在中医学上称为不寐、不得卧、目不瞑等，是由于心神失养或心神不安所致。当人体内"阴平阳秘""营卫自和"时，人可安然入睡，若阴阳失和，阴虚不能纳阳，阳盛不得入于阴，均可导致失眠，实证者多肝郁化火或痰热内扰，虚证者多由心血脾气不足，心肾不交，水火不济，胆气被扰，心神不宁所致。

（二）失眠的临床表现

失眠通常表现为三种形式：①不易入睡：需要很长时间方能入睡，通常需要半小时以上；②睡眠浅，非常容易惊醒；③早醒，比通常早醒1小时以上，而不能再入睡。以上三种形式可以单独存在，也可以合并存在。

一般失眠的主观体验（自己感到失眠）与客观表现（旁人看出其失眠）是一致的，但是也有不一致的现象，称为主观性失眠，即自己感觉彻夜未眠，周围人却认为其睡眠蛮好，因此得不到理解，平添苦恼。

失眠的原因很多，大致归纳为以下几类：①情绪问题引起短暂失眠；②环境嘈杂或变化；③兴奋剂，如浓茶、咖啡、兴奋药等引起；④身体疼痛不适；⑤神经衰弱、焦虑症、抑郁症；⑥原因不明。

在中医学上都归属于失眠范畴。虚者多能入睡，但入寐较浅，一有动静就容易被惊醒，醒后难以再次入睡，多伴精神困乏，记忆力不佳等；实者不寐多梦，甚者整晚被梦惊扰，心烦易怒，脾气暴躁，口干口苦，可伴有头晕头胀，舌红苔黄脉数。

（三）精油如何调理失眠

针对失眠的病因选择不同的调控方案。短时的失眠只要排除病因就可恢复，如一时情绪波动、兴奋剂、环境嘈杂及变化等。身体疼痛与不适者要解除原发病因，失眠就可迎刃而解。焦虑症、抑郁症另设专题讨论。这里针对的失眠主要是神经衰弱。针对不易入睡、睡眠浅、早醒三种表现，予以芳香类植物精油调理。不易入睡与长期熬夜有关，多见心肾不交的患者，心火亢盛，肾水不足，以致失眠心烦，彻夜不眠，可以用薰衣草、岩兰草、罗马洋甘菊，清心火补肾水，交通心肾。睡眠浅或早醒者多见于心脾两虚者，多有面色不华，精神疲乏，记忆衰退，舌淡，苔薄，脉虚，用野橘、佛手、橙花、雪松、夏威夷檀香、乳香。因情绪影响睡眠的可以考虑加马郁兰、平衡复方与安宁复方。

（四）芳香应用指引

1. 心肾不交，不易入睡

（1）推荐用油：薰衣草、岩兰草、罗马洋甘菊、马郁兰、永久花、平衡复方、安宁复方。

（2）使用方法

①香熏：临睡前取以上 2~3 种单方精油加 1 种复方精油，每种 2 滴，香熏。

②涂抹点按：选择复方与单方精油各 1 种，每种 2 滴，椰子油 1∶1 稀释，点按安眠（耳后项部，翳风穴和风池穴连线的中点）、内关、神门、三阴交、涌泉穴，每穴 1 分钟左右。

③头疗：选取以上精油 3~5 种，每种 3 滴，椰子油 1∶1 稀释后，按摩头部，每周 2~3 次（具体操作方法见头部按摩）。严重者需配合以上穴位点按。

2. 睡眠浅或早醒，多见于心脾两虚者

（1）推荐用油：野橘、佛手、橙花、乳香、马郁兰、当归、五味子、平衡复方、安宁复方精油。

（2）使用方法

①香熏：临睡前取以上 2~3 种单方精油加 1 种复方精油，每种 2 滴，香熏。

②点按涂抹：选择复方与单方精油各 1 种，每种 2 滴，椰子油 1∶1 稀释，点按安眠、内关、神门、足三里、心俞、脾俞穴，每穴 1 分钟左右。

③头疗：选取以上精油 3~5 种，每种 3 滴，椰子油 1∶1 稀释后，按摩头部，每周 2~3 次（具体操作方法见头部按摩）。严重者需配合以上穴位点按。

3. 情绪急躁易怒，影响睡眠，多见于肝郁化火者

（1）推荐用油：罗马洋甘菊、马郁兰、苦橙叶、永久花、平衡复方、安宁复方精油。

（2）使用方法

①香熏：临睡前取以上 2~3 种单方精油加 1 种复方精油，每种 2 滴，香熏。

②点按涂抹：选择复方与单方精油各 1 种，每种 2 滴，椰子油 1∶1 稀释，点按安眠、内关、神门、太冲、期门、肝俞穴，每穴 1 分钟左右。每天 1 次。

三、抑郁症

（一）什么是抑郁症

抑郁症是一种情感性精神障碍，以显著而持久的情感或心境改变为主要临床特征。可伴有情感低落、兴趣丧失、思维缓慢、意志活动减退等认知和行为改变。抑郁症是精神性疾病的一种，与情绪因素密切相关。大多数有反复发作的现象。

（二）抑郁症的临床表现

抑郁症的表现在临床上被归纳为核心症状、心理症状群、躯体症状群三个方面。核心症状表现为心境低落、思维迟缓、意志活动减退，是抑郁症特有的"三低"，与其他精神类疾病鉴别的关键点；心理症状群可见主动言语减少、日常活动减少、自责自罪，甚至出现幻觉妄想；躯体症状群有睡眠紊乱（不易入睡、睡眠浅、早醒）的特征性症状。

抑郁症属于中医学"郁证"范畴，实证有肝气郁滞证和痰气郁滞证，可见精神抑郁，情绪不宁，善太息，胸部闷塞，不思饮食，舌苔薄腻，脉弦等症状；虚证有心、脾、肝、肾失养，表现为精神恍惚，多疑易惊，面色不华，头晕神疲，健忘失眠，多梦，脉细。

（三）精油如何调理抑郁症

在嗅吸精油时，芳香气味通过嗅觉刺激嗅球，引起大脑边缘系统杏仁核与海马体的情感与记忆中枢反应，植物精油甜美的芳香可安慰人心，抚慰心灵，最快地让你感受到被抚慰的温暖，激发潜意识。精油中含有丰富的色氨酸，色氨酸正是血清素的前驱物质。血清素是一种大脑神经传递质，与情绪调节有关，又被称为脑中主要的"幸福分子"之一，也是精油可以转换低潮情绪的一种重要物质。当脑中血清素缺乏时，不但快乐不起来，还会有抑郁的倾向。所以许多抗抑郁药物含有增加血清素活性的成分。血清素存在人体的血小板及肠胃道中，在松果体中，血清素转变为褪黑激素（Melatonine），其可以帮助睡眠、稳定情绪，也被称为天然的安眠药。

中医认为肝主疏泄，主管人体的情绪调节，心主神志，主管人的精神意识与思维，肾主骨生髓通于脑，脑为髓海，与人的记忆、思维相关，精油对抑郁症的调控可以从疏肝解郁、健脾养心、益肾健脑考虑。柑橘类精油既有疏肝解郁，调节情绪的作用，又有健脾化痰的效果；花类精油如天竺葵、快乐鼠尾草、依兰依兰、玫瑰、茉莉等气味香甜，具有补肾调节内分泌，改善情绪，放松心情的作用，在配方均可使用。

（四）芳香应用指引

1. 推荐用油

（1）白天：野橘、圆柚、乳香、丁香、依兰依兰、玫瑰、茉莉、天竺葵、快乐鼠尾草等精油。

（2）夜间：平衡复方、薰衣草、岩兰草、苦橙叶、橙花、玫瑰、茉莉等精油。

2. 使用方法

（1）白天香熏：选取白天使用精油 3~4 种，每种 2~3 滴，可轮换熏香。

（2）夜间香熏：选取夜间使用精油 3~4 种，每种 2~3 滴，可轮换熏香。

（3）涂抹

①玫瑰、茉莉、玉兰花、橙花，选择 1~2 支，随时涂抹腕横纹处或掌心嗅吸。

②平衡复方、薰衣草、茶树、防卫复方、理疗复方、活络复方、野橘、薄荷精油各 2 滴，依次涂抹于颈肩背部，并进行按摩放松，每支油按摩时间不少于 1 分钟。

③椰子油 4~6 滴稀释打底，选用平衡复方精油 1~2 滴涂抹足底。

四、焦虑症

（一）什么是焦虑症

焦虑症是以对未来可能发生的、客观上并不存在的某种威胁或危险或不幸事件的担心和害怕为主要临床表现的疾病，其焦虑和烦恼的程度与现实很不相称。弗洛伊德认为，焦虑性神经症的产生是对本我的恐惧，来源于潜意识的冲突；认知学派认为，当个体对情境做出危险的过度评价时便会激活机体内神经系统引发焦虑反应，产生焦虑症；行为主义学派认为，焦虑是一种习得性行为，起源于人们对于刺激的惧怕反应。

中医无焦虑症病名，归属于中医学"郁证""狂证"范畴。

（二）焦虑症的临床表现

焦虑症的三大临床特征：①精神性焦虑：主要表现在心理层面。患者过度担心、惶恐不安，可以是没有具体内容的担心、着急、焦虑，也可对现实中即将发生的事件担心，但这种担心跟现实处境、环境不相适应。②躯体性焦虑：表现为运动性不安和肌肉紧张。运动性不安表现为坐卧不安、坐立不安、来回走动、焦急，肌肉紧张患者往往会陈述身上某块肌肉或者某种肌群发紧、酸痛、抖动，多见于颈肩部、胸部紧张和酸痛、双手抖动或细微震颤。③植物神经功能紊乱，焦虑：常见头晕、头重、咽部堵塞的感觉、胸闷、反复上腹部不适或者腹部不适、反复腹泻、夜尿频繁等。

焦虑有时合并抑郁现象、强迫症状、惊恐发作现象。焦虑症和抑郁症一样，在中医上都同属于"郁证"范畴，可分为实证和虚证，实证多与痰火相关，主要表现为急性惊恐发作。患者常突然感到内心焦灼、惊恐或激动，由此而产生幻觉和妄想，或多或少地存在睡眠障碍，大多表现为不易入睡，入睡后易惊醒，常伴有噩梦，醒时不安宁，醒后感到很恐惧。虚证与气血亏虚相关，常表现为平时比较敏感、易激怒，生活中稍有不如意的事就心烦意乱，注意力不集中，有时会生闷气、发脾气等。

（三）精油如何调理焦虑症

中医认为，焦虑症多因情志不畅，肝气不疏，气机郁滞，而出现郁郁不得志之状，甚者肝郁化火，扰动肝魂；肝、胆互为表里，肝气郁结，易影响胆气疏泄，胆主决断不及，易受惊扰而现惊悸、恐惧、神不安之象；其在心或因心阴血不足，心神涵养不济，或因阴血亏虚，虚火扰动心神，致使心神浮游于外，居无定所。在用油时同样要从疏肝、平肝、清肝、镇静安神定志的思路考虑。芸香科柑橘类的野橘、圆柚的疏肝解郁，菊科罗马洋甘菊、永久花、蓝艾菊平肝清肝，花朵类玫瑰、茉莉、天竺葵、依兰依兰滋阴养肝，都可以选择使用。

（四）芳香应用指引

1. 精神焦虑症

（1）推荐用油

①白天：野橘、圆柚、罗马洋甘菊、依兰依兰、天竺葵等精油。

②夜晚：平衡复方、薰衣草、岩兰草、橙花、安宁复方精油。

（2）使用方法

①香熏或嗅吸

白天：选取对应用油2~3种，每种2~3滴，可轮换使用，或取玫瑰、茉莉、玉兰花、橙花精油1~2种，随时涂抹腕横纹处或掌心嗅吸。

夜晚：平衡复方精油2~4滴涂抹足底；薰衣草、岩兰草、橙花、平衡复方、安宁复方，每次选取2~3种，每种2滴，熏香。可轮换使用。

②头疗或脊椎疗法：选用平衡复方、薰衣草、罗马洋甘菊、岩兰草、野橘、薄荷精油各3滴，椰子油1:1稀释，做头部按摩放松，或背部脊椎按摩，每天或隔天1次。

2. 躯体焦虑症

（1）推荐用油：在上面处方基础上，局部肌肉酸痛不适等加活络复方与冬青、雪松、马郁兰等疏通经络。

（2）使用方法：同精神焦虑症。

3. 植物神经紊乱焦虑症

（1）推荐用油：在精神焦虑症配方基础上，加消化复方、茶树、柠檬、佛手、防卫复方等。

（2）使用方法

①涂抹：在精神焦虑症使用精油的基础上，加消化复方在胃、腹部涂抹，腹泻逆时针按摩，便秘顺时针按摩。

②内服：易生口腔溃疡者用茶树、柠檬、防卫复方各 2 滴灌入胶囊，每次 1 粒，每天 2~3 次，随餐服用，严重者再加没药 2 滴、古巴香脂 2 滴。

五、健忘症

（一）什么是健忘症

健忘是指记忆力减退、遇事易忘的症状，它是大脑生理性衰老的标志之一，对应现代医学的轻度认知障碍和阿尔兹海默病的早期阶段，是临床中较为常见的病证，严重者可进行性发展。

健忘症诱发病因尚无定论，可能与通宵加班、失眠、电子产品的过度频繁使用等神经过度疲劳出现的短暂记忆障碍相关。中医认为，健忘症病位在脑，与心脾不足、肾精虚损有关。心主神志，肾藏精主骨生髓通于脑，脾为气血生化之源，心、脾、肾精气的充足与否是人体思维记忆活动的基础，如果年老肾气衰退，不能充养于脑，或思虑过度损伤心脾，均可以影响思考记忆能力。若平时嗜食烟酒与膏粱厚味，则助生痰湿，影响脏腑气机运行，瘀血阻滞，心神失养。

（二）健忘症的临床表现

健忘症是一种暂时性记忆障碍，记忆是人脑对过去经历和发生过的事物的重现，包括铭记、保持、回忆与认知再现的过程，在这个过程中对事物进行分类、概括、对比、联系等加工，而健忘症就是这一系列过程的某一环节出了问题，导致想不起来做了什么、看到了什么、听到了什么。

中医上讲健忘症，以健忘为主证，但由于引发的病机不同，所表现出来的兼证各有特征。若因心脾不足导致，可见心悸神倦、纳呆气短，舌淡，脉细弱；肾精不足则见腰酸乏力，头晕耳鸣，五心烦热，舌红，脉细数；若为痰浊痹阻则表现为胸部满闷，呕恶，痰多，舌红苔腻，脉滑；因瘀血痹阻会表现为面色紫暗，言语迟钝，舌质紫暗，或有瘀斑、瘀点，脉细涩。

（三）精油如何调理健忘症

芳香疗法中，单萜烯类精油可以促进神经传导，如柑橘类精油就具有这一作用；倍半萜烯类精油可以直接透过血脑屏障进入大脑激活脑细胞，增加下丘脑的供氧，如乳香、没药、藿香等；迷迭香含有单萜酮类，可以活化脑细胞，增强记忆，及对神经系统的滋补作用一直受到人们的称颂。

健忘症从中医辨证来看主要有心脾两虚与肾精不足，以及痰浊与瘀血内阻，从此思路进行调理，可帮助患者平稳思绪，释放身心压力，让身心协调，可以采用迷迭香补肾健脑，增加专注力与记忆力；乳香、没药活血化瘀，有促进神经传导与增加血脑供氧的双重作用。

（四）芳香应用指引

1. 心脾两虚

（1）推荐用油：迷迭香、罗勒、乳香、圆柚、野橘等精油。

（2）使用方法

①舌下含服：乳香精油每次2滴，每天早晚各1次，舌下含服。

②香熏：选用迷迭香、罗勒、乳香、野橘或圆柚，每种2滴香熏。

③涂抹：选用罗勒、迷迭香、乳香各1~2滴，椰子油1：（1~3）稀释，涂抹在头部健脑五穴（风池穴、百会穴、印堂穴、神庭穴、太阳穴），每天早晚各1次。

④头疗：选择以上精油各3滴，椰子油1：1稀释备用，一般现调现用，做头部按摩，每周2~3次。

2. 肾精不足

（1）推荐用油：迷迭香、玫瑰、香蜂草、罗勒、雪松、夏威夷檀香、佛手柑等精油。

（2）使用方法

①涂抹：迷迭香、薰衣草、罗勒，每种 2 滴，椰子油 1：（1~3）稀释打底，涂抹头部健脑五穴及涌泉穴，每天早晚各 1 次。

②头疗：选择以上精油各 2~3 滴，椰子油 1：1 稀释备用，一般现调现用，每周 2~3 次。

③嗅吸：玫瑰 1 滴、迷迭香 2 滴、罗勒 2 滴，滴在腕横纹处嗅吸或滴入熏香器中香熏。

④内服：玫瑰、香蜂草各 1 滴，罗勒、佛手柑或柠檬各 2 滴，灌入胶囊，每次 1 粒，每天早晚 2 次。

3.痰瘀阻络

（1）推荐用油：乳香、藿香、迷迭香、马郁兰、丁香、百里香、柠檬或圆柚等。

（2）使用方法

①舌下含服：乳香 2 滴舌下含服。

②涂抹：藿香、迷迭香各 2 滴，椰子油 1：（1~3）稀释，涂抹健脑五穴，每天早晚各 1 次。

③头疗：选择以上精油各 2~3 滴，椰子油 1：1 稀释备用，一般现调现用，做头部按摩，每周 2~3 次。

六、眩晕

（一）什么是眩晕

眩晕，眩指头昏眼花，晕指头旋。是人体通过视觉、本体觉和前庭器官分别将躯体位置信息经感觉神经传入中枢神经系统，整合后做出位置的判断，并通过运动神经传出，调整位置，维持平衡。这个传导过程中的任何一个环节出问题，人体中枢系统的判断都会出错，产生眩晕。引起眩晕的病因比较复杂，一般分为中枢性眩晕与周围性眩晕。中枢性眩晕多见于后循环缺血（又称椎基底动脉系统供血不足）、颅内压升高等，周围性眩晕多见于良性位置性眩晕（俗称为耳石症）、梅尼埃综合征、中耳炎、前庭神经元炎等，前者眩晕症状较轻，后者反而较重。

（二）眩晕的临床表现

眩晕多表现为视物旋转、晃动、倾倒、升降；其与头晕的区别在于，头晕多表现为头脑昏沉、不清亮，头重脚轻，走路不稳等症状。

中医把眩晕的病因归于风、火、痰、虚等，有标本虚实之分，肝、肾、脾三脏功能失调皆可引起眩晕。

（1）肝火上炎：因情志不畅，或焦虑、或浮躁、或抑郁，肝疏泄失职，气郁化火，引动内风，上扰头目，眩晕多伴见急躁易怒，情绪激动，肢麻震颤，口苦脉弦。

（2）肾精不足：久病虚劳，肾精亏虚，髓海不足，眩晕伴有腰膝酸软，五心烦热，耳鸣。

（3）脾胃虚弱：生化乏源，清阳不升，清窍失养，眩晕程度轻，劳累后易发，乏力，纳呆，便溏，舌淡苔薄白，脉细弱。

（4）痰湿上蒙：视物旋转多伴呕吐痰涎，形体多壮实，舌苔白腻等。

（5）瘀血内阻：眩晕多伴头痛，痛处固定，唇色紫暗，舌暗有瘀斑或瘀点等。

（三）精油如何调理眩晕症

眩晕的治疗原则主要是补虚而泻实，调整阴阳。虚证以肾精亏虚、脾胃虚弱居多，精虚者填精生髓，滋补肝肾；脾胃虚弱者宜补益脾胃。实证则以平肝泻火、化痰、逐瘀为主要治法。

如肝火上炎者可以选用具有清肝作用的罗马洋甘菊、永久花、蓝艾菊等菊科类植物精油香熏，涂抹百会、太冲穴及颈后风池、风府穴，必要时做头疗；瘀血所致者可以用乳香舌下滴服。其他证型用油可以照此思路组方。

（四）芳香应用指引

1.肝火上炎

（1）推荐用油：罗马洋甘菊、永久花、蓝艾菊、马郁兰、薰衣草等。
（2）使用方法
①香熏：以上精油选取 3~4 种，每种 2 滴滴入香熏器香熏。

②涂抹：以上精油选择 2~3 种，每种 2 滴，椰子油稀释，依次涂抹百会、太冲穴，颈后风池、风府穴，足底涌泉穴。

③头疗：取以上精油各 3 滴，椰子油 1∶1 稀释，做头部按摩。

2. 脾胃虚弱

（1）推荐用油：柑橘类精油、藿香、生姜、罗勒、芫荽等。

（2）使用方法

①香熏：选用以上精油 3~4 种，每种 2 滴，香熏。

②点按涂抹：取以上精油 3~4 种，每种 2 滴，依次涂抹百会、风池、风府、天枢、足三里等穴，每穴 1 分钟。

③头疗：取以上精油 3~5 种，每种 3 滴，椰子油 1∶1 稀释，做头部按摩。

④内服：柑橘类精油、香料类精油可以各选择 1 种，加藿香，每种 1~2 滴，灌入空胶囊或滴入温水中饮用，每天 2~3 次。

3. 肾精不足

（1）推荐用油：益肾养肝复方、天竺葵、杜松浆果、岩兰草、柠檬草、夏威夷檀香、雪松等。

（2）使用方法

①香熏：选用以上精油 3~4 种，每种 2 滴，香熏。

②涂抹：选用以上精油 3~4 种，每种 2 滴，依次涂抹点按百会、风池、风府、肾俞、涌泉等穴。

③头疗：取以上精油各 3 滴，椰子油 1∶1 稀释，做头部按摩。

④内服：益肾养肝复方精油，每次 2 滴，滴入温水中饮用，每天 2~3 次。

4. 痰湿眩晕

（1）推荐用油：藿香、罗勒、消化复方、生姜、柑橘类精油等。

（2）使用方法

①香熏：选用以上精油 3~4 种，每种 2 滴，香熏。

②涂抹：选用以上精油 3~4 种，每种 2 滴，依次涂抹点按风池、风府、丰隆、足三里等穴。

③头疗：取以上精油 3~5 种，每种 3 滴，椰子油 1∶1 稀释，做头部按摩。

④内服：每次选消化复方、藿香、罗勒、生姜及柑橘类精油1~2种，每种2滴，滴入温水中饮用，每天2次。

5. 瘀血眩晕

（1）推荐用油：乳香、永久花、没药、香蜂草、马郁兰、姜黄、平衡复方等精油。

（2）使用方法

①香熏：选用以上精油2~3种，每种2滴，香熏。

②涂抹点按：选用以上精油2~3种，依次涂抹点按百会、风池、风府、内关、合谷等穴。

③头疗：取以上精油3~5种，各3滴，椰子油1：1稀释，做头部按摩。

④舌下含服：每次选乳香或香蜂草2滴，舌下含服，每天2次。

七、中风后遗症

（一）什么是中风后遗症

中风后遗症，是指急性脑血管病发病后，遗留的以半身不遂、麻木不仁、口眼歪斜、言语不利为主要表现的一种病症。

（二）中风后遗症的临床表现

中风后遗症，一般为脑出血或脑梗死后遗留的不同程度的运动、言语、认知等方面功能障碍。常表现为半身不遂（一侧上下肢瘫痪，不能随意运动，久则肢体强直或拘急），言语不利，饮水呛咳，营养障碍，肌肉关节挛缩和疼痛，肢体肿胀、麻木，智力减退，睡眠障碍等。中风后遗症有虚实之别。

（1）气虚血瘀：除半身不遂、麻木外，还有倦怠乏力，气短，动则汗出等气虚血瘀之症。

（2）肝肾阴虚：半身不遂伴见咽干口燥，手足心热，形体偏瘦，常见舌质淡暗，边有齿痕或舌红少苔，脉弦细等症。

（3）风痰痹阻：除中风偏瘫主症外，伴见反应迟钝，面色晦暗，时有咳嗽，咯吐白痰，夜间流涎。

（4）邪热腑实：头晕，腹胀，便秘，偏侧肢体肌张力升高，活动受限，肢体关节疼痛，舌暗红苔白腻或苔黄厚而干，脉弦滑等。

（三）精油如何调理中风后遗症

中风后遗症要根据症状进行相应的康复治疗，包括情绪的调整、认知、吞咽、言语、运动功能、作业功能、感觉及社会融入能力的训练等。训练内容取决于患者的症状，不能一概而论。目前康复手段多结合中医中药、针灸健脑醒神、活血化瘀方法。植物精油萃取自芳香植物，可以通过舌下含服、香熏、局部涂抹直达病所，配合中药、针灸起到一定的治疗效果。如针灸治中风偏瘫后遗症，上肢取曲池、手三里、合谷等，下肢取足三里、三阴交等穴，而健脑醒神可以选用头部的百会、四神聪等穴。在针灸治疗前或后配合精油点按可以增加疗效。

同时可以针对中风后遗症的不同证型表现，予以针对性的精油调理。如气虚血瘀者可以用益肾养肝复方、野橘或红橘滴入温水中饮用，乳香舌下含服 2 滴，每天 2~3 次，益气活血化瘀。其他证型依此思路类推。

（四）芳香应用指引

1. 气虚血瘀

（1）推荐用油：乳香、古巴香脂、野橘、红橘、柠檬、迷迭香、活络复方、香蜂草、薄荷、活力提神复方等精油。

（2）使用方法

①香熏：活力提神复方加一支柑橘类精油，每种 2 滴，香熏。

②内服：选用野橘或红橘滴入温水中饮用；乳香、香蜂草舌下含服 1~2 滴，每天 2~3 次。

③头疗：取以上推荐用油 5~6 种，每种 3 滴，椰子油 1∶1 稀释，头部按摩，结束后可点按百会、四神聪、风池、太阳等穴位，每周 3~5 次。

④脊椎疗法：取推荐用油 5~6 种，其中柑橘类 1 支即可，椰子油打底稀释，依次涂抹脊椎。

2. 肝肾阴虚

（1）推荐用油：乳香、天竺葵、薰衣草、永久花、柠檬、依兰依兰、夏威夷檀香、益肾养肝复方、西洋蓍草等精油。

（2）使用方法

①香熏：选用以上精油4~5种，每种2滴，香熏。

②内服：乳香2滴舌下含服，每天2~3次。补肾养肝复方、柠檬各2滴滴入温水中饮用，每天2次。

③头疗：取以上推荐用油5~6种，每种3滴，加椰子油1∶1稀释，头部按摩，结束后点按百会、四神聪、风池、太阳等穴位。每周3~5次。

④脊椎疗法：取以上推荐用油5~6种，椰子油打底稀释，依次涂抹脊椎，并在相应穴位点按，加强疗效。

3. 风痰痹阻

（1）推荐用油：乳香、藿香、丁香、香蜂草、百里香、夏威夷檀香、小豆蔻等。

（2）使用方法

①香熏：取以上推荐用油3~4种，每种2滴，香熏。

②内服：乳香2滴舌下含服，每天2~3次。

③头疗：选用以上推荐用油5种，每种2~3滴，加椰子油1∶1稀释，做头部按摩。

④脊椎疗法：取以上推荐用油5~6种，椰子油打底，依次涂抹脊椎，并在相应穴位点按，加强疗效。

4. 邪热腑实

（1）推荐用油：乳香、茶树、柠檬、尤加利、罗马洋甘菊、消化复方、薄荷等。

（2）使用方法

①涂抹：便秘用消化复方2滴、薄荷2滴、椰子油6滴，涂于腹部，顺时针按摩40~100次。

②头疗：选用以上推荐用油5种，每种3滴，加椰子油1∶1稀释，做头部按摩。

③脊椎疗法：选用以上5种推荐用油，每种3~4滴，椰子油打底，依次涂抹背部脊椎，并在腰骶部点按八髎穴。

④舌下含服：乳香2滴舌下含服，每天2~3次，以活血化瘀通络。

⑤口服：柠檬2滴、圆柚4滴，滴入10~20毫升芝麻油或者亚麻油中，每日清晨空腹食用，以促进肠道排泄。

八、老年性痴呆

（一）什么是老年性痴呆

痴呆是在老年前期或老年期发生的一种疾病，是以脑部退行性病变所引起的认知功能障碍和行为异常，呈渐进性改变为特点的中枢神经系统损害。如阿尔茨海默病，还有血管痴呆和其他痴呆等，是严重危害老年人健康的疾病之一。现代医学研究认为，大脑组织呈典型的老年斑变化，同时脑血管供血不足、脑部血液成分改变、脑部血液流变学的改变等功能失常，以及神经元形成纤维缠结等，造成神经元功能缺失，会导致人的认知功能的障碍。

中医认为肾主骨生髓，肾之精气上通于脑。老年性痴呆的形成多与内因相关，如年迈体虚，肾精久耗，髓海失充，同时，年老者大多气血亏虚，气血运行缓慢，易致痰瘀互结，脑络痹阻，导致神机失灵，难以发挥作用。

（二）老年性痴呆的临床表现

老年性痴呆的核心症状是记忆障碍，通常起病隐匿，开始症状不明显，容易与劳累后精神恍惚、记忆力下降等混淆，病情呈进行性发展，记忆障碍表现为不能记忆起当天的琐事，记不得刚说过的话或刚做过的事，常常搞混人名、地点，甚至一无所知。可伴随注意力分散、思考困难、对周围的事情不能做出相应的判断等。

老年性痴呆属本虚标实之证，临床上可因虚实程度的不同而产生不同的兼证。

肝肾阴虚者，神情呆滞，目光少神，默默不言，形体消瘦，头晕目眩，耳鸣耳聋，腰膝酸软，舌红少苔，脉沉细无力。

心脾两虚者，多见沉默寡言，善忘多虑心悸，动则气短，纳呆，少言乏力，舌淡胖边有齿痕苔薄，脉沉弱。

痰浊壅盛者，可见神情呆滞，智力减退，哭笑无常，胃脘痞满，口多清涎，头重如裹，舌淡苔白腻，脉滑。

瘀血阻滞者，多见智力低下，神情呆钝，善忘，言语謇涩，口干不欲饮，肢体麻木，面色晦暗，舌质紫暗或有瘀点瘀斑，脉细涩。

（三）精油如何调理老年性痴呆

目前对老年性痴呆的治疗还缺少强有效的药物与方法。芳香疗法利用植物精油芬芳的气味，通过嗅觉直接刺激大脑，有类似中药芳香开窍、提神醒脑的作用，对老年痴呆症的疗效值得深入研讨。

由于单萜烯类精油可以滋补神经，促进神经传导，树脂类的乳香、没药、古巴香脂、枫香精油，来源于植物根部的精油岩兰草、生姜、姜黄，柑橘类，以及来源于针叶树的精油都含有大量的单萜烯。而倍半萜烯类可以透过血脑屏障，增加松果体与脑垂体周围组织的供氧，从而影响大脑边缘系统及大脑神经修复。老年性痴呆一般需要长期耐心的日常调理，通常采用香熏、头疗、脊椎疗法进行调养与护理。

（四）芳香应用指引

1. 基础配方 补肾填精，芳香开窍适用于所有证型。

（1）推荐用油：乳香、夏威夷檀香、香蜂草、橙花、迷迭香。

（2）使用方法

①舌下含服：乳香或香蜂草舌下含服，每次 1~2 滴。

②香熏：夏威夷檀香、橙花、迷迭香各 2 滴，香熏，每天早晚 2 次。

③头疗：取推荐用油 5~6 种，每种 2~4 滴，椰子油 1∶1 稀释，做头部按摩，每天或隔日 1 次。

④脊椎疗法：比较适合老年性痴呆的调理，取以上推荐用油 5~6 种，每种 2~3 滴，椰子油打底，依次涂抹脊椎，结束后背部热敷 10 分钟左右。每周做 1~2 次。

2. 肝肾阴虚

（1）推荐用油：基础方加柠檬、薰衣草、天竺葵、依兰依兰等。

（2）使用方法

①内服：柠檬 1~2 滴，滴入温水中饮用；乳香 1 滴，舌下含服，每天

2 次。

②香熏：取基础推荐用油 2 种加天竺葵，各 2 滴，香熏。

③点按涂抹：选用依兰依兰、天竺葵在百会、风池、风府、涌泉穴涂抹，椰子油 1：1 稀释，每穴按摩 1~2 分钟。

④头疗：取基础推荐用油 3~4 种加天竺葵、依兰依兰，每种 2~4 滴，椰子油 1：1 稀释，做头部按摩，每天或隔日 1 次。

⑤脊椎疗法：取推荐用油 4~5 种，加天竺葵、依兰依兰，每种 2~3 滴，椰子油打底，依次涂抹脊椎，结束后背部热敷 10 分钟左右。每周做 1~2 次。

3. 心脾两虚

（1）推荐用油：基础方选加柠檬、野橘、红橘、佛手、薰衣草等。

（2）使用方法

①内服：柠檬，加野橘、红橘、佛手任选其一，每次 2 滴，滴入温水中饮用；乳香舌下含服，每次 2 滴，每天 2 次。

②香熏：选用夏威夷檀香、迷迭香、橙花、平衡复方、薰衣草中的 3~4 种，每种 2 滴，香熏。

③点按涂抹：选用薰衣草、乳香、野橘各 2 滴，椰子油 1：1 稀释，在百会、阴陵泉、足三阴、足三里穴涂抹，每穴按摩 1~2 分钟。

④脊椎疗法：取基础推荐用油 3~4 种，加红橘、橙花、佛手，每种 2~3 滴，椰子油打底，依次涂抹脊椎，结束后背部热敷 10 分钟左右。每周做 1~2 次。

4. 痰浊壅盛

（1）推荐用油：基础方加柑橘类精油、罗勒、尤加利、豆蔻、生姜、藿香等化痰祛浊。

（2）使用方法

①内服：乳香舌下含服，每次 2 滴，每天 2 次。

②香熏：选用基础推荐精油 2 种，加藿香、1 种柑橘类精油，香熏。

③涂抹点按：取藿香、圆柚各 2 滴，椰子油 1：（1~3）稀释，在百会、丰隆、足三里穴涂抹按摩 1~2 分钟。

④脊椎疗法：取推荐用油 3~4 种，加红橘、藿香、佛手，每种 2~3 滴，椰子油打底，依次涂抹脊椎，结束后背部热敷 10 分钟左右。每周做 1~2 次。

5.瘀血阻滞

（1）推荐用油：基础方加没药、永久花、马郁兰、古巴香脂等活血化瘀。

（2）使用方法

①香熏：选用夏威夷檀香、迷迭香、橙花香熏。

②内服：乳香或香蜂草舌下含服，每次2滴，每天2次。

③涂抹点按：选用乳香或没药、永久花、马郁兰各2滴，椰子油1∶1稀释，依次在百会、丰隆、足三里穴涂抹按摩1~2分钟。

④脊椎疗法：选择基础推荐用油3~4种，加没药、马郁兰、古巴香脂各3滴，椰子油打底稀释，依次涂抹脊椎，结束后背部热敷10分钟左右。每周做1~2次。

第七节　泌尿系统疾病

泌尿系统由肾脏、输尿管、膀胱、尿道组成，是人体的排泄系统，具有排泄体内毒物和多余水分，维持人体健康的重要作用。

肾脏是一个多渠道系统，每个肾脏由大约100万个肾单位肾小球组成。肾小球在正常血压与血液的渗透压作用下过滤血液中的废物及多余水分形成尿液，通过肾小管，肾集合管→肾小盏→肾大盏→肾盂，然后经输尿管集合在膀胱，当尿液达400mL以上时，人们产生尿意，收缩膀胱，排出尿液。

肾小球既是产生尿液的基本单位，也是一个内分泌器官。人体血压下降时可以刺激肾小球旁体产生促肾上腺皮质激素，使人体血压升高，肾小球还可以产生促红细胞生成素，使红细胞增加。肾小球上皮细胞内有复杂的钠泵、钙泵，可调节体内的钙、磷、钾、钠的离子浓度，维持人体的代谢平衡。

肾脏的血液供应主要由肾动脉提供，其静脉回流主要是肾静脉。健康的人每天要排泄2000mL左右尿液以维持正常的代谢平衡。

输尿管是由黏膜平滑肌层组成的管道，长度25cm左右，其内径有3

个部位比较狭窄，即肾盂输尿管交界处、输尿管与髂动脉交叉段，以及输尿管膀胱入口处，其作用为输送尿液。

膀胱也是一个由黏膜平滑肌、中层横纹肌形成的梨状贮尿及排尿器官，其功能指挥主要由交感神经、副交感神经控制。一般来讲，膀胱内有400mL尿液时即可使大脑产生尿意。

一、肾结石

（一）什么是肾结石

肾结石是晶体物质在肾脏的异常聚积，为泌尿系统的常见病、多发病，长期以来多吃含钙物质，不正常饮水，使肾小球不能产生一定量的尿液，以及炎症、饮食代谢不正常，导致尿液中钙、尿酸盐等浓度过高，结晶析出，形成肾结石。

肾结石的治疗首先需要去医院检查，明确是阳性结石还是阴性结石，一般来讲都是阳性结石，且大多数是混合结石。

肾结石是西医之病名，根据其发病机制和临床表现，归属于中医学"砂淋""石淋""血淋""腰痛"等范畴。中医认为肾虚气化功能失常致使水液代谢障碍是发病的基础，饮食不节、情志失调等是发病的诱因。若嗜食肥甘油腻，湿热久蕴，流注于下焦则形成结石。情志失调，郁而化火，移热下焦，尿液受其煎熬，结成砂石，成为石淋。

（二）肾结石的临床表现

肾结石临床一般不会产生疼痛，常被人们忽视，一旦检查出结石，需医生判断是否外科手术干预或者保守治疗。

（三）精油如何调理肾结石

保守治疗从三个方面着手：①溶石；②抗感染，防止新结石产生；③利尿排石。精油的调理也从这三个方面考虑，可以用柠檬、茶树清热通淋，腰痛加柠檬草、杜松浆果、乳香。

（四）芳香应用指引

1.推荐用油　柠檬、茶树、杜松浆果、丝柏、消化复方、乳香、活络复方等。

2.使用方法

（1）内服：溶石可用柠檬精油，每天 3 次，每次 4~6 滴，滴入 250mL 温水中饮用，半小时后再饮水 500mL 以达到利尿排石的目的。

茶树精油每天 3 次，每次 2 滴，用法同柠檬精油，连续服用 7~15 天，可消炎，防止新结石核心形成。

患者还需要配合饮食治疗，多吃蔬菜水果，也可一周吃 2 次含胶原蛋白较多的肉类，如蹄筋等，以利结晶钙的排出。少喝含钙等金属元素的矿泉水，多饮软水、过滤过的自来水，少吃菠菜烧豆腐、莴苣等高钙蔬菜。

（2）涂抹：肾三角区可一天 2 次涂抹杜松浆果精油 1~2 滴，丝柏精油 1~2 滴，乳香精油 1 滴，以利于保持良好的肾功能，防止新结石形成，以及促进老结石溶解。

当肾绞痛引起恶心、呕吐时，消化复方精油是最好的治疗帮手，每次 2 滴涂抹于腹部，或每天 3 次，每次 1 滴内服。

精油保守治疗一疗程 3 个月，每个月可应用 B 超检查，以观察临床效果。阴性结石大多是尿酸结石，用上述方法治疗也很有效。

二、输尿管结石

（一）什么是输尿管结石

输尿管结石来源于肾结石，能进入输尿管的结石大多在 1cm×1cm 之内，也可因肾结石的保守治疗之后排入输尿管。输尿管结石属于中医学"石淋""砂淋""血淋"范畴。中医认为多因湿热蕴结下焦、尿液受其煎熬，与尿中杂质结而成石。治疗宜清热利湿，通淋排石。

（二）输尿管结石的临床表现

进入输尿管的结石大多引起绞痛，疼痛剧烈伴有恶心呕吐并向肾区反射，疼痛时往往伴肉眼血尿或镜下血尿。

（三）精油如何调理输尿管结石

本病治疗不仅要解除病痛，保护肾脏功能，还应尽可能找到并解除病因，防止结石复发。精油在输尿管结石中的调理作用主要从①促使输尿管有节律的蠕动；②溶石；③利尿促使结石排出三方面考虑。中医主要是清热通淋以促使结石排出。

（四）芳香应用指引（肾绞痛）

1. 推荐用油　薄荷、柠檬、杜松浆果、乳香、丝柏、柠檬草等。

2. 使用方法

（1）涂抹：将薄荷精油涂抹于肾俞穴或肾三角区，一般 1~2 滴，不需稀释，也可加 2 滴柠檬精油以增强效果。能结合肾俞穴或阿是穴按摩，效果更好。紧急处理好输尿管结石引起的绞痛后，需去医院 B 超检查，以了解结石大小和形态。

肾绞痛易危及肾脏，此时肾脏的保护精油——杜松浆果、乳香、丝柏、柠檬草等在肾绞痛停止后需要用上了。

（2）内服：一旦疼痛减缓，则用柠檬精油 4~6 滴加入 250mL 的温水中饮用，以利于溶石。通则不痛，溶解掉结石表面的结晶石棱角，减少刺激输尿管表面的频率，恢复正常输尿管蠕动节律，以免输尿管不正常节律蠕动产生的剧烈绞痛，必要时 4 小时一次。

涂抹精油与饮用精油的方法与剂量同肾结石的治疗，输尿管结石的排出因输尿管的解剖生理（三个部位相对狭窄），排出时间较长，有时上段输尿管结石也有可能排至肾盂（肾脏），这些都须在芳香治疗过程中加以注意，告知患者必须定期（1 个月 1 次）复查 B 超，以利于调整治疗方案，不要紧急治疗肾绞痛，疼痛消失或者结石排出，就放松警惕，不及时复查，或不配合饮食习惯的改变，会导致结石增大，绞痛复发。

三、膀胱结石

（一）什么是膀胱结石

膀胱结石是指在膀胱内形成的结石，分为原发性膀胱结石和继发性膀胱结石。前者是指在膀胱内形成的结石，多由于营养不良引起，多发于儿童。后者大多数是肾输尿管"掉"入而成，自己产生结石很少。

（二）膀胱结石的临床表现

膀胱结石的典型症状是尿路刺激症状，如尿频、尿急、终末性排尿疼痛，尿流突然中断伴剧烈疼痛且放射至会阴部或阴茎头。

（三）精油如何调理膀胱结石

建议膀胱镜下碎石、排石为首选，当然直径小于 1cm 的结石，也可试用保守疗法，方法如同肾输尿管结石。膀胱结石常因位于膀胱三角区，或排尿不畅、排尿不空而导致少腹部不适，部分产生前列腺炎的尿频、尿急症状，此时也可用消化复方精油涂抹下腹部或骶骨，一次 1~2 滴，不必稀释，可产生良好的效果。

（四）芳香应用指引

肾、输尿管、膀胱结石因为体积大，或医师估计保守治疗无效，而必须手术处理的患者，由于结石产生的病因没有解决，可接受芳香治疗 3 个月后再决定是否手术。

1. **推荐用油**　柠檬精油、薰衣草、薄荷、益肾养肝复方精油。

2. **使用方法**　柠檬精油 2~4 滴，或柠檬、薰衣草各 2 滴、薄荷 1 滴，滴入 250~500mL 温水中饮用，每天 2~3 次，连续服用 3 个月。

冬天再加用益肾补气复方精油 2 滴以补肾，应用 3 个月，防止结石的复发。

四、泌尿系统感染

（一）什么是泌尿系感染

泌尿系感染是由于细菌直接侵入尿路而引起的炎症。感染可以累及上尿道和下尿道，分为肾盂肾炎和膀胱炎，但是因为其定位比较困难，所以统称为泌尿系感染。多因湿热下注膀胱，膀胱气化不利所致。

（二）泌尿系感染的临床表现

肾盂肾炎是常见的膀胱以上尿路感染，多由下尿路感染逆行传播所致。其主要症状为膀胱刺激症状——尿频、尿急、尿痛，伴有高热 38~39℃，甚或 40℃以上，尿检白细胞（++），尚有同侧肾区叩痛。

膀胱炎是下尿路感染常见的泌尿系统感染，它的特点是膀胱刺激症状，严重时可伴有血尿，尿检白细胞（++）以上，可有大量红细胞，感染者多为女性。因为女性尿道较短，经产妇尿道又松弛，极易在性生活后，或绝经期人体免疫力下降的情况下，造成膀胱炎发作。

男性急性膀胱炎很少见，多由尿道炎不及时诊治，细菌逆行膀胱所致。男性慢性膀胱炎很常见，其症状为伴有前列腺肥大，排尿不畅，膀胱残余尿增多。也可能因膀胱结石所致，尿检白细胞（+），B 超提示膀胱壁黏膜粗糙增厚，前列腺肥大，或前列腺腺体突入膀胱颈口。

（三）精油如何调理泌尿系感染

泌尿系感染高热情况严重者需要去医院诊治，低热、膀胱刺激症状不十分严重者，可选择精油呵护。慢性感染者其症状为尿频次增多，尿痛，尿检白细胞（+），无红细胞，常伴有少腹部不适。可以选择清热解毒利湿的精油，如茶树、柠檬、麦卢卡、百里香等。

（四）芳香应用指引

1. 尿路感染

（1）推荐用油：柠檬、茶树、乳香、杜松浆果精油。

（2）使用方法

①内服：柠檬精油 3~5 滴，茶树精油 2 滴滴入温水中饮用，4 小时一次。

②涂抹＋喝水：为防止逆行感染，可用薄荷、柠檬各 2 滴，加椰子油 4~8 滴打底涂抹肾区，4 小时一次。同时多喝白开水，4 小时一次，每次 500mL 以上。症状减轻或消退后，上述精油可改为 6 小时一次，3 天后可改为一天一次。

2. 肾盂肾炎

（1）推荐用油：柠檬、茶树、杜松浆果、百里香、麦卢卡、天竺葵精油。

（2）使用方法

①内服：柠檬精油 4~8 滴，茶树精油 2 滴滴入温水中饮用，4 小时一次。

②涂抹＋喝水：肾区疼痛者可用薄荷、柠檬各 2 滴，加椰子油 4~8 滴打底涂抹肾区，必要时选加乳香、杜松浆果、侧柏、百里香 2~3 种，每种 2 滴，椰子油 1：（1~3）稀释涂抹肾区，以补肾、清热通淋，同时多喝白开水，4 小时一次，每次 500mL 以上。症状减轻或消退后，上述精油可改为 6 小时一次，3 天后可改为一天一次应用。

3. 膀胱炎

（1）推荐用油：柠檬、茶树、消化复方、细胞修复复方、补肾养肝复方精油。

（2）使用方法

①内服：柠檬精油 4~6 滴加温水，一天 2 次，感染加茶树精油 2 滴，一天 2~3 次，温水送服，治疗感染 2 周为一疗程。

男性慢性膀胱炎患者可加细胞修复复方 4~6 滴，滴入胶囊中服用，一天 2 次，一次 1 粒。伴有膀胱结石的慢性膀胱炎（慢性尿路感染）患者，在去除结石前后，均可应用柠檬精油 4~6 滴，滴入 250mL 温水中饮用，一天 3 次。

前列腺增生、慢性前列腺炎伴膀胱结石术后，须加用补肾复方精油，每次 2 滴，每天 2 次，以提升肾功能，加强膀胱功能性收缩，一个疗程 3

个月。

②外用

女性尿路感染：用茶树精油 1~2 滴滴在内裤上，一天 3 次。

女性膀胱炎：少腹不适可用消化复方精油涂抹。更年期的女性同时用亮丽年华复方精油涂抹少腹部两侧，呵护卵巢的内分泌功能，使效果增加。

男性尿道感染常因包皮过长、不注意卫生、不洁性行为所致，精油用法可见男性生殖系统常见疾病中尿道炎的精油应用方案。

第六章 妇科疾病

第一节 月经病

一、什么是月经病

月经是胞宫定期排泄的血性物质，是女子发育成熟后，脏腑、天癸、气血、经络协调作用于胞宫的生理现象。中医认为月经的产生以肾为主导，与心、肝、脾关系尤为密切。西医认为月经是伴随卵巢周期性排卵，卵巢分泌雌、孕激素的周期性变化所引起的子宫内膜周期性脱落及出血。

正常女性月经初潮年龄多在 13~14 岁，可早至 11 岁，迟至 16 岁。月经初潮早晚受先天遗传及地域、气候、营养等因素的影响，近年来，女性月经初潮年龄有提前的趋势。月经有周期性及自限性，出血第一天为月经周期的开始，两次月经第一天的间隔时间为一个月经周期。一般 21~35 天，平均 28 天。每次月经持续时间称为经期，正常为 2~8 天。月经量为一次月经的失血量，常难以准确测量，大多每月 20~60mL。月经期间一般无特殊症状，有些女性可出现下腹部和腰骶部不适，乳胀，或情绪不稳定，经后可自行缓解。妇女到 49 岁左右月经自然停止，停止 12 个月为绝经，绝经后不具备生育能力，绝经年龄一般在 45~55 岁，也可早至 40 岁或晚至 57 岁。

当机体受内部和外界各种因素，如精神紧张、饮食紊乱、营养不良、过度劳动、代谢紊乱、慢性疾病、环境及气候骤变，以及其他药物等影响时，可通过大脑皮层和中枢神经系统，引起下丘脑 – 垂体 – 卵巢轴功能调节或靶向器官效应异常而导致月经失调。

月经病是以月经周期、经期、经量异常为主症，以及伴随月经周期，或绝经前后出现明显症状为特征的疾病，又称月经不调，是妇科临床常见病、多发病，被列为妇科病之首。常见月经病有月经先期、月经后期、月经先后不定期、月经过多、月经过少、经期延长、经间期出血、崩漏、闭经、痛经、月经前后诸证、绝经期前后诸证等。

二、月经病分类及临床表现

（一）月经先期

月经周期提前 7 天以上，甚至 10 余日一行，连续 2 个月经周期以上者，称为月经先期，又称经期超前、先期经行、经早、经水不及期等。

临床表现：月经提前 7 天以上、14 天以内，周期不足 21 天，且连续出现 2 个月经周期以上，经期基本正常，可伴有月经过多。多为血热或气虚。

（二）月经后期

月经周期延后 7 天以上，甚至 3~5 个月一行，经期正常，连续 2 个月经周期以上者称为月经后期，也称经行后期、月经延后、月经落后。

临床表现：月经周期延后 7 天以上，甚至 3~5 个月一行，但经期基本正常。多为血虚、肾虚或血寒、气滞、痰湿。

（三）月经先后无定期

月经周期或提前或延后 1~2 周，经期正常，连续 3 个周期以上者，称为月经先后无定期，也称经水先后无定期、月经愆期、经乱。

临床表现：月经不按周期来潮，提前或延后 7 天以上、14 天以内，连续出现 3 个周期以上。多为肝郁或肾虚。

（四）月经过多

月经量较正常明显增多，周期基本正常者，称为月经过多，亦称经水过多。一般认为月经量以 30~50mL 为宜，超过 80mL 为月经过多。

临床表现：月经量明显增多，但在一定时间内能自然停止。月经周期、经期一般正常，也可伴见月经提前或延后，或行经时间延长。病程长者，可伴有血虚之象，或伴有痛经、不孕、癥瘕等。多为血热、气虚和血瘀。

（五）月经过少

月经周期正常，月经量明显减少，或行经不足 2 天，甚或点滴即净者。一般认为月经量少于 20mL 为月经过少。

临床表现：月经量明显减少，甚或点滴即净，月经周期可正常，也可伴周期异常。多为血虚、肾虚、血寒、血瘀。

（六）闭经

闭经为常见妇科症状，表现为无月经或月经停止，可分为原发性闭经和继发性闭经。女子年逾 16 岁，虽有第二性征发育但无月经来潮，或年逾 14 岁，尚无第二性征发育及月经，称为原发性闭经。月经周期已建立后月经停闭 6 个月或按自身原有月经周期计算停止 3 个周期以上者，称为继发性闭经。因先天性生殖器官缺如，或后天器质性损伤而无月经者，非药物所能奏效，不属本次讨论范畴。妊娠期、哺乳期及绝经后月经停闭多属于生理现象，不属于闭经。

原发性闭经常见原因有性腺发育障碍、米勒管发育不全及下丘脑功能异常等，诊断时应重视染色体核型分析。继发性闭经多因多囊卵巢综合征、高泌乳素血症及卵巢早衰等，以下丘脑性闭经最常见，应重视性激素测定。

闭经会严重影响患者生殖功能与身心健康，久治不愈可导致不孕症，或引发性功能障碍、代谢障碍、心血管疾患等其他疾病。治疗时，虚者补而通之或补肾滋肾，或补脾益气，或填精益阴，大补气血，以滋养精血之源；实则泻而通之，或理气活血，或温通经脉，或祛痰行滞，以疏通冲任经脉；虚实夹杂者当补中有通，攻中有养，皆以恢复月经周期为要。以脏腑为中心灵活用药，调肾以养精血，调脾以后天补先天，调肝以疏气血，活血化瘀以通经脉。治疗期间应注意患者病情变化，借监测基础体温，定期复查激素水平、阴道脱落细胞检查、宫颈黏液结晶检查、血清学检查、超声检查、头颅 CT 或 MRI 等，以进一步明确病位病性和疾病特点，采用相应的治疗方案。

临床表现：女子已超过 16 岁尚未行经，或已行经而又月经稀发、量少，渐至停闭，伴有腰膝酸软，头晕眼花，面色萎黄，五心烦热，或畏寒肢冷，舌淡脉弱者，多属虚证；若既往月经基本正常，而骤然停闭，伴胸胁胀满，小腹疼痛，或脘闷痰多，形体肥胖，脉象有力者，多属实证。还应注意体格发育及营养状况，有无厌食、恶心，有无周期性下腹疼痛，有无婚久不孕，头痛，失眠，阴道干涩，毛发脱落等症状。

（七）痛经

妇女经期或经行前后，出现小腹疼痛、坠胀，或伴腰骶酸痛，甚至剧痛晕厥，或其他不适，影响正常工作及生活，称为痛经，又称为经行腹痛，是最常见的妇科症状之一。西医将其分为原发性痛经与继发性痛经。原发性痛经又称功能性痛经，指生殖器官无器质性病变者，以年轻女性多见。由于盆腔器质性疾病，如急慢性盆腔炎、子宫内膜异位症、子宫腺肌病或宫颈狭窄等引起的属继发性痛经，常见于育龄期妇女。

本病的发生与冲任、胞宫的周期性生理变化密切相关。主要病机在于邪气内伏或精血素亏，更值经期前后冲任二脉气血的生理变化急骤，导致胞宫的气血运行不畅，"不通则痛"，或胞宫失于濡养，"不荣则痛"，故痛经发作。临床常见寒凝、肝郁、血虚三类，治疗不可单纯止痛。常见的分型有肾气亏损、气血虚弱、气滞血瘀、寒凝血瘀和湿热蕴结。

临床表现：痛经多发生在经行前1~2天，行经第一天达高峰，可呈阵发性、痉挛性，或胀痛伴下坠感，严重者可放射至腰骶、肛门、阴道、股内侧，甚至可见面色苍白、出冷汗、手足发凉、恶心呕吐，甚至晕厥等。也有少数于月经将净或月经净后1~2天开始觉腹痛或腰腹痛者。

痛经的治疗，应根据证候在气、在血，寒热、虚实不同，以止痛为核心，以调理胞宫、冲任气血为主，或补气，或活血，或散寒，或清热，或补虚，或泻实。经期重在调血止痛以治标，及时缓解，控制疼痛，平素辨证求因以治本。在辨证治疗中，适当选加相应止痛药以加强止痛之功。

三、精油如何调理月经病

月经病常与生殖器官局部改变、精神、神经及内分泌因素有关。月经病患者的心理问题、女性内分泌环境的平衡直接关系到月经的正常与否，内分泌处于平衡状态的时候，女性的经、带、胎、产通常都会正常进行；当内分泌处于非平衡状态的时候，女性会出现一系列异常表现，其中最常见的就是月经不调。而影响内分泌的一个重要因素就是心理因素，中医学认为，情志异常可使气行不畅，郁积化火，火扰心神，机体躁动不安；气机郁结还可以导致血行不畅，气为血帅，气行则血行，气滞则血瘀，引发月经不调。

月经病除对症治疗外，还应重视调护女性内分泌环境的平衡和心理，镇定紧张情绪，舒缓焦虑心情。植物精油在调整女性内分泌和情志方面有明显的优势，如快乐鼠尾草活血调经、疏肝理气、化瘀通经、和血止血，是激素的平衡剂，和雌激素十分类似，对女性生殖系统有益处，可以缓解经前期综合征症状，调节月经中的各种问题，特别有助于改善子宫方面的问题，还能镇定紧张情绪，舒缓焦虑的心情；乳香可调气活血止痛，作用于生殖系统，调整月经周期。薰衣草平衡内分泌系统，对痛经、月经量少等月经问题均有一定作用，还可镇静、平和情绪，缓解月经失调导致的心情烦乱。女士复方精油平衡激素水平，有效舒缓情绪，针对女性性冷淡、内分泌不平衡、卵巢问题、月经不规律和更年期潮热等问题疗效较佳，其含有珍贵的玫瑰、茉莉精油，可作为香水使用，是一支女性专用的复方精油。温柔复方精油专门调理女性生理周期，可以调节内分泌，常用于月经不调、闭经、痛经、更年期的各种不适，以及性冷淡、产后忧郁症等问题。

四、芳香应用指引

（一）月经不调，周期不规律

1. **推荐用油**　快乐鼠尾草、乳香、薰衣草、迷迭香、玫瑰、温柔复方、女士复方、野橘、薄荷等。

2. 使用方法 取以上推荐用油 3~5 种，每种 2~3 滴，椰子油 1∶1 稀释打底，涂抹热敷于下腹部、腰骶部、足底，并点按关元、气海、中极、涌泉穴，每天 1~2 次。补肾养肝，调节女性激素，用于各种月经病和更年期前后的调适保养。

（二）月经过多

1. 推荐用油 丝柏、天竺葵、罗马洋甘菊、永久花、玫瑰精油等。

丝柏具有相当优越的收敛效用，并且能调节肝脏功能，帮助血液循环，且对生殖系统极有益处，针对女性内分泌问题，能减缓经前期综合征，还可以调节卵巢功能失常，对于经血过多或痛经都有很好的效果。永久花活血化瘀，消除离经之血，常用于各种出血证。搭配罗马洋甘菊纾解焦虑、紧张、愤怒与恐惧情绪，又可使经期规律，常被用来缓解经前期综合征。天竺葵、玫瑰可以补肾，调整激素平衡，强壮子宫，玫瑰精油还可以减少经量。

2. 使用方法 取以上精油各 2 滴，椰子油 1∶1 打底稀释，每日早晚 2 次涂抹、按摩下腹部、腰骶部，并点按腹部气海、腿部三阴交、足部隐白穴各 1~2 分钟，经期只选用永久花、丝柏，各 1~2 滴，椰子油 1∶3 稀释后，涂抹小腹部及足部隐白穴，揉按 15 分钟。

（三）月经过少

1. 推荐用油 当归、薰衣草、肉桂、罗勒、快乐鼠尾草、依兰依兰、薄荷、温柔复方、女士复方、野橘、马郁兰等。

当归养血活血，为妇科要药，能调节各类月经问题。薰衣草具有镇静、舒缓的作用，可以安抚紧张、易怒、沮丧、疲劳等负面情绪，彻底释放身心压力，让人的身心处在和谐的平衡状态。薄荷具有双重向调节作用，遇热的时候能清凉，遇冷时与温性精油配伍则可温暖身躯，对身体各系统均有调节作用，还可以促进其他精油的吸收，调节月经不畅或过少。肉桂温阳通经，促进血液循环，抗衰老，对经痛、月经量过少、经前下腹胀满都有效。快乐鼠尾草、依兰依兰、温柔复方、女士复方等补肾养肝，调节女性激素，保养卵巢功能，结合野橘、马郁兰疏肝理气，对卵巢功能低下、情绪抑郁引起的月经过少，均有值得期待的作用。

2. 使用方法

（1）涂抹点按：取以上单方精油 2~3 种（当归必用），加复方精油 1~2 种，每种 1~2 滴，椰子油 1：1 稀释，涂抹按摩下腹部，以及三阴交、涌泉穴，每日早晚各一次。经期只用温柔复方、女士复方、薰衣草各 1~2 滴涂抹按摩下腹部与足底涌泉穴。

（2）内服：薰衣草、野橘各 2 滴，罗勒、肉桂精油 1 滴，滴入植物空胶囊内服，每天早晚 2 次。

（四）闭经

1. 推荐用油　当归、罗勒、快乐鼠尾草、迷迭香、乳香、马郁兰、薄荷等。

当归养血活血调经止痛。快乐鼠尾草可调节女性激素失衡，改善月经失调，缓解痛经和经前期综合征，可广泛用于各类妇科疾病。罗勒可以刺激肾上腺皮质，抗氧化，抗痉挛，入肾可以用于调理闭经、卵巢囊肿、不孕症等问题，还可缓解精神紧张，平衡情绪。搭配迷迭香、乳香、马郁兰缓解生理压力，调节月经问题，具有激励、温暖的作用。搭配薄荷促进精油的吸收。

2. 使用方法

（1）涂抹点按：以上精油选取 2~3 种，每种 2~3 滴，椰子油 1：（1~2）稀释，涂抹按摩下腹部并点按关元、归来、血海、涌泉穴（热敷更佳），一天 2~3 次。

（2）香熏：取以上推荐用油 3~4 种，每种 2 滴，香熏。

（五）痛经

1. 推荐用油　当归、快乐鼠尾草、罗勒、薰衣草、生姜、茴香、迷迭香、消化复方、温柔复方、女士复方等。

快乐鼠尾草、温柔复方、女士复方疏肝理气止痛，当归、罗勒、茴香、生姜辛温，温暖胞宫，散寒止痛，迷迭香可以改善痛经引起的紧张、郁闷的情绪，能活化脑细胞，强化心灵，具有提振和兴奋作用。

2. 使用方法　取推荐用油中的单方精油 2~3 种，加复方精油 1~2 种，每种 1~2 滴，椰子油 1 :（1~3）稀释，涂抹按摩下腹部，并点按气海、关元、中极及足底涌泉穴，每穴 1 分钟。

第二节　带下病

一、什么是带下病

带下有广义、狭义之分。广义带下泛指女性经、带、胎、产、杂病，由于这些疾病的发生多与带脉相关，故称为"带下病"。而狭义带下又分为生理性带下和病理性带下，生理性带下是指妇女体内的一种阴液，由胞宫渗润于阴道的色白或透明、无特殊气味的黏液，氤氲之时增多。月经期前后、排卵期、妊娠期带下明显增多而无其他不适者，或绝经期前后白带量减少而无不适者，均属生理性带下，不属带下病。病理性带下即带下病，是指带下量明显增多或减少，色、质、气味发生异常，或伴有全身或局部症状者。带下量过多、过少，皆为病态。带下明显增多者称为带下过多，又称下白物、流秽物等。带下明显减少，甚或全无，阴道干涩者称为带下过少。

二、带下病的临床表现

（一）带下过多

带下量明显增多，色白或黄，或赤白相兼，或黄绿如脓，或混浊如米泔；质黏稠如脓，或清稀如水，或如豆渣凝乳，或如泡沫状；其气味或无臭，或腥臭，或臭秽难闻。可伴有外阴、阴道灼热、瘙痒、坠胀、疼痛，或伴有尿频、尿痛等症状。

中医认为带下量多质稠，有臭味，色黄或赤白相兼，伴阴道瘙痒，多为湿热下注；带下量多，色黄如脓，臭秽难闻多为湿毒重证；带下量多，色白质稠，如唾如涕，绵绵不断则为脾虚之象；带下量多质薄，清稀如水，兼腰膝酸软为肾虚之症。若带下五色杂见，如脓如酱，秽液下注者，应警惕恶性肿瘤晚期。

西医认为带下量明显增多，其色、质、气味等发生改变多为生殖道发生急慢性炎症如阴道炎、宫颈炎，或发生癌变。临床常见的病理性白带：①透明黏液性白带：为非炎症性白带，外观与正常白带相似，但量明显增多，常见于慢性子宫颈炎、卵巢功能失调引起高雌激素水平，或阴道腺病或子宫颈高分化腺癌等疾病。②灰黄色或黄白色泡沫状稀薄白带：为滴虫性阴道炎，由阴道毛滴虫引起的常见阴道炎症，主要症状是阴道分泌物增多及外阴瘙痒，或出现灼热、疼痛、性交痛等，白带可为稀薄脓性、泡沫状、有异味。③豆渣样或凝乳块状白带：为外阴阴道假丝酵母菌病，曾称念珠菌性阴道炎，是由假丝酵母菌引起的常见外阴阴道炎症。主要表现在外阴阴道瘙痒或灼热症状明显，持续时间长，严重者坐立不安，夜间加重，白带量多稠厚，呈豆渣样或凝乳样。常见发病诱因有全身或阴道局部细胞免疫能力下降、妊娠、糖尿病、大量应用免疫抑制剂及广谱抗菌药物等。④灰白色匀质鱼腥味白带：常见于细菌性阴道病，为阴道内乳酸杆菌减少，加德纳菌及其他厌氧菌增加所致的内源性混合感染。主要表现为阴道分泌物增多，质稀薄，带有鱼腥臭味，可伴有外阴轻度瘙痒。⑤脓性白带：黄色或黄绿色，质黏稠，多有臭味，为细菌感染所致生殖器官炎症，如急性阴道炎、宫颈炎、子宫内膜炎、宫腔积脓、宫颈癌、阴道癌或阴道内异物残留、子宫黏膜下肌瘤感染坏死等。⑥血性白带：白带中混有血液，血量多少不一，常见于重度宫颈糜烂、宫颈息肉、宫颈癌、子宫内膜癌、子宫黏膜下肌瘤等，也可因放置宫内节育器导致。⑦水样白带：持续性流出淘米水样恶臭白带，一般为晚期宫颈癌、阴道癌、黏膜下肌瘤伴感染。间断排出红色或黄红色清澈水样白带，应考虑为输卵管癌可能。

（二）带下过少

阴道分泌物过少，甚或全无，阴道干涩，可伴性欲低下，性交疼痛，影响性生活；或烘热汗出，心烦失眠；或月经错后，经量过少，甚至闭经。严重者阴部萎缩。

中医认为带下量明显减少，甚至阴道干涩，多责之肾精亏虚，天癸早竭，任带虚损。西医认为带下量少多因卵巢功能衰退、雌激素水平降低、或阴道壁萎缩，黏膜变薄，上皮细胞内糖原含量减少，阴道内 pH 值增高，局部抵抗力降低，致病菌容易入侵繁殖引起炎症。常见于卵巢早衰、双侧卵巢切除术后、绝经综合征或老年性阴道炎患者。

三、精油如何调理带下病

带下过多系湿热为患，而脾肾功能失常是内在病因，感受湿热、湿毒之邪是重要的外在病因，任脉不固，带脉失约是带下过多的核心病机。治疗以祛湿止带为基本原则，治法有清热解毒或清热利湿止带；健脾除湿止带；温肾固涩止带；滋肾益阴，除湿止带。带下过少则应补益肝肾，佐以养血化瘀。女性怀孕以后，黄体会分泌大量雌激素和孕激素，以维持孕卵的着床和发育。孕妇体内始终保持高雌激素和高孕激素状态，白带量会较多，但没有色、质、气味的改变，属正常现象，无须特别处理。

现代研究普遍认为，带下量的多少与体内雌激素水平高低有关。应注重雌激素水平的调节、免疫功能的调节以及局部润滑。

植物精油对于带下病的调理多采用中医外治法，如外阴熏洗法、内置阴道法、灌肠法或热熨法。常选用天竺葵、茶树、牛至、迷迭香、薰衣草、侧柏、防卫复方、麦卢卡、百里香、穗甘松、古巴香脂、丁香、薄荷、细胞修复复方等具有高度杀菌、消炎、抗病毒、增强免疫功能、调节激素水平且能舒缓情绪的精油进行调控。如天竺葵精油可抑制念珠菌细胞生长和阴道炎症。茶树、牛至、防卫复方可以抵挡细菌、真菌和病毒等微生物感染，是强效免疫系统刺激剂，可以提高身体的抵抗能力，增强防御系统。其中乳香、没药具有多重效用，包括抗炎症、抗衰老、抗癌、抗抑郁、激发免疫力和镇静等，与其他精油配伍时有协同提升疗效作用。

用外治法时须注意：①要审证论治，配合检查，不能滥用。②月经期禁用，用药期间禁房事。③治疗应连续，不宜间断。④有真菌、滴虫者，嘱其勤洗内衣，消毒洗浴用具。⑤根据病情配合内服药加强疗效。

四、芳香应用指引

（一）滴虫性阴道炎、霉菌性阴道炎、细菌性阴道炎

1. **推荐用油** 乳香、没药、茶树、牛至、侧柏、麦卢卡、薰衣草、百里香、柠檬、圆柚等。

2. **使用方法**

（1）滴入内裤：底裤滴茶树 2~4 滴，每天 1~2 次。

（2）阴道塞剂：乳香、没药、茶树、麦卢卡各 2 滴，椰子油 1∶2 稀释，滴入卫生棉条，每晚睡觉前放入阴道中持续使用 1 周。

或用牛至、茶树、侧柏、薰衣草各 2 滴，椰子油 1∶2 稀释，滴入卫生棉条，每晚睡觉前放入阴道中持续使用 1 周。

（3）涂抹：百里香、牛至、丁香、尤加利各 1 滴，椰子油 1∶（1~3）稀释，涂抹小腹，每天 1~2 次。

（4）内服：柠檬或圆柚，加茶树各 2 滴，滴入温水中饮用，帮助清热利湿，消除内在炎症。

（二）老年性阴道炎

1. **推荐用油** 乳香、没药、茶树、侧柏、天竺葵、薰衣草、依兰依兰、柠檬、细胞修复复方等精油。

2. **使用方法**

（1）阴道塞剂：乳香、没药、茶树、细胞修复复方、依兰依兰各 2 滴，椰子油 1∶2 稀释后，滴入卫生棉条，每晚睡觉前放入阴道中，持续使用 3~5 天。

（2）阴道润滑剂：天竺葵、薰衣草、依兰依兰各 20 滴，椰子油 1∶（1~3）稀释，做成阴道润滑剂，同时也有清洁消炎作用。

（3）香熏：女士复方、温柔复方各 2 滴，滴入香熏器中香熏。

（三）宫颈炎、宫颈糜烂

1. **推荐用油** 没药、侧柏、茶树、薰衣草、细胞修复复方等。

2.使用方法

（1）阴道塞剂：以上推荐用油各 2~3 滴，椰子油 1：（2~3）稀释，滴入卫生棉条，每晚睡觉前放入阴道中，持续使用 1 周。

（2）涂抹：以上精油每种 2 滴，椰子油 1：3 稀释后涂抹于小腹部和腰骶部。

（四）人乳头瘤病毒（HPV）感染

1.推荐用油　牛至、茶树、乳香、百里香、麦卢卡、侧柏、细胞修复复方等。

2.使用方法

（1）内置法：取以上 3~4 种精油，每种 2~3 滴，椰子油 1：（2~3）稀释，滴入卫生棉条，每晚睡觉前置入阴道中，月经净后连用 14 天。

（2）外滴：底裤上滴茶树 2~4 滴。

（3）内服：柠檬或圆柚，加茶树、牛至、细胞修复复方各 2 滴，灌入胶囊中服用，每次 1 粒，每天 2~3 次。

第三节　不孕症

一、什么是不孕症

不孕症是指女子未避孕，性生活正常，与配偶同居 1 年而未孕者，多种原因导致的生育障碍状态。不孕症分为原发性和继发性两大类，既往从未妊娠者为原发性不孕，古称全不产。曾有过妊娠者继而未避孕 1 年以上未再受孕者，称为继发性不孕，古称断绪。

二、不孕症的临床表现

婚后夫妇同居，性生活正常，配偶生殖功能正常，未避孕 1 年未孕；或曾孕育过，未避孕而 1 年以上未再受孕，可伴有月经、带下异常或输卵管、子宫、卵巢等器质性疾病。

（一）情绪问题

不孕症是影响夫妻双方身心健康的医学和社会问题，大多患者求子心切，常合并心理问题，中医认为其基于肝郁气滞，疏泄失常，气血失调，则胎孕不受。排除其他因素或器质性病变造成不孕外，心理疗法尤为重要。

（二）性冷淡

性欲淡漠，是以性生活接受能力和性行为水平降低为特征的一种病症。性激素对维持女性的代谢、生长、发育及生育等都起着重要的调节作用，性反应的完成依赖于神经及内分泌系统的调控，主要是反射性调控和性激素的调控。

（三）多囊卵巢综合征

多囊卵巢综合征是育龄妇女常见的一种复杂的内分泌及代谢异常所致疾病，以排卵功能紊乱或丧失和高雄激素血症为特征，伴有生殖功能障碍及糖脂代谢异常，本病病机以肾虚为主，伴有痰湿或血瘀。临床表现为月经异常、不孕、肥胖、多毛并可见男性化征象，而卵巢增大、卵泡增多、内膜增厚及血脂、血糖升高等无不属于痰湿、瘀血范畴。多囊卵巢综合征的病因与肾、脾、肝密切相关，其中肾虚肝郁是发病之本，痰湿、瘀血为本病之标，本虚标实，虚实兼夹是本病的病理特点。

排除家族遗传因素和激素类药物因素，精神心理问题尤为重要，紧张、压力、快节奏导致机体长期处于急性或慢性应激状态时，可抑制或导致性腺轴节律及卵巢功能紊乱；情绪紧张或压力时，会导致肾上腺皮质激素分泌急剧或持续增加，导致血糖增高，胰岛素需要量增加，长时期刺激，可能导致高胰岛素血症或胰岛素拮抗。

（四）子宫肌瘤

子宫肌瘤是女性最常见的一种良性肿瘤，主要由子宫平滑肌细胞增生而成。中医称之为"癥瘕"。

（五）卵巢囊肿（巧克力囊肿）

卵巢是产生卵子并排卵、分泌激素、平衡内分泌的重要器官，卵巢囊肿多发生于内分泌旺盛的年龄，是女性生殖器常见肿瘤，有各种不同的性质和形态，即一侧性或双侧性、囊性或实性、良性或恶性，其中以囊性多见。卵巢囊肿干扰了卵巢激素的正常分泌和排卵，破坏内分泌平衡，导致女性卵巢功能异常，从而引发不孕等疾病。

三、精油如何调理不孕症

中医认为不孕症的主要病机为肾气不足，冲任气血失调。治疗以温养肾气，调理气血为主。调畅情志，择氤氲之时而合阴阳，以利于受孕。种子重在补肾、疏肝，女子以血为本，调经种子贵在理血，兼有痰瘀互结，则祛瘀化痰，功在疏通。西医认为不孕症女方因素多由排卵障碍、输卵管因素、子宫、阴道、外阴等所致，如多囊卵巢综合征、输卵管粘连、子宫黏膜下肌瘤、子宫内膜异位症、卵巢囊肿、高泌乳血症等，均可导致不孕症的发生。

植物精油在对不孕症的调理中可选用玫瑰、薰衣草、香蜂草、快乐鼠尾草、依兰依兰等调补心肾，有利于子宫内膜的修复，还可选用能调理女性激素水平的精油。香蜂草入肾经，对子宫有益，能调节月经周期，帮助排卵，提升受孕能力。玫瑰花疏肝解郁，和血调经，现代研究表明还能清理与调节女性的生殖系统，改善性冷淡以助孕。女性的生育力与卵巢生理年龄密切相关，平时应注意对子宫、卵巢的保养，女士复方、依兰依兰、快乐鼠尾草和玫瑰精油等都是保养子宫、卵巢的优选精油。每晚睡觉前用女士复方涂抹小腹部（关元穴附近），选加依兰依兰、快乐鼠尾草、生姜、茴香涂抹下腹部、腰背部及大腿根部或足底反射区，既可以暖宫，又保养子宫、卵巢。配合减轻焦虑，平衡情绪的精油缓解心理压力，提振和提神，增强受孕信心。

多囊卵巢综合征涉及多个系统的失衡，掌握个体的不同情况，找准病因，辨证施治，配合植物精油调整激素水平，调节情绪，事半功倍。

子宫肌瘤的发生和发展与雌激素含量过高或雌孕激素失调有关。除了受自身内分泌失调的影响，还与部分女性不良的生活方式和环境有关。部分女性服用一些激素类药品、保健品或使用一些含有雌激素的化妆品等可导致体内激素水平异常，从而导致子宫肌瘤的产生或增长。气聚成瘕，血瘀成癥，子宫肌瘤常伴有月经失调或带下异常，甚至影响生育。精油调理适宜选用一些抗肿瘤、增强免疫力、调整女性激素水平，且调畅气机、舒缓情绪的精油。

四、芳香应用指引

（一）不孕

1. 推荐用油 女士复方、温柔复方、快乐鼠尾草、依兰依兰、茴香、生姜、天竺葵、玫瑰、香蜂草、百里香等。

对于功能性不孕常可选用以上调和气血、镇静舒压、愉悦心情的精油，帮助提升受孕能力。

2. 使用方法

（1）涂抹点按：取以上单方精油 3~4 种，复方精油 1~2 种，每种 1~2 滴，涂抹小腹部与腰骶部，点按气海、关元穴。排卵期用快乐鼠尾草、依兰依兰、天竺葵、茴香、玫瑰精油各 1~2 滴，椰子油 1:（1~2）稀释，涂抹小腹部与腰骶部，点按关元、气海、肾俞、脾俞、肝俞，增强补肾之力。

（2）香熏：取以上推荐用油 3~4 种，每种 1~2 滴，滴入香熏器中香熏。或取以上自己喜爱的精油 1~2 种，滴入掌心或腕横纹，每天数次嗅吸。

（二）（女性）性冷淡

1. 推荐用油 活力提神复方、女士复方、快乐鼠尾草、依兰依兰、玫瑰、茉莉、西洋蓍草、檀香等，是既能平衡神经系统，又能调节女性激素系统的精油。玫瑰、茉莉、依兰依兰、檀香精油还具有催情、壮阳作用，可提升性欲。

2. 使用方法

（1）涂抹：取以上精油 4~5 种，每种 1~2 滴，椰子油 1:1 稀释，涂抹于太阳穴、耳后、手腕关节处或下腹部，每日1~2次。

（2）香熏与嗅吸：取以上推荐用油3~4种，每种1~2滴，滴入香熏器中香熏。或取以上自己喜爱的精油1~2种，滴入掌心或腕横纹，每天数次嗅吸。

（三）多囊卵巢综合征

1. 推荐用油　柠檬、圆柚、代谢复方、女士复方、依兰依兰、檀香、平衡复方精油以舒缓压力，调整情绪。乳香、丝柏、细胞修复复方补肾祛瘀化湿。

2. 使用方法

（1）内服：糖脂代谢紊乱可选择柠檬、圆柚、代谢复方各2滴口服，每天早晚2次。

（2）涂抹点按：①女士复方、依兰依兰、檀香等各2滴，椰子油1∶（1~2）稀释，涂抹下腹部，点按腹部关元、气海、归来穴，以及腰骶部八髎穴。

②乳香、丝柏、细胞修复复方各2滴，椰子油1∶2稀释，涂抹下腹部及腰骶部，点按关元、气海、八髎穴。方案①②可交替使用。

（3）香熏：配合平衡复方精油熏香以舒缓压力，调整情绪。

（四）子宫肌瘤

1. 推荐用油　乳香、没药、细胞修复复方、野橘、圆柚、平衡复方、薰衣草、丝柏。

2. 使用方法

（1）涂抹：可以用乳香或没药、细胞修复复方、野橘或圆柚、丝柏等精油各2滴，椰子油1∶1稀释，涂抹下腹部及脚底，抑制肌瘤生长，清除体内毒素。

（2）阴道塞剂：乳香、永久花、丝柏各2~4滴，椰子油1∶2稀释，滴入卫生棉条，晚上放入阴道，连续15~30天。经期禁用。

（五）卵巢囊肿（巧克力囊肿）

1. 推荐用油　乳香、罗勒、没药、牛至、细胞修复复方、天竺葵、丝柏、圆柚。

2. 使用方法

（1）阴道塞剂：以上推荐用油取 3 种，每种 2~3 滴，椰子油 1∶（2~3）稀释，滴入卫生棉条，每晚睡觉前放入阴道中，持续使用 1 周。

（2）涂抹：乳香或没药、细胞修复复方、丝柏、圆柚各 1~2 滴，椰子油 1∶1 稀释，局部涂抹下腹部卵巢部位、足底涌泉穴。每天 1 次。

（3）内服：柠檬精油 2 滴、细胞修复复方 1 滴，滴入温水中饮用，每天早晚各 1 次，加强细胞代谢及解毒排毒功能。

第四节　孕期护理

一、什么是孕期护理

孕期是指受孕后至分娩前的生理时期，这一时期母体的新陈代谢、消化系统、呼吸系统、血管系统、神经系统、内分泌系统、生殖系统、骨关节韧带及乳房均发生相应的改变，做好这一时期的护理对母婴健康具有好处。

二、孕期护理包括哪些方面

胎儿的正常发育，既靠先天精血养育，亦与孕期的摄生关系密切。提倡孕期保健，是保证优生的重要因素，故孕期应当定期产检，了解胎儿宫内发育情况或及早发现妊娠期疾病；注意慎戒房事，劳逸有度，孕妇不适宜参加剧烈运动或过重的体力劳动，亦不可过于安逸，尤其是长期卧床，对胎儿和生产均不利；还应调和情志，心情舒畅，言行端正，注意胎教，以使胎儿智能健康发育；孕期的合理营养对胎儿正常生长发育非常重要，孕期需要注意热量、蛋白质、碳水化合物、脂肪、维生素、无机盐、微量元素和膳食纤维的摄入。

（一）孕期乳房胀痛

孕妇自觉乳房发胀是妊娠早期的常见表现，妊娠早期乳房开始增大，充血明显。妊娠期胎盘分泌大量雌激素刺激乳腺腺管发育，分泌大量孕激素刺激乳腺腺泡发育，孕激素、胎盘生乳素升高，使乳腺发育、乳腺体积增大、乳晕加深，为泌乳做好准备。

（二）孕期焦虑、紧张

妊娠期为女性特殊时期，会出现孕期紧张、焦虑、易怒或抑郁等各种心理改变。

（三）孕期下肢抽筋

孕妇在妊娠期容易发生小腿抽筋，是因为胎儿骨骼发育需要大量钙质，母体的供给与胎儿所需的钙质处于一种动态的平衡状态，如果母体饮食钙质不足或吸收钙质的能力降低，不但会影响胎儿的骨骼发育，还可能引起孕妇发生下肢抽搐。

（四）孕期失眠

由于孕期甲状腺激素和甾体类激素变化，孕妇的神经比孕前敏感，对压力的承受能力降低。妊娠期可能出现入睡困难或眠浅易醒，时睡时醒，或醒后不寐，重者彻夜难眠等症状，常伴有神疲乏力、心神不宁、头昏健忘等症。孕妇长期失眠或过度紧张会降低孕妇自身的免疫力，使大脑皮层与脏腑功能紊乱，影响胎儿的正常发育，甚则流产。多数治疗失眠的药物对机体损害极大，孕期应慎用。

（五）孕期口疮

孕期过食膏粱厚味，湿热内生，或情志失调，郁而化火，导致孕妇出现口腔黏膜的溃疡性损伤，主要以齿龈、舌体、口颊、上颚等处发生溃疡为主，表现为单个或者多个大小不一的圆形或椭圆形溃疡，表面覆盖灰白或黄色假膜，中央凹陷，边界清楚，周围黏膜红而微肿，可伴有疼痛。严重者影响饮食、说话，并出现口臭、慢性咽炎、发热、淋巴结肿大、乏力、烦躁、便秘等全身症状。一年四季皆可发生。西医认为多与孕妇自身免疫力低下，或细菌、病毒感染等相关。

（六）孕期心悸

妊娠期妇女气血聚以养胎，心失所养，可能出现以心中急剧跳动，惊慌不安等症状，持续时间或短或长，发作频率不定。可兼见胸闷气短、神疲乏力、头晕等症状。心悸伴心功能Ⅰ～Ⅱ级者，应按期行产前检查，心功能Ⅲ～Ⅳ级者应及时住院观察和治疗。若心脏泵血功能降低，器官灌注受影响，宫腔内胎儿出现缺氧，可引起胎儿生长发育迟缓，严重者可导致胎停育、早产等。

孕妇除了进行正规检查外，还应保证充足营养，调节饮食，建议高蛋白、低脂肪、多维生素饮食，减轻心脏负荷，如限制体力劳动，左侧卧位以增加心搏出量及保持回心血量的稳定，加强孕妇心功能监护和胎儿监护。

三、精油如何帮助孕期护理

根据 2016 年中国营养学会发布的《孕期妇女膳食指南》，建议孕妇在一般人群膳食指南的基础上，增加以下 5 条内容：①补充叶酸，常吃含铁丰富的食物，选用碘盐。②妊娠呕吐严重者，可少量多餐，保证碳水化合物的必需摄入量；③妊娠中晚期适量增加奶、鱼、禽、蛋、瘦肉的摄入；④适量身体活动，维持孕期适宜增重；⑤禁烟酒，积极准备母乳喂养。

植物精油在孕期的护理中主要表现在对情志的调和，缓解情绪压力，增强自身免疫力，预防病邪入侵。

精油在改善情绪与失眠方面具有一定优势，但是孕妇使用也需要慎重选油，避免含有酚类与醛类的单方精油。

四、芳香应用指引

（一）孕妇护理

1. **推荐用油** 薰衣草、平衡复方、野橘等。

2. 使用方法

（1）香熏：薰衣草、平衡复方、柑橘类精油每日 1~2 次熏香。

（2）涂抹：取以上精油 3 种，每种 1~2 滴，椰子油 1∶1 稀释，涂抹于太阳穴、颈后、耳后、手腕关节处，舒缓心情，平衡情绪。

（二）孕期乳房胀痛

1. 推荐用油 薰衣草、天竺葵、罗马洋甘菊等。

2. 使用方法 薰衣草、天竺葵、罗马洋甘菊各 2 滴，椰子油 1∶3 稀释，涂抹按摩乳房，具有明显的镇静止痛、舒缓作用，可以有效缓解乳房胀痛。

（三）孕期焦虑、紧张

1. 推荐用油 安宁复方、平衡复方、薰衣草、橙花、檀香、野橘等。

2. 使用方法

（1）香熏：白天取橙花或檀香或野橘各 2 滴香熏；晚上取薰衣草或安宁复方、平衡复方精油各 2 滴，香熏。

（2）涂抹：取野橘、薰衣草、平衡复方或安宁复方各 2 滴，椰子油 1∶1 稀释涂抹于后颈部、太阳穴、手部或足底反射区。

（四）孕期下肢抽筋

1. 推荐用油 平衡复方、天竺葵、薰衣草等养肝舒筋，缓急解痉。

2. 使用方法

（1）涂抹：平衡复方 2 滴，椰子油 6 滴稀释，直接涂抹下肢抽筋处，能迅速缓解。

（2）泡脚：天竺葵、薰衣草、平衡复方各 1~2 滴，椰子油 1∶1 稀释涂抹脚底后，再用温水浸泡双脚。

（五）孕期失眠

1. 推荐用油 薰衣草、平衡复方、安宁复方、橙花、夏威夷檀香、野橘等。

2. 使用方法

（1）香熏：临睡前选择以上精油中自己喜欢的香味 2~3 种，每种 1~2 滴，滴入香熏器中香熏。

（2）涂抹：临睡前选用以上自己喜欢的一款精油 2 滴，椰子油 1：1 稀释，涂抹颈后、安眠穴、头顶百会穴、足底涌泉穴。配合香熏。

（六）孕期口疮

1. 推荐用油 柠檬、茶树、古巴香脂、佛手柑等。

2. 使用方法 以上精油各 1~2 滴，滴入温水漱口或咽下。每天 2~3 次。

（七）孕期心悸

1. 推荐用油 香蜂草、依兰依兰、薰衣草等。滋养心脏和子宫，调节神经系统，安抚心灵使人镇静、愉悦、振奋。

2. 使用方法

（1）涂抹：选用以上精油 2~3 种，每种 2 滴，椰子油 1：3 稀释，涂抹于后颈、胸前心脏部位。

（2）香熏：选用以上精油 2~3 种，每种 2 滴，滴入香熏器香熏，或滴在掌心嗅吸。

（3）舌下含服：香蜂草 1~2 滴舌下含服，调节过快的心跳及呼吸，用于缓解心悸、失眠、精神紧张等症状。

第五节 妊娠病

一、什么是妊娠病

妊娠是指胚胎和胎儿在母体内生长发育成长的过程，即从受孕至分娩的过程。妊娠反应多是指妊娠早期出现恶心、呕吐、头晕厌食等一系列早孕反应，一般怀孕 12 周左右自然消失，但有的孕妇在妊娠期中晚期也可出现其他症状，症状明显者应及时就医。妊娠期间，发生与妊娠有关的疾病，称为妊娠病，又称胎前病。妊娠病不但影响孕妇的身体健康，妨碍妊娠的继续和胎儿的正常发育，甚至威胁生命。应当重视妊娠病的预防和发病后的治疗。

二、妊娠病的临床表现

妊娠早期可出现头晕恶心、呕吐，食欲减退、厌食油腻，倦怠嗜睡，或焦虑、抑郁、情绪烦躁，颜面、四肢浮肿，下肢抽筋等一系列表现，甚则出现妊娠咳嗽、妊娠期高血压、妊娠期糖尿病、妊娠子痫等妊娠病类。

（一）妊娠恶阻

停经 6 周左右出现恶心、厌食油腻、晨起呕吐，甚或食入即吐，伴体倦懈怠，或头晕、思睡等症状者，多为早孕反应，可在停经 12 周左右自行消失，称为妊娠恶阻，亦称子病。

中医认为其主要病机是孕后血聚养胎，冲脉之气较盛，冲气上逆，胃失和降所致。有研究发现，早孕反应发生的时间与胎盘分泌绒毛膜促性腺激素功能旺盛的时间相吻合，孕妇血中绒毛膜促性腺激素水平越高，发生呕吐也越明显。另外，妊娠呕吐的发生还与精神因素有关，精神紧张、情绪抑郁、对妊娠恐惧及神经系统功能不稳定的人，更容易发生妊娠恶阻。

（二）妊娠咳嗽

妊娠期间，出现以咳嗽为主要症状，甚或五心烦热，胸闷气促，入夜咳嗽尤甚，胎动不安者，称为妊娠咳嗽，亦名子咳、子嗽。若咳嗽剧烈或久咳不已，可损伤胎气，严重者可致堕胎、小产。本病的发生、发展多与妊娠期母体内环境的特殊改变有关。治疗上与一般内科咳嗽相一致，但必须照顾胎元，不宜使用滑利、燥热、活血、动胎、有毒之品。

（三）妊娠荨麻疹

妊娠荨麻疹是指妇女妊娠期皮肤出现瘙痒性风团，发无定处，骤起骤退，消退后不留痕迹为临床特征的过敏性皮肤病。多见于初产妇妊娠中后期。临床表现为鲜红、苍白色或肤色，伴有瘙痒。风团多首发于脐周妊娠纹处，脐部一般不受累，可局限，也可泛发至全身。皮肤划痕试验阳性。是人体免疫系统的变态反应，皮疹通常在 24 小时内可消退。部分患者可合并血管源性水肿。严重者可出现恶心、呕吐、喉部发紧、胸闷、心悸、血压下降、过敏性休克的表现，应及时就医。

导致荨麻疹的原因大致可分为外因和内因两种，外因为接触到已知或未知的致敏源，应尽可能找出病因，避免与之接触；内因多与过敏体质、抵抗力下降相关，应增强自身免疫力。中医认为本病多因卫外不固、湿热瘀滞、气血不足等引起，或孕期情志失调，肝郁气滞，气郁化火，热迫血分，内伤冲任，肝肾不调，风邪客于肌肤发病。可根据病因，辨证治疗。

（四）妊娠水肿

妊娠后，肢体面目等部位发生浮肿，称妊娠水肿。多表现为妊娠中后期下肢浮肿，指压后有凹陷，踝部为甚，一般不超过膝部，经休息后水肿仍不消退。妊娠水肿于妊娠中期（20 周以后）出现，晚期（32 周以后）多见，初产妇多见。有的孕妇无明显水肿，但体重增加每周超过 500g，称为隐性水肿，通常休息后减轻，不并发高血压和蛋白尿等。西医认为，妊娠后期，由于下腔静脉受压，血液回流受阻，常出现下肢水肿，经休息后水肿仍不消退，或水肿较重又无其他异常现象时，称为妊娠水肿。

（五）妊娠高血压

妊娠高血压主要表现在妊娠中晚期血压升高，常伴有头目眩晕，胸闷乏力，小便短少等症状，应注意监测水肿、尿蛋白、高血压异常程度，估计病情轻重，及时治疗，防止进一步发展为妊娠子痫。

（六）妊娠糖尿病

妊娠糖尿病指妊娠前糖代谢正常或有潜在糖耐量减退，妊娠期才出现或确诊的糖尿病。测空腹血糖后口服 75g 葡萄糖，分别测定 1 小时、2 小时、3 小时血糖，空腹血糖阈值为 5.3mmol/L，1 小时阈值为 10.0mmol/L，2 小时阈值为 8.6mmol/L，3 小时阈值为 7.8mmol/L，4 个不同时间点中，2

个时间点的血糖值超过阈值则诊断为妊娠糖尿病。

本病基本病机为阴虚燥热，随着病情的演变可有不同程度的瘀滞现象，而表现为虚实夹杂之象，但究其病因以虚损为主，主要分阴虚火旺和气阴两虚。妊娠后阴血下养胎元，加重阴虚，出现阴虚火旺，上蒸肺胃，发为消渴。此外妊娠阴血下养胎元之后，肝血相对不足，无以养肝，肝失疏泄，气机郁结，进而化火，消灼肺胃阴津而发为消渴。表现为妊娠期多饮、多食、多尿症状。妊娠糖尿病的妇女，较无糖尿病的妇女发生妊娠高血压综合征的可能性要高 2~4 倍，可引起包括巨大儿、死胎、新生儿黄疸等并发症。应积极予以正规治疗。在病情允许条件下，给予饮食治疗的同时，配合合理运动。运动量的选择应个体化，每次锻炼 15~20 分钟，以不引起宫缩为适。

三、精油如何调理妊娠病

怀孕期间孕妇可出现各种与妊娠相关的症状，症状明显者应去正规医院及时就医，治疗原则主要是对症处理。

精油在妊娠病的调理过程中主要起辅助作用。如依兰依兰疏肝解郁、滋阴补肾，且宁心安神，主要作用于情绪平衡、心血管和激素系统，提升血液循环，降低血压，缓解伴随着高血压出现的呼吸急促和心动过促的症状，对神经系统有放松的效果，但使用时间过长反而会引起副作用。薰衣草也可降低高血压，改善心悸，且能调理和镇静情绪。尤加利精油广泛应用于感染和流感的防治，降低血压、抗病毒、抗菌、祛痰、杀虫、消毒和镇痛都有很好的作用。

植物精油对机体新陈代谢、抑制食欲、控制体重、抗氧化等方面都有良好作用，对血糖的控制有一定辅助功能。但是应当注意妊娠期的特殊性，用油应谨慎，如牛至、芫荽、肉桂、罗勒等虽有良好降糖作用，但妊娠期不宜使用。

治疗期间应注意妊娠期凡峻下、滑利、祛瘀、破血、耗气、散气及一切有毒药品，都应慎用或禁用。如果病情需要可适当选用，但需严格掌握用药时间和剂量。同样，植物精油在妊娠期调理中也需要根据具体症状慎重选择，孕妇可以使用的精油有生姜、橘子、柠檬、天竺葵、薰衣草、茶树、圆柚、岩兰草等。孕妇不宜使用的精油有快乐鼠尾草、迷迭香、百里香、丁香、牛至、冬青、肉桂、没药等单方精油。孕期精油的应用原则是能熏香不涂抹，能涂抹不口服，涂抹多以足底反射区为主，减少对脏器部位的直接涂抹，用精油能简单就避免复杂，能少用绝不多用。

四、芳香应用指引

（一）妊娠恶阻

1. 推荐用油　生姜、消化复方。

生姜温中止呕，可以温暖、抗痉挛、止呕、助消化，因其镇静消化系统的能力，可减少呕吐和晕车，促进胃液分泌，对食欲不振、消化不良亦有效。

2. 使用方法

（1）香熏：可用生姜、消化复方精油各 1~3 滴，香熏。

（2）嗅吸：生姜或消化复方每次 1~2 滴，滴入掌心或手腕处嗅吸。

（3）内服：生姜或消化复方 2 滴，装入植物空胶囊中内服。

（二）妊娠咳嗽

1. 推荐用油　呼吸复方、柠檬、茶树、尤加利、防卫复方精油等。

2. 使用方法

（1）香熏：取以上精油 3~4 种，每种 2 滴，滴入香熏器中香熏。

（2）漱口：柠檬、茶树精油各 1 滴滴在水中漱口，在咽喉部停留数分钟。

（3）涂抹：取以上精油 3 种，每种 1~2 滴，椰子油 1∶2 稀释，涂抹于咽喉、胸口、颈部、脊椎或脚底等部位，每日数次直到舒缓。

（4）内服：防卫复方精油 2~3 滴，柠檬精油 2 滴，与蜂蜜调和服用。

（三）妊娠荨麻疹

1. 推荐用油　柠檬、益肾养肝复方、茶树、薰衣草、罗马洋甘菊等。

2. 使用方法

（1）涂抹：取以上精油 3 种，每种 1~2 滴，用椰子油 1∶（1~3）稀释后，轻柔涂抹患处。

（2）内服：柠檬精油 2 滴，滴入 250mL 的温水中饮用，每天 2~3 次，净化、排毒、抗过敏，提高自身免疫机能。

（四）妊娠水肿

1. 推荐用油　丝柏、圆柚、天竺葵、柠檬等精油。

2. 使用方法

（1）香熏：丝柏、圆柚、天竺葵各 2 滴，滴入香熏器中香熏。

（2）涂抹：丝柏、圆柚、天竺葵各 1~2 滴，椰子油稀释，涂抹、按摩下肢和脚踝。

（3）内服：柠檬、圆柚各 2 滴，滴入温水中饮用。

（五）妊娠高血压

1. 推荐用油　薰衣草、依兰依兰、岩兰草、尤加利、柠檬精油等。

2. 使用方法

（1）香熏：取以上精油 2~3 种，每种 2 滴，滴入香熏器中香熏，一天 2~3 次。或滴在手心、化妆棉上进行嗅吸。

（2）内服：柠檬精油 2 滴，滴入温水中饮用，每天 2~3 次，可调节体内酸碱平衡，提高抗氧化能力，可以起到良好的预防作用。

（3）涂抹：选择以上精油 2~3 种，每种 2 滴，椰子油 1∶（1~3）稀释，涂抹耳后降压沟、太冲穴。

（六）妊娠糖尿病

1. 推荐用油　柠檬、圆柚、天竺葵、依兰依兰等。

2. 使用方法

（1）内服：在正规用药治疗的前提下，可配合饮用柠檬或圆柚水，每杯 2~3 滴，促进新陈代谢，祛除多余脂肪，平衡血糖。

（2）香熏：配合天竺葵、依兰依兰精油各 2 滴，滴入香熏器中熏香，舒缓情绪，减轻压力，提升免疫力。

（七）催产

1. 推荐用油　快乐鼠尾草、薰衣草、平衡复方、天竺葵、安宁复方、柑橘复方等。

2. 使用方法

（1）涂抹：分娩前宫口开全时可用快乐鼠尾草 1~3 滴涂抹于小腿三阴交、足小趾至阴穴或下腹部，促进子宫收缩。

天竺葵 5~10 滴稀释于半茶匙的椰子油中，按摩会阴部，有利于阴部侧切术术后修复。

（2）香熏：选用薰衣草、平衡复方、安宁复方或柑橘复方各 2 滴，滴入香熏器中熏香，放松心情，缓解紧张情绪。

说明：若因产道因素和胎儿因素所导致的难产非药物所能及。若因产力因素、精神心理因素所致者可根据腹痛及宫缩情况辨明虚实，应用精油协调子宫收缩，促进产程进展，使胎儿能以恰当安全的方式娩出。

第六节　产后护理

分娩结束后，产妇逐渐恢复到孕前状态，需要 6~8 周，此期称为产褥期，又称产后。产后 1 周称为新产后，产后 1 个月称为小满月，产后百日称为大满月，即所谓"弥月为期""百日为度"。产褥期为妇女一生生理及心理发生急剧变化的时期之一，多数产妇恢复良好，少数可能发生产褥期疾病。

一、产后护理要注意哪些方面

产时耗气、失血、伤津，产后阴血骤虚，营卫不固，抵抗力下降；恶露排出，血室已开，胞脉空虚，此时护理不当，将息失宜，每易引起疾病。若产妇在产褥期内发生与分娩或产褥有关的疾病，称为产后病。产后病的病因多与气血亏虚、气滞血瘀和外感六淫等有关，产后疾病的诊断在四诊合参的基础上，应根据新产特点，还须注意恶露排出、二便、乳汁是否充足及排出是否通畅等情况，辨证论治。产后用药"三禁"，即禁大汗以防亡阳，禁峻下以防亡阴，禁通利小便以防亡津液。对产后急危重症，如产后血晕、产后痉证、产后感染等，须及时明确诊断，必要时中西医结合救治。为了防止产后出血、感染等并发症的发生，促进产后生理功能的恢复，应该加强产褥期护理保健。

（一）产后忧郁症

产妇在产后 2 周内特别敏感，情绪不稳定，具有易受暗示和依赖性强等特点，常见心理问题是焦虑和抑郁。大多是因产后多虚，心神失养；或情志所伤，肝气郁结，肝血不足，魂失潜藏；或瘀血停滞，上攻于心，导致产妇在产褥期出现精神抑郁，沉默寡言，情绪低落或心烦不安，焦虑易怒，甚则神志错乱，狂言妄语等情志异常的表现。治疗以调和气血，安神定志为主，配合心理疏导。

（二）产褥感染

产后发热、疼痛、异常恶露，为产褥感染的三大主要症状。

产后 1~2 天内，由于产妇阴血骤虚，营卫失于调和，常伴有轻微的发热，不兼有其他症状者，属于生理性发热，一般能在短时间内自退。若产后 2~3 天低热持续不退或突然出现高热寒战，或乍热乍寒，或伴有小腹疼痛或恶露异常，应考虑感染可能，严重者可危及产妇生命，应当引起高度重视。

产后发热是产后临床常见病，有感染邪毒、外感、内伤之不同，虚实轻重有别，临证应根据发热的特点、恶露、小腹疼痛等情况及伴随症状，综合分析。若属血虚、血瘀、外感发热者，病情较缓，积极合理治疗，很快即可痊愈。若感染邪毒发热则为产后发热中的危急重症，及时治疗抢救多可痊愈，失治、误治可危及生命。治疗时要把握时机，准确辨证，合理诊治，及时控制病情，以防他变。

（三）乳腺炎

分娩后产妇血中雌激素、孕激素及胎盘生乳素水平急剧下降，抑制下丘脑分泌的催乳素释放抑制因子，在催乳素作用下，乳汁开始分泌。婴儿吸吮及不断排空乳房是保持乳腺不断泌乳的重要条件。由于乳汁分泌量与产妇营养、睡眠、情绪和健康状况密切相关，保证产妇休息、足够睡眠和营养丰富饮食，并避免精神刺激至关重要。若肝气郁滞，乳汁不能正常排空，出现乳汁淤积，导致乳房红肿、胀痛及硬结形成，化热成脓，发为乳腺炎。若为细菌感染所致，常伴随发热、寒战、倦怠、食欲不佳等其他症状，超声检查有液平段，穿刺可抽出脓液。多发生于哺乳期妇女，尤其是初产妇，应积极就诊。同时可以选加精油辅助治疗。

（四）便秘

产褥期活动减少，肠蠕动减弱，加之腹肌及盆底肌松弛，容易便秘。此外产后多亡血伤津，肠燥失润；或脾肺气虚，传导无力；或阳明腑实，肠道阻滞，导致新产后或产褥期大便数日不解，或艰涩难以排出等表现。产后便秘被称为常见的新产三病之一。

（五）产后身痛

产后百脉空虚，气血不足，若逢风、寒、湿邪乘虚而入，经脉闭阻，"不通则痛"，或经脉失养，"不荣则痛"，导致产妇在产褥期内出现肢体关节酸楚、疼痛、麻木、重着，关节活动不利甚至关节肿胀，或痛处游走不定，或关节刺痛，或腰腿疼痛。可伴面色不华，神疲乏力，或恶露量少色暗，小腹疼痛拒按，恶风怕冷等症，称为产后身痛，亦称产后关节痛、产后风。本病多突发，常见于冬春严寒季节分娩者。

二、精油如何帮助产后护理

产后护理一般需要注意，居室寒温适宜，空气流通，阳光充足；衣着温凉合适，厚薄得当，以防受凉或中暑；饮食清淡，富含营养，容易消化，不宜过食生冷、辛辣、肥腻和煎炒之品；注意劳逸结合，以免耗气伤血；保持心情舒畅，以防情志致病。产后百日内不宜交合，以防房劳所伤；保持外阴清洁，以防邪毒滋生。除了产后一般的保健护理外，还可以根据相应的症状配合植物精油调摄产妇身心健康。产后忧郁症、产后发热、产后乳腺炎、产后便秘、产后身痛、产后塑身以及妊娠纹的修复都可以用精油进行调理。

产后多虚、多瘀，应当注意扶正去邪，中病即止。可以选加一些作用于神经、呼吸、消化、免疫等多系统的植物精油辅助治疗，以达到退热、消炎镇痛、抗菌、抗病毒、提振精神、增强机体免疫力的目的。

三、芳香应用指引

（一）产后忧郁症

1. 推荐用油　乳香、快乐鼠尾草、佛手柑、野橘、玫瑰、檀香、薰衣草、依兰依兰等。

2. 使用方法

（1）香熏：取以上精油3~4种，每种1~2滴，滴入香熏器中香熏。

（2）脊椎疗法：乳香、快乐鼠尾草、佛手柑、野橘各3滴，椰子油打底，依次分层涂抹脊椎、脚底。

（3）泡澡：玫瑰、野橘各1滴、檀香3滴；或薰衣草、依兰依兰各2滴，滴入100mL牛奶中，倒入浴缸泡澡。

（4）内服：选择柑橘类精油2滴，滴入温水中饮用，每天2~3次。

（二）产褥期保养

1. 推荐用油　乳香、快乐鼠尾草、檀香、天竺葵、生姜、薰衣草、野橘等。

2. 使用方法

（1）口服：每天早晚舌下含服乳香2滴，调气活血止痛，缓解产后瘀血刺痛，促进子宫恢复，还能激发免疫系统，增强免疫力，抵抗感染。

（2）脊椎疗法：选择以上3~5种精油，每种2~3滴，用椰子油打底后，分层涂抹脊椎和脚底，促进产后恢复。

（三）产后发热

1. 推荐用油　薰衣草、茶树、尤加利、迷迭香、柠檬、乳香、生姜、香蜂草等。

2. 使用方法

（1）香熏：取以上精油 3~4 种，每种 2 滴，滴入香熏器中香熏。

（2）涂抹：取以上精油 3~4 种，每种 1~2 滴，椰子油打底，分层涂抹于颈部、耳后、背部及足底，每天 2~3 次。

（四）产后乳房相关用油

1. 推荐用油　野橘、茶树、麦卢卡、乳香、没药、薰衣草、百里香、迷迭香、藿香、细胞修复复方、薄荷等，镇静止痛，消炎杀菌，平衡情绪，缓解压力，提升免疫力。

2. 使用方法

（1）可用薰衣草、柑橘复方各 1~2 滴，或搭配细胞修复复方、丁香、百里香、迷迭香各 1~2 滴，用椰子油 1∶（1~3）稀释后涂抹于乳房和足底反射区，并轻柔按摩加热敷，每天 2 次。可强效抗菌，消炎止痛，激发免疫功能。

（2）用快乐鼠尾草、罗勒、茴香各 1~3 滴，椰子油 1∶（1~3）稀释后涂抹于乳房，可以增加乳汁量。

（3）若母亲患有不宜进行母乳喂养的疾病则应尽早回奶，停止哺乳，必要时可以辅以药物，也可选用薄荷、茉莉精油各 1~2 滴，椰子油 1∶（1~3）稀释后涂抹于乳房，辅助产妇回乳。

（五）产后便秘

新产后要注意饮食调养，多饮水，多食清淡新鲜蔬菜，少食辛辣、煎炒、炙煿之品，还应早期起床活动，同时养成每日定时排便的习惯，预后多良好。如控制不佳，可继发肛肠疾病。

1. 推荐用油　消化复方、当归、柠檬、生姜、野橘、甜茴香等。

2.使用方法

（1）涂抹：消化复方、当归、柠檬、生姜或甜茴香各 2~3 滴，椰子油 1 :（1~3）稀释，涂抹于腹部、腰骶部、脚底，顺时针方向按摩 40~100 次，最后点按前臂（背侧）腕背横纹上 3 寸支沟穴 3~5 分钟。每天早晚 2 次。

（2）内服：消化复方、柠檬精油各 3 滴，装胶囊服用，或滴入一汤勺蜂蜜冲服，每天早晚 2 次。

（六）产后身痛

产后身痛多与体质差异、病情轻重、治疗调摄是否得当有关，若能及时治疗，大多可以治愈，预后亦佳。本病以预防为主。应注重产褥期卫生和产后护理，避免居住在寒冷潮湿的环境中，注意起居保暖；防止外邪侵袭。加强营养，增强体质，适当活动，保持心情舒畅。

1.推荐用油　当归、乳香、檀香、冬青、永久花、冷杉、生姜、薰衣草、马郁兰、丝柏、罗勒、天竺葵、甜茴香等。

2.使用方法

（1）局部涂抹：针对不同病因，选取以上 3~4 种精油，每种 3 滴，椰子油 1 :（1~3）稀释，局部涂抹加穴位按摩，可以减轻疼痛，消除炎症，缓解僵硬，改善循环，促进修复。

（2）脊椎疗法：选择以上精油 5~6 种，每种 2~3 滴，椰子油 1 :（1~3）稀释打底，涂抹脊椎，点按疼痛局部，最后热敷。

（七）产后塑身

1.推荐用油　代谢复方、圆柚、迷迭香等。

2.使用方法

（1）内服：取代谢复方、圆柚精油各 2~4 滴，早、中、晚三餐前 1 小时口服，充足饮水，或灌入空胶囊服用。促进新陈代谢、消脂减肥。

（2）涂抹：取代谢复方、圆柚精油各 4~8 滴，迷迭香 2 滴，椰子油 1 :（1~3）稀释，在脂肪堆积处涂抹，顺时针按摩 10 分钟，然后热敷 15~20 分钟，提高肌肤活力，去除多余脂肪。

（八）妊娠纹修复

1. **推荐用油**　亮丽年华、乳香、没药、永久花、丝柏、麦卢卡、薰衣草、罗马洋甘菊等，可抗炎症，修复受损细胞，收敛紧致肌肤，帮助松弛的肌肤恢复弹性，帮助皮肤伤口愈合，防止瘢痕产生。

2. **使用方法**　选用以上精油 2~4 种，每种 2~3 滴，椰子油 1 :（1~3）稀释，局部涂抹。

第七章　男科疾病

男科疾病主要指男性勃起功能障碍、射精功能障碍、男性不育、男性生殖器疾病、前列腺疾病等。

男性生殖系统包括内生殖器和外生殖器两部分。内生殖器由生殖腺（睾丸）、输精管道（附睾、输精管、射精管和尿道）和附属腺（精囊腺、前列腺、尿道球腺）组成。外生殖器包括阴囊和阴茎。

睾丸位于阴囊内，大小为 3cm×3cm 左右，质地偏硬，主要为生殖功能与性功能。睾丸精曲小管产生初级精子，在盘曲的附睾管内成熟，获能后进入精囊管内备用。性生活时，与前列腺液、精囊液混合成精液，由尿道排出体外。

睾丸的营养由睾丸动脉供应，睾丸动脉起源于腹主动脉，可见睾丸这一器官的重要性。精索静脉回流于大循环。由于左侧精索静脉呈直角，回流于肾静脉阻力较大，长期站立或过度参与如篮球、排球、长跑等运动，会导致左侧精索曲张，从而造成血液供应侧的睾丸、附睾营养不良，精子发育不良，最终导致男性不育。

前列腺是生成精液的最大器官，其液体主要提供多种酶类，为碱性，是液化精液的主角。一旦精液进入女性生殖道，中和酸性的阴道液，使精子能全力上游，以达到受孕的目的。当性生活过度，人体营养不良，前列腺受细菌（很少见）、生化、物理因素导致炎症时，前列腺液的成分就会发生改变，造成生殖功能障碍。

虽然男性尿道不易产生外源性下尿路细菌感染，但如果包皮过长、包茎，加上不注意外生殖器的卫生，就很容易产生尿道感染（包括细菌性、病毒性）。

第一节　小儿包茎、包皮过长

一、什么是小儿包茎、包皮过长

小儿包茎是指包皮过长，不能翻到冠状沟部位。如果包皮长，而包皮能够翻到冠状沟部位，就不叫包茎，称包皮过长。

二、小儿包茎、包皮过长的临床表现

小儿包茎或包皮过长是先天存在的，小儿出生后开始正常代谢及分泌排泄时，包茎或包皮过长对排尿有一定影响。排尿后包皮腔内往往有少许遗留尿液，再加上积存的皮脂分泌物和上皮脱屑，将逐渐形成块状包皮垢，这是细菌繁殖的培养皿。如不注意局部清洁卫生，则容易导致包皮龟头炎、尿道感染，易诱发阴茎癌。

三、精油如何调理小儿包茎、包皮过长

不能上翻的小儿包茎，2 岁内可考虑手术治疗。小儿包茎也可以自行上翻的，由大人帮助，每天向上翻一点，同时应用稀释后的茶树与乳香精油涂于局部，消炎止痛，修复受损细胞，减缓不适感。

四、芳香应用指引

1. **推荐用油**　茶树、乳香、马郁兰。

2. **使用方法**　乳香、茶树精油各 1~2 滴，椰子油 1：（3~10）稀释，涂于包皮上，一天 2 次，3 天一个疗程。起到活血化瘀，增强包皮弹性，以利包皮上翻与缩短包皮上翻的时间，减轻每天过分上翻导致的包皮疼痛（包皮微撕裂）。也可加马郁兰 1 滴，椰子油稀释外涂，有舒缓肌肉组织作用。

第二节　精索静脉曲张

一、什么是精索静脉曲张

精索静脉曲张是一种血管病变，指精索内蔓状静脉丛的异常扩张、伸长和迂曲，可导致疼痛不适及进行性睾丸功能减退，是男性不育的常见原因之一。

二、精索静脉曲张的临床表现

由于长期久立劳累导致静脉内的瓣膜功能受损失调，血液回流不全，反流于下端静脉内，静脉容积不得已扩张、扭曲，形成阴囊内可触的蚯蚓状、团状结构，曲张的精索静脉因为过度劳累可出现阴囊疼痛不适及下坠感，加上排泄废物及毒素的功能减退，会使患侧的睾丸、附睾营养不良，影响男性生育。

三、精油如何调理精索静脉曲张

得了精索静脉曲张，建议去医院检查，三度以上患者建议首选手术治疗，术后该症还会复发，可进行芳香疗法预防。小于二度者可考虑芳香疗法。可用乳香、丝柏精油活血通脉，改善血液循环，减缓静脉曲张。

四、芳香应用指引

1. **推荐用油**　乳香、丝柏等。

2. **使用方法**　乳香、丝柏各2滴，椰子油1∶5稀释，直接涂抹于左侧大腿内侧，也可同时用于同侧阴囊及小腹部，一般1周内4小时一次，1周后一天三次。同时建议运动改为游泳或俯卧撑，3天一次，运动强度以自己略感疲乏时终止为度，若能睡前洗个冷水澡，浴后擦干、擦红皮肤，效果更好。

第三节　男性尿道感染

一、什么是男性尿道感染

男性尿道感染是指由病原微生物侵入男性尿道而引起的感染。多因不洁性行为或包茎感染引起。

二、男性尿道感染的临床表现

可见尿道刺痛、流脓，延误就诊，可使感染上行，出现尿频、尿痛、尿急症状，甚或发热。发热39℃以上应去医院就诊；虽有尿道流脓但无发热可先接受芳香疗法。

三、精油如何调理男性尿道感染

中医认为淋证系湿毒下注所致。临床应使用清热解毒利湿类的精油，如茶树、柠檬等。

四、芳香应用指引

1.**推荐用油**　柠檬、茶树、尤加利、防卫复方精油等。

2.**使用方法**

（1）内服：柠檬精油4~6滴，滴入温水中饮用，4小时一次；严重者用柠檬4滴、茶树精油2~4滴，滴入盛有250mL温水的玻璃杯中饮用，10分钟后再喝500mL的温水，以促进毒素排泄。

（2）涂抹：局部用茶树、尤加利、防卫复方精油各1~2滴，直接涂抹于尿道外表面及阴茎腹侧皮肤（敏感体质可以用椰子油 1∶1 稀释），如有尿频、尿急、尿痛的膀胱刺激症状可涂抹少腹部、膀胱部位，4 小时一次，症状改善后一天三次。

第四节　前列腺炎

一、什么是前列腺炎

前列腺炎是由前列腺特异性和非特异感染引起，以尿道刺激症状和慢性盆腔疼痛为主要临床表现的前列腺急慢性炎症。多为慢性无菌性，急性细菌性前列腺炎很少见。由于前列腺特有的包膜屏障，一般不容易出现感染、炎症。只有出现了全身抵抗力下降、过度疲劳和性生活不规则、过多（包括手淫）、过少或长期禁欲，过度嗜好烟酒、刺激性食物，及感冒或身体不适时过性生活，引起前列腺长期慢性瘀血，抵抗力下降，为致病体提供感染的机会。

二、前列腺炎的临床表现

前列腺炎属于中医学尿浊、热淋、劳损等范畴。其发病与肝经湿热下注；肝郁气滞，所欲不能，瘀血阻络；房劳过度伤及肾阴等相关。

急性前列腺炎是指前列腺特异性细菌感染所致的急性炎症，主要表现为尿急、尿频、尿痛、直肠及会阴部痛，多有恶寒发热等。

慢性前列腺炎临床表现众多，这是因为前列腺位于盆腔，受众多交感、副交感神经激素影响，常见有三类：

1.**神经官能症型**　其临床表现为失眠、少腹部不适、尿频、排尿不畅、性功能较差甚或障碍，一旦患病时间较长，又得不到正确的治疗，偏听偏信慢性前列腺炎是不治之症，则造成精神上的障碍，常感觉尿痛，尤其表现为少腹部不适、会阴部下坠，大小便不正常等植物神经功能失调的现象。

2.**炎症型**　表现为尿频、尿急、少腹部不适、很少尿痛，多为酒后、感冒、慢性牙龈炎、咽喉炎治疗后性生活引起，也可因性生活太多或太少所致。大多为非细菌性炎症。炎症使前列腺肿胀，前列腺交感神经过度敏感，导致膀胱颈口的后尿道肌群开合功能失调所致。

3. 肾虚型 表现为没有晨勃，或不坚，即使勉强行之也易腰酸、头晕、眼花、早泄，房事后精神萎靡，或全身乏力，精神不振，同时伴有腰骶部酸痛，少腹不适，尿频，甚或尿滴沥。

三、精油如何调理慢性前列腺炎

由于有前列腺"包膜屏障"的存在，药物很难进入前列腺，直接影响治疗效果。有些高品质的植物精油分子量小，亲脂性、渗透性强，可以透过包膜直达病所，加上植物精油在抗菌、抗病毒、调节免疫、抗氧化修复细胞、调节情绪方面都有不俗的表现。经我们多年观察前列腺炎只要诊断明确，用油到位，可以取得预期效果。

另外需要注意的是，慢性前列腺炎导致的症状在临床上证型不是非常分明，这就需要临床芳疗师酌情处理，同样可以取得预期效果。

四、芳香应用指引

（一）神经官能症型

1. 推荐用油 野橘、平衡复方、消化复方、益肾养肝复方、细胞修复复方、薰衣草、岩兰草、雪松等。

2. 使用方法

（1）嗅吸：野橘精油嗅吸，一天 3~4 次。

（2）香熏：失眠、乏力等，可加用薰衣草、岩兰草、雪松，每种 2 滴，临睡前滴入香熏器中香熏，增强安抚情绪的作用。

（3）涂抹：平衡复方精油涂抹于头顶百会穴，一天 3~4 次，晚上涂抹于足底涌泉穴。

如有少腹部、会阴不适的患者可用疏肝理气的消化复方精油涂抹少腹部及尾骶部，一天 3 次，一次 1~2 滴，晚上可涂抹足底。

（4）内服：如伴有勃起功能不佳、不坚症状者，可服用益肾养肝、细胞修复复方精油，每种 4 滴，灌入空胶囊中，每次 1 粒，每天 2 次，或直接服用益肾养肝胶囊、细胞修复复方胶囊 1~2 粒，每天 2 次，一般来说，3个月为一个疗程，取效后可隔天使用。

（二）炎症型

1. 推荐用油　细胞修复复方、柠檬、薰衣草、薄荷、西洋蓍草、茶树、消化复方等精油。

2. 使用方法

（1）内服：细胞修复复方精油 6~8 滴，灌入胶囊内服用，每次 1 粒，每天 3 次。也可用柠檬、薰衣草、薄荷、茶树各 1~2 滴，灌入空胶囊内，每次 1 粒，一天 3 次，温水送服。如有小腹部不适，也可用消化复方、西洋蓍草各 2 滴，滴入温水中饮用。

（2）涂抹：如有小腹部不适，也可用消化复方、西洋蓍草精油各 2 滴，椰子油 1 :（1~3）稀释，涂抹局部。

值得注意的是，上述症状消失后请不要马上恢复性生活，应根据自己的体质来决定。

（三）肾虚型

1. 推荐用油　补肾养肝复方、快乐鼠尾草、西洋蓍草、丝柏、细胞修复复方等精油。

2. 使用方法

（1）内服

①补肾养肝复方、快乐鼠尾草、西洋蓍草各 2 滴，灌入空胶囊中，每次 1 粒，一天 3 次。

②如患病时间较长，经久不愈，建议服用活力保健套组，一天 2 次，每次每种 2 粒，空腹服用。

（2）涂抹：如有腰骶部酸痛，可用补肾养肝复方、快乐鼠尾草、丝柏、细胞修复复方精油各 2 滴，椰子油 1 :（1~3）稀释，涂抹局部。

第五节　前列腺增生

一、什么是前列腺增生

前列腺增生症指的是前列腺比正常时候要增生、肥大。前列腺增生症是中老年男性常见的一种疾病。前列腺位于膀胱颈口，其大小为 4cm×3cm×2cm，形如栗子，其中内含前列腺尿道，因此前列腺不规则增生可压迫尿道或因膀胱颈口、前列腺包膜收缩不规则影响排尿。

二、前列腺增生的临床表现

一旦出现排尿梗阻、尿频、排尿无力、夜尿增多，B超检查出现前列腺大于 4cm×3cm×2cm，膀胱残余尿 < 80mL，以及前列腺有斑块，不规则阴影时即可被认为前列腺增生伴炎症，有治疗的必要。

三、精油如何调理前列腺增生

可用细胞修复复方、益肾养肝复方精油，提高膀胱的收缩力，并调节膀胱颈口的开合能力，也可应用肉桂、冷杉等大树类精油。

四、芳香应用指引

1. **推荐用油**　杜松浆果、乳香、细胞修复复方、雪松、消化复方、补肾养肝复方等。

2. **使用方法**

（1）细胞修复复方、补肾养肝复方精油各 2 滴，椰子油 1∶3 稀释，临睡时涂抹于会阴、腰骶部与足底，一个疗程为 3 个月。年久的前列腺增生建议加乳香精油护理，以上精油加乳香各 2 滴，一年 1~2 个疗程，3 年为一个阶段。

（2）伴有前列腺炎症状的，如小腹部及腰骶部酸痛，加用消化复方、乳香、杜松浆果、雪松各 1~2 滴，局部涂抹，椰子油 1∶1 打底。

第六节　性功能障碍

一、什么是性功能障碍

男性性功能和性满足无能，常表现为性欲障碍、阳痿、早泄、遗精、不射精和逆行射精等。性行为既是本能的反应，更是以精神心理活动为基础的生理活动，因而男子性功能障碍除部分因全身疾病、生殖系统疾病、器官性病变所致，大部分患者属于性心理功能障碍，器官性疾病引起极少见（如脊髓外伤的截瘫）。没有正确的性爱观就会产生性功能障碍，性功能障碍必须男性女性共同治疗。

二、性功能障碍的临床表现

1. **勃起不坚**　严重阳痿，必须了解病因是感情上引起，还是由于慢性前列腺炎所致。若是心理上的，其临床表现是该挺时不挺，该萎时不萎。可以用调节情绪方面的精油。

2. **早泄**　是指房事时精液排泄于女方生殖道外。原因主要是射精阈值过低，或自我调节兴奋性缺乏自律。

3. **不育**　男性不育是指夫妇同居 1 年以上，没有采取任何避孕措施，由于男方的因素，造成女方不孕。任何影响精子产生、成熟、排出、获能或受精的因素都可导致男性不育。男性不育的常见原因有原发性不育与继发性不育。原发性多与 Y 染色体缺陷、睾丸发育异常、先天性输精管缺如等有关，继发性多见于男性精索静脉曲张、慢性前列腺炎及睾丸功能障碍导致的精子发育异常。

三、精油如何调理性功能障碍

针对性功能障碍的不同病因病机及临床表现施以不同的方法。如不育症因精子的发育异常者，大多与营养不良有关，改善人体的营养状况除了饮食因素、体能因素、排泄因素外，还需应用支持生育、改良精子质量的精油，如杜松浆果、天竺葵、茉莉、玫瑰、快乐鼠尾草等。

四、芳香应用指引

（一）勃起不坚严重阳痿

1. 推荐用油　依兰依兰、快乐鼠尾草、雪松、平衡复方、肉桂、玫瑰、夏威夷檀香、细胞修复复方、补肾养肝复方等精油。

2. 使用方法

（1）香熏：因心理因素引起者，选择依兰依兰、快乐鼠尾草、雪松、玫瑰等精油 2~3 种，每种取 2 滴，滴入香熏器中香熏。

（2）涂抹：用平衡复方精油，房事前涂抹于百会、涌泉穴；必要时可选用依兰依兰、快乐鼠尾草、雪松、肉桂等 2~3 种，每种 1~2 滴，椰子油 1：3 稀释，涂抹大腿根部；女方可同时应用玫瑰精油，应用的时间拿捏需双方调整，一般是房事 1~2 小时前。

（3）内服：若因慢性前列腺炎所致则可应用细胞修复复方、益肾养肝复方精油，每种 2~3 滴灌入胶囊内服用，每次 1~2 粒，每天早晚 2 次。

（二）早泄

1. 推荐用油　补肾养肝复方、平衡复方、快乐鼠尾草、玫瑰、茉莉、依兰依兰。

2. 使用方法　补肾养肝复方、快乐鼠尾草、依兰依兰各 4 滴，茉莉 2 滴，椰子油 1：3 稀释，涂抹于关元穴、气海穴、会阴部、大腿内侧，也可在男方脚底涂抹薰衣草 2 滴、平衡复方 2 滴，女方房事前用玫瑰、依兰依兰精油各 2 滴，嗅吸并涂抹关元穴、气海穴、会阴部等提高性趣，凡是令人愉悦快乐的精油均可应用，提高双方的满意度。

（三）不育

原发性不育一般不能治愈。对继发性不育，主要针对病因进行调理。本处主要是针对睾丸功能异常引起的精子发育异常。

1. 推荐用油　玫瑰、依兰依兰、快乐鼠尾草、补肾养肝复方等精油。

2. 使用方法

（1）外涂：取以上精油每种 2 滴，椰子油 1：1 稀释，涂抹小腹部、大腿内侧及腰骶部。

（2）内服：以上精油各 2 滴，灌入胶囊，每次 1 粒，每天早晚 2 次。

第八章 小儿科疾病

第一节 小儿概论

一、小儿年龄分期及各期特点

1. **胎儿期** 从受孕到分娩共 40 周，胎龄满 28 周到出生后 7 天，为围生期。

2. **新生儿期** 自出生后脐带结扎起到生后满 28 天。

3. **婴儿期** 从生后 28 天到满 1 周岁。这是小儿出生后生长发育最迅速的时期（第一次高峰）。易患脾胃疾病、感染性疾病。

4. **幼儿期** 1 周岁后到 3 周岁。保健重点为防止意外创伤和中毒、营养不良、消化紊乱及传染病。

5. **学龄前期** 3 周岁后到 7 周岁。性格特点形成的关键时期。

6. **学龄期** 从 7 岁后到青春期来临（一般为女 12 岁，男 13 岁）。体格稳步增长，除生殖系统以外的其他器官发育到本期末已接近成人水平。

7. **青春期** 从第二性征出现到生殖功能基本发育成熟、身高停止增长的时期称为青春期。女孩，11~12 岁到 17~18 岁；男孩，13~14 岁到 18~20 岁。

二、小儿生理特点

1. **脏腑娇嫩，形气未充** 这是概括地说明小儿处于生长发育时期，其机体脏腑的形态未成熟、各种生理功能未健全。脏腑柔弱，对病邪侵袭、药物攻伐的抵抗力和耐受能力都较低。

"形气未充"又常表现为五脏六腑的功能状况不够稳定。如肺主气、司呼吸，小儿肺脏娇嫩，表现为呼吸不匀、息数较促，容易感冒、咳喘；脾主运化，小儿脾常不足，表现为运化力弱，摄入的食物要软而易消化，饮食有常、有节，否则易出现食积、吐泻；肾藏精、主水，小儿肾常虚，表现为肾精未充，婴幼儿二便不能自控或自控能力较弱等；心主血脉、主神明，小儿心气未充、心神怯弱未定，表现为脉数，易受惊吓，思维及行为的约束能力较差；肝主疏泄、主风，小儿肝气未实、经筋刚柔未济，表现为好动，易发惊惕、抽风等症。

2. 生机蓬勃，发育迅速　小儿的机体，无论是在形态结构方面，还是在生理功能方面，都在不断地、迅速地发育成长。如小儿的身长、胸围、头围随着年龄的增加而增长，小儿的思维、语言、动作能力随着年龄的增加而迅速地提高。小儿的年龄越小，这种蓬勃的生机就越明显。

我国现存最早的儿科专著《颅囟经·脉法》中说："凡孩子三岁以下，呼为纯阳……元气未散。"将小儿这种蓬勃生机、迅速发育的生理特点概括为"纯阳"。这里的"纯"指小儿先天所禀的元阴元阳未曾耗散，"阳"指小儿的生命活力，犹如旭日之初生，草木之方萌，蒸蒸日上，欣欣向荣。

三、小儿病理特点

1. 发病容易，传变迅速　小儿脏腑娇嫩，形气未充，阴阳二气均属不足，年龄越小，脏腑娇嫩的表现就越突出。所谓"稚阳体，邪易干"。由于小儿卫外功能较差，对外邪的抵抗能力弱，加上其对寒热不能自调，饮食不能自节，一旦调护失宜，则外易为六淫之邪侵袭，内易为饮食所伤，故容易生病。小儿发病突出表现在肺、脾、肾系疾病及传染病方面。

（1）肺为娇脏，其位置最高，肺的功能主宣发肃降，司呼吸，主一身之气。小儿之肺气宣发肃降功能不完善，卫表未固，易感受外邪，六淫外邪之气不论是从口鼻而入，还是从皮毛而受，均易先犯于肺，引发感冒、咳嗽、肺炎喘嗽、哮喘等肺系病证，使肺系疾病成为儿科发病率最高的一类疾病。

（2）小儿"脾常不足"，其脾胃之体成而未全、脾胃之气全而未壮，因小儿处于快速的生长发育阶段，脾为后天之本，气血生化之源，须为小儿迅速成长提供物质基础。小儿脾胃的功能状态与小儿快速生长发育的需求常不相适应，故而由于乳食失节、食物不洁、脾运失健等因素导致的呕吐、泄泻、腹痛、积滞、厌食等脾系病证较为常见，其发病率在儿科仅次于肺系病证而居第二位。

（3）小儿"肾常虚"，是针对小儿"气血未充，肾气未固"而言。肾藏精，主骨，为先天之本。肾的这种功能对身形尚未长大、多种生理功能尚未成熟的小儿更为重要，它直接关系到小儿骨、脑、发、耳、牙的功能及形态，关乎生长发育和性功能成熟。因而临床多能见到肾精失充、骨骼改变的疾病，如小儿五迟、五软、解颅、遗尿、水肿等。

（4）小儿形气未充，御邪抗邪的能力较弱，易于感受各种时邪疫毒。邪从鼻入，肺卫受袭，形成麻疹、流行性腮腺炎、水痘等传染病；邪从口入，脾胃受邪，导致痢疾、霍乱、肝炎等传染病。传染病一旦发生，又易于在儿童中相互染易，造成流行。

（5）小儿病理特点的另一方面表现为"心常有余""肝常有余"，这是指儿科临床上易见心惊、肝风病证。小儿生理上心神怯弱、肝气未盛，病理上易感外邪，各种外邪均易从火化，因此，易见火热伤心生惊、伤肝引动肝风的证候。

（6）小儿发病及传变迅速，主要表现为易虚易实、易寒易热。

①易虚易实：小儿患病之初常见邪气呈盛势的实证，但由于其正气易伤而虚，可迅速出现正气被损的虚证或虚实相兼之证。如小儿不慎感受外邪而患感冒，可以迅速发展成为肺炎喘嗽，皆属实证；若此时邪热炽盛，正气不支，可以产生正虚邪陷、心阳虚衰的虚证，或夹有气滞血瘀的虚实夹杂证。又如小儿泄泻，起病多由乳食不节或湿热邪气所致，可见腹痛腹胀，发热吐泻，舌苔厚腻等，属实热之证；若失治误治，或邪毒过盛，正不敌邪，则易迅速出现气阴两伤或阴竭阳脱之变证。

②易寒易热：是指在疾病过程中，由于小儿"稚阴未长"易见阴伤阳亢，表现为热证；小儿"稚阳未充"易见阳气虚衰，表现为寒证。小儿易寒易热常与易虚易实交替出现，在病机转化上，形成寒证、热证迅速转化或夹虚或夹实。如小儿风寒外束的表寒实证，易转化为外寒里热，甚至邪热入里的实热证，失治或误治易转变为阳气虚衰的虚寒证，或阴伤内热的

虚热证等。

2.**脏气清灵，易趋康复**　与成人相比，小儿脏腑少七情之伤，无色欲之念，加之小儿的机体生机蓬勃，脏腑之气清灵，随拨随应，对各种治疗反应灵敏；又小儿宿疾较少，病情相对单纯。因而，小儿生病虽具有发病容易、传变迅速的特点，但一般说来，病情好转的速度较成人快、疾病治愈的可能也较成人大。如小儿感冒、咳嗽、泄泻等病证多数发病快，好转也快，小儿哮喘、癫痫、阴水等病证虽病情缠绵，但其预后较成人相对为好。

精油使用安全、方便、快捷。可通过嗅吸、涂抹，大龄儿童也可通过口服方式来使用。精油提取自植物，它同中药一样，具有四气五味及其功效，可根据中医临床辨证使用，达到更好的效果。

第二节　小儿发热

一、什么是小儿发热

发热是医学术语，又称发烧。是指体温超过正常范围高限，是小儿十分常见的一种症状。小儿的正常体温受性别、年龄、昼夜及季节变化、饮食、哭闹、气温，以及衣被的厚薄等因素影响，有一定范围的波动。体温（腋温）超过37.5℃可定为发热。体温稍有升高，不一定有病理意义。在小儿体温升高时，要注意观察患儿的精神和举止。体温38℃，精神萎靡的孩子，和体温39℃，但仍然精神好、活泼好动的孩子相比，前者更值得关注。而机体抵抗力低的孩子，纵使患了严重的疾病，很可能也不会发热。

二、小儿发热的临床表现

发热本身可由多种疾病，如感染、肿瘤、自身免疫病和血液病等引起，无法明确归类。食物、过多衣物、情绪兴奋、激烈运动等，都会提升体温。在多数情况下，发热是身体对抗病原入侵的一种保护性反应，是人体正在发动免疫系统抵抗感染的过程。但发热过高或长期发热会影响小儿的身体健康，因此，对确认发热的孩子，应积极查明原因，针对病因进行治疗。

1. 发热程度分级（腋温）　低热 37.5~38.0℃；中等热 38.1~39.0℃；高热 39.1~40.0℃；超高热 40℃以上。

2. 发热引起的并发症

（1）脱水及电解质紊乱：高热容易造成脱水，也因服退热药大量出汗，使体内丧失水分。脱水不仅使退热困难，还会影响新陈代谢和血液循环，发生酸中毒等。同时血中钠浓度升高，血液高渗，患儿会发生口干口渴、烦躁不安，甚至说胡话或抽搐，热度不仅不退且会更高，可能会电解质紊乱，多见于平时有营养不良的婴幼儿。

（2）热性惊厥：有些患儿发热时可发生抽搐，多发生于高热骤起之时，只要抽搐时间不长，处理得当，对孩子健康影响不大。但如惊厥时间长，容易引起不良反应。

（3）脑水肿：体温超过 41℃，体内蛋白质会发生分解，可引起脑水肿而致患儿死亡或留下脑部后遗症。因此，孩子出现 40℃以上高热时必须紧急处理。

三、精油如何调理小儿发热

本节内容所指引的芳香疗法需在医生指导下，配合治疗，一旦高热不退，病情变化须及时就医，不能耽误治疗。

发热虽由很多种原因导致，如感染、肿瘤、自身免疫病和血液病等，但对儿童来说大多是感染引起，如病毒感染、细菌感染、不典型病原体感染等。我们这里讲到的发热，就是指外感发热。大多数精油本身具有很好的抗菌、抗病毒之功效，并且精油本身如同中药具有寒热温凉属性，纯度较高的精油可迅速进入人体循环系统，快速起效。再者使用精油退热有方便、安全，如生姜、芫荽精油辛温，均有发汗解表之功效；防卫复方精油亦是由辛温解表、散寒、行气功效的精油组成，故针对风寒外感发热有效；薄荷、茶树、薰衣草具有辛凉解表、清热解毒之功效，故对风热外感发热有效。此外外感温热病、时行疾病（麻疹、水痘等传染病）及内伤发热，属于热性的发热，亦可参照风热外感发热使用。

四、芳香应用指引

1. **风寒外感引起发热**　发热、畏寒、无汗，头痛，流涕，鼻塞，喷嚏，苔薄白，指纹鲜红，脉浮紧。

（1）推荐用油：生姜、芫荽、防卫复方精油。

（2）使用方法：以上精油各1~2滴，滴在温水里泡脚，可配合椰子油稀释后在背部脊椎两侧涂抹并捏脊。也可熏香。

2. **风热外感引起发热**　发热、有汗，微恶风，头痛、流脓涕、咽喉红肿疼痛，舌红苔薄黄，指纹浮而紫红，脉浮数。

（1）推荐用油：薄荷、薰衣草、茶树精油。

（2）使用方法：以上精油各1~2滴，配合椰子油稀释后在前额、颈部涂抹；或将2~3滴薄荷、薰衣草、茶树精油加于100mL温水中（玻璃水杯或瓷碗），放入毛巾。浸湿后拧干湿巾，湿敷额头、颈部、腋下、腹股沟、上肢，避开眼睛，可帮助退热和消除头痛。

3. **并发惊厥者**

（1）推荐用油：薄荷、罗马洋甘菊、呼吸复方。

（2）使用方法：首先尽量将患儿头偏向一侧，使用薄荷、罗马洋甘菊、呼吸复方等精油，椰子油按年龄要求比例稀释，可以在人中、太阳、膻中、天突穴涂抹。切记及时就医，不要延误孩子的诊治。

注意事项：当孩子体温低于38.5℃时，可以不用退热药（既往无惊厥史），最好是多喝温开水，同时密切注意病情变化，或者用物理降温方法，若体温超过38.5℃，可以使用退热药，目前常用的退热药有小儿对乙酰氨基酚、布洛芬等，最好在儿科医生指导下使用。如患儿出现怕冷、寒战时，不适合使用薄荷等清凉精油，可用温水泡手或脚，适当保暖，手脚温热时再选择薄荷精油进行降温。

第三节 呼吸系统疾病

一、上呼吸道感染

（一）什么是上呼吸道感染

上呼吸道感染是婴幼儿常见疾病，也就是人们常说的感冒，是指上部呼吸道的鼻、咽和喉部的炎症，包括急性扁桃体炎、急性咽炎、急性鼻咽炎。一年四季都会发病，但冬春季节交替时较多。

（二）上呼吸道感染的临床表现

1. 发热恶寒、鼻塞流涕、喷嚏等症为主，多兼咳嗽，可伴呕吐、腹泻，或发生高热惊厥。

2. 四时均有，多见于冬春，常因气候骤变而发病。

小儿感冒的病因有外感因素和正虚因素。主要病因为感受外邪，以风邪为主，兼夹寒、热、暑、湿、燥邪，亦有感受时行疫毒所致。外邪侵犯人体，是否发病，还与正气之强弱有关，当小儿卫外功能减弱时遭遇外邪侵袭，则易于感邪发病。肺脏受邪，失于清肃，津液凝聚为痰，搏结咽喉，阻于气道，加剧咳嗽，此即感冒夹痰。小儿脾常不足，感受外邪后往往影响中焦气机，减弱运化功能，致乳食停积不化，阻滞中焦，出现脘腹胀满、不思乳食，或伴呕吐、泄泻，此即感冒夹滞。小儿神气怯弱，感邪之后热扰肝经，易导致心神不宁，生痰动风，出现一时性惊厥，此即感冒夹惊。

（三）精油如何调理上呼吸道感染

本节内容所指引的芳香疗法需在医生指导下，配合治疗，一旦病情变化须及时就医，不能耽误治疗。

感冒的中医辨证可从发病情况、全身及局部症状着手。冬春多风寒、风热及时行感冒，夏秋季节多暑邪感冒，发病呈流行性者为时行感冒。辨证时还应注意识别夹痰、夹滞、夹惊的兼证。须根据不同病邪，分别予以辛温解表、辛凉解表、清暑解表，如有夹痰、夹滞、夹惊的兼证，则需在解表的基础上清肺化痰、消食导滞、镇惊息风。

比如薄荷精油，属于寒性，具有辛凉解表、清利头目、利咽透疹、化湿和中之功效，可用于风热感冒，又可开窍醒神，对于感冒夹惊有良好效果。生姜精油辛温，能解表散寒，温中止呕，化痰止咳，既针对风寒感冒，又能针对感冒夹滞，一箭双雕。防卫复方精油中，丁香、肉桂、野橘、迷迭香辛温，能温中解表发汗，而尤加利精油又为辛凉，使配方之辛温不致太过，本复方精油因具有强大的抗菌、抗病毒功效，故可熏香、稀释后喷洒、净化空气及周围环境。呼吸复方精油由薄荷、茶树、尤加利、罗文莎叶组成，薄荷、茶树、柠檬辛、凉，疏散风热；罗文莎叶辛、温，辛温发散，和胃理气止痛，故既能辛凉解表，针对风热感冒，又能和胃理气，对消化不良起调节作用。对暑湿感冒可选用藿香、薄荷加含有生姜、茴香的消化复方精油，清暑化湿。

（四）芳香应用指引

1. **风寒感冒** 恶寒发热，无汗，头痛，鼻塞流涕，喷嚏，咳嗽，喉痒，舌淡红，苔薄白，脉浮紧。

（1）推荐用油：防卫复方、生姜、山鸡椒。

（2）使用方法

①香熏：以上精油 1~2 滴置于熏香器熏香；或滴在口罩中嗅吸，注意尽量避免精油接触面部皮肤。

②涂抹：精油按比例稀释后在迎香大椎穴、脊椎两侧涂抹；或者用椰子油稀释后涂抹脚底，并在背部做脊椎疗法。

2. **风热感冒** 发热重，恶风，有汗或无汗，头痛，鼻塞流脓涕，喷嚏，咳嗽，痰黄黏，咽红或肿，口干而渴，舌质红，苔薄白或黄，脉浮数。

（1）推荐用油：薄荷、尤加利、茶树、呼吸复方等精油。

（2）使用方法

①香熏：以上精油 1~2 滴置于熏香器熏香；或滴在口罩中嗅吸，注意尽量避免精油接触面部皮肤。

②涂抹：稀释后在迎香、膻中、天突、大椎穴涂抹；或者用椰子油按

比例稀释后涂抹脚底，并在背部做脊椎疗法。

3. 暑湿感冒 发热无汗，头痛鼻塞，身重困倦，微咳，胸闷泛恶，食欲不振，或有呕吐泄泻，舌质红，苔黄腻，脉数。

（1）推荐用油：消化复方、藿香、薄荷、茶树、牛至等精油。

（2）使用方法

①香熏：以上精油选取 1~2 种，熏香。

②涂抹：取以上精油各 1~2 滴，使用椰子油按比例稀释后涂抹胸腹部、足底。如有头痛，可以将薄荷稀释后涂抹太阳、风池、迎香、大椎穴。

4. 时行感冒 全身症状较重，壮热嗜睡，汗出热不解，目赤咽红，肌肉酸痛，或有恶心呕吐，或见皮肤疹点散布，舌红苔黄，脉数。

（1）推荐用油：呼吸复方、薄荷、牛至、茶树、罗马洋甘菊精油等。

（2）使用方法

①香熏：以上精油 1~2 滴置于熏香器熏香；或滴在口罩中嗅吸，注意尽量避免精油接触面部皮肤。

②涂抹：以上精油各 1~2 滴，椰子油稀释后在迎香穴、膻中穴、天突穴涂抹；或者用椰子油 5~10 滴稀释后涂抹脚底，并在背部做脊椎疗法。

5. 感冒夹痰 感冒兼见咳嗽较剧，咳声重浊，喉中痰鸣，苔滑腻，脉浮数而滑。

（1）推荐用油：呼吸复方、茶树、尤加利、没药、丝柏等精油清肺化痰。

（2）使用方法

①香熏：选择以上精油 2~3 种，每种 1~2 滴香熏。

②涂抹：取以上精油 2~3 种，每种 1~2 滴，椰子油按比例要求稀释后在膻中穴、天突穴及背部涂抹按摩。

6. 感冒夹滞 感冒兼见脘腹胀满，不思饮食，呕吐酸腐，口气秽浊，大便酸臭，或腹痛泄泻，或大便秘结，舌苔垢腻，脉滑。

（1）推荐用油：消化复方、茴香、茶树、薄荷、野橘、豆蔻等精油。

（2）使用方法

可选用以上精油各 1~2 滴，椰子油按比例要求稀释后，在腹部及足底进行涂抹及按摩。

7. 感冒夹惊

（1）推荐用油：薄荷、乳香、呼吸复方、罗马洋甘菊等精油。

（2）使用方法

①嗅吸：取以上精油 2~3 种，每种 1~2 滴香熏，或取呼吸复方、薄荷各 1 滴滴在口罩中佩戴，尽量避免精油接触面部皮肤。

②涂抹：选择以上精油 2~3 种，每种 1~2 滴，椰子油按比例要求稀释后在人中、太阳穴、膻中穴、天突穴涂抹、嗅吸。

二、咳嗽

（一）什么是咳嗽

咳嗽是一种防御性反射运动，可以阻止异物吸入，防止支气管分泌物的积聚，清除分泌物，避免呼吸道继发感染。咳嗽是小儿时期常见的一种症状。一年四季都可发生，以冬春二季发病率高。

许多疾病都可能有咳嗽症状，如呼吸道感染、支气管扩张、肺炎、咽喉炎等，咳嗽对西医来讲仅仅是一个症状，治疗上主要采用消炎、止咳。而中医认为，咳嗽虽然是肺脏疾病的主要症状之一，但自古就有"五脏六腑皆令人咳，非独肺也"之说，指出咳嗽不仅为肺脏疾病的表现，其他器官有病累及肺时，也可发生咳嗽。咳嗽发生的原因，有外感咳嗽和内伤咳嗽两大类。

（二）咳嗽的病因

1. **呼吸道感染与感染后咳嗽**　可兼见流涕、鼻塞、咽痛、咳嗽、有痰。

2. **咳嗽变异性哮喘**　是引起儿童，尤其是学龄前和学龄期儿童慢性咳嗽的常见原因之一。持续咳嗽 > 4 周，常在夜间和（或）清晨发作，运动、遇冷空气后咳嗽加重，临床上无感染征象或经过较长时间抗生素治疗无效；有过敏性疾病史包括药物过敏史，以及过敏性疾病阳性家族史。

3. **上呼吸道咳嗽综合征**　包括各种鼻炎（过敏性及非过敏性）、鼻窦炎、慢性咽炎、慢性扁桃体炎、鼻息肉、腺样体肥大等上呼吸道疾病可引起慢性咳嗽，既往诊断为鼻后滴漏（流）综合征，意即鼻腔分泌物通过鼻后孔向咽部倒流引起的咳嗽。表现为慢性咳嗽伴或不伴咳痰，咳嗽以清晨或体位改变时为甚，常伴有鼻塞、流涕、咽干并有异物感或咽后壁黏液附着感，少数患儿有头痛、头晕、低热等。

4. 胃食管反流性咳嗽　食管反流在婴幼儿期是一种生理现象。健康婴儿发生率为 40%~65%，出生后 1~4 个月达高峰，1 岁时多自然缓解。当引起症状和（或）伴有胃食管功能紊乱时就成为疾病，即胃食管反流病。

表现为阵发性咳嗽，有时剧咳，多发生于夜间；大多出现在饮食后，喂养困难。部分患儿伴有上腹部或剑突下不适、胸骨后烧灼感、胸痛、咽痛等；婴儿除引起咳嗽外，还可致窒息、心动过缓和背部呈弓形；可导致患儿生长发育停滞或延迟。

中医认为小儿咳嗽发生的原因，主要为感受外邪，其中又以感受风邪为主。此外，肺脾是本病的主要内因。病变的部位主要在肺，常涉及脾，病理机制为肺失宣降。外邪从口鼻或皮毛而入，邪侵于肺，肺失宣降，清肃失职，而发生咳嗽。小儿咳嗽也常与脾有关。小儿脾常不足，脾虚生痰，上贮于肺，或咳嗽日久不愈，耗伤正气，可转为内伤咳嗽。

（三）精油如何调理咳嗽

本节内容所指引的芳香疗法需在医生指导下，配合治疗，一旦病情变化须及时就医，不能耽误治疗。

儿童咳嗽仍是以感染为主，上感咳嗽、支气管炎咳嗽、肺炎咳嗽，病原体主要是病毒、细菌、不典型病原体等，其他类型可由其他脏器引起。可根据中医分型对症使用精油。外感咳嗽一般以疏散外邪、宣通肺气为主；风寒咳嗽可使用防卫复方、生姜、罗文莎叶精油等散寒解表，止咳化痰。风热咳嗽用呼吸复方、尤加利、茶树、薄荷等解表清肺化痰。内伤咳嗽，则应辨明由何脏累及，随证立法，比如食积咳嗽，可选用消化复方、柑橘类、豆蔻等消食化积、行气化痰；痰盛者用没药、茶树、尤加利清肺化痰；后期以补为主，杜松浆果善补脾肾，益肾养肝复方也有补肾养肝的作用。山鸡椒、香蜂草精油可抗病毒、化痰止咳。故在临床治疗基础上，选用精油进行调理。

（四）芳香应用指引

1.**风寒咳嗽**　初起咳嗽频作，喉痒声重，痰白稀薄，鼻塞流涕，恶寒无汗，发热头痛，或全身酸痛，舌苔薄白，脉浮紧。

（1）推荐用油：防卫复方、呼吸复方、生姜、罗文莎叶、茶树、迷迭香等精油。

（2）使用方法

①熏香或嗅吸：以上精油各 1~2 滴，滴在熏香器熏香，或 1 滴滴在口罩里嗅吸。

②泡脚：可选用以上精油 1~2 种，每种 1~2 滴，滴在温水中泡脚。

③涂抹：取以上精油 2~3 种，每种 1~2 滴，椰子油按比例稀释，涂抹胸部、背部、脚底，并点按迎香、天突、膻中、肺俞、脾俞穴。

2.**风热咳嗽**　咳嗽不爽，痰黄黏稠，不易咳出，口渴，伴有发热头痛，微汗出，舌苔薄黄，脉浮数。

（1）推荐用油：呼吸复方、尤加利、薄荷、茶树、野橘等精油。

（2）使用方法

①香熏或嗅吸：以上精油各 1~2 滴，滴在熏香器熏香，或者 1~2 滴，滴在口罩里嗅吸。

②泡脚：可用以上精油各 2 滴，滴在温水中泡脚。

③涂抹：取以上精油 2~3 种，每种 1~2 滴，椰子油按比例稀释，涂抹胸部、背部、脚底，并点按迎香、天突、膻中、大椎、曲池、肺俞穴。

3.**痰热咳嗽**　咳嗽痰多，黏稠难咯，发热面赤，口干唇红，口苦作渴，烦躁不宁，甚则鼻衄，小便短赤，大便干燥，苔黄舌红，脉滑数。

（1）推荐用油：呼吸复方、尤加利、薄荷、柑橘类、牛至、麦卢卡、茶树等精油。

（2）使用方法

①香熏或嗅吸：取以上精油 2~3 种，每种 1~2 滴，滴在熏香器熏香，或者 1~2 滴滴在口罩里嗅吸。

②泡脚：可用以上精油各 2 滴，滴在温水中泡脚。

③涂抹：取以上精油各 1~2 滴，椰子油按比例稀释，涂抹胸部、背部、

脚底，并点按迎香、天突、膻中、大椎、肺俞穴。

4. 痰湿咳嗽 咳嗽痰多，色白而稀，胸闷纳呆，神乏困倦，舌质淡红，苔白腻，脉滑。

（1）推荐用油：牛至、柑橘类、丝柏、乳香、豆蔻、茶树、没药。

（2）使用方法

①香熏或嗅吸：取以上精油 2~3 种，每种 1 滴，滴在熏香器熏香；或者各 1~2 滴，滴在口罩里嗅吸。

②泡脚：可用以上精油 2 种，每种 2 滴，滴在温水中泡脚。

③涂抹：取以上精油 2~3 种，每种 1~2 滴，椰子油按要求比例稀释，涂抹胸部、背部、脚底，并点按迎香、天突、膻中、肺俞、丰隆、脾俞穴。

5. 阴虚燥咳 干咳无痰，或痰少而黏，不易咳出，口渴咽干，喉痒声嘶，手足心热，或咳痰带血，午后潮热，舌红少苔，脉细数。

（1）推荐用油：呼吸复方、尤加利、薄荷、罗马洋甘菊、乳香等。

（2）使用方法

①香熏或嗅吸：取以上精油 2~3 种，每种 1~2 滴，滴在熏香器熏香，或者 1~2 滴滴在口罩里嗅吸。

②泡脚：可用以上精油 2 种，每种 2 滴，滴在温水中泡脚。

③涂抹：取以上精油 2~3 种，每种 1~2 滴，椰子油按比例稀释，涂抹胸部、背部、脚底，并点按迎香、天突、膻中、肺俞、肾俞、涌泉穴。

6. 肺虚久咳 咳而无力，痰白清稀，面色㿠白，气短懒言，语声低微，喜温畏寒，体虚多汗，舌质淡嫩，脉细少力。

（1）推荐用油：乳香、没药、柑橘类、益肾养肝复方、山鸡椒、香蜂草。

（2）使用方法

①香熏：以上精油 2~3 种，每种 1~2 滴，滴在熏香器熏香。

②泡脚：可用以上精油各 2 滴，滴在温水中泡脚。

③涂抹：取以上精油 2~3 种，每种 1~2 滴，椰子油按比例稀释，涂抹手臂、胸部、背部、脚底，并点按迎香、天突、膻中、太渊、肺俞、三阴交等穴。

第四节　消化系统疾病

一、腹泻

（一）什么是腹泻

小儿腹泻，中医称泄泻，是以大便次数增多，粪质稀薄或如水样为特征的一种小儿常见病。本病以 2 岁以下的小儿最为多见。虽一年四季均可发生，但以夏秋季节发病率为高，秋冬季节发生的泄泻，容易引起流行。

腹泻可伴有发热、呕吐、腹痛等症状，及不同程度水、电解质、酸碱平衡紊乱。病原可由病毒（主要为人类轮状病毒及其他肠道病毒）、细菌（致病性大肠杆菌、产毒性大肠杆菌、出血性大肠杆菌、侵袭性大肠杆菌及鼠伤寒沙门氏菌、空肠弯曲菌、耶氏菌、金黄色葡萄球菌等）、寄生虫、真菌等引起。肠道外感染、滥用抗生素引起的肠道菌群紊乱、过敏、喂养不当及气候因素也可致病。

（二）腹泻分型

1. 根据严重程度分型

（1）轻型腹泻：有胃肠道症状。全身症状不明显，体温正常或有低热。无水电解质及酸碱平衡紊乱。

（2）重型腹泻：此型除有严重的胃肠道症状外，还伴有严重的水电解质及酸碱平衡紊乱、明显的全身中毒症状。

2. 根据病程分型

（1）急性腹泻：病程＜ 2 周。

（2）迁延性腹泻：病程 2 周 ~2 个月。

（3）慢性腹泻：病程＞ 2 个月。

3. 根据病因分型

（1）感染性腹泻：霍乱、痢疾、其他感染性腹泻（除霍乱弧菌和志贺菌外的细菌、病毒、寄生虫、真菌等引起）。

（2）非感染性腹泻：食饵性腹泻、症状性腹泻、过敏性腹泻、内分泌性腹泻、先天性或获得性免疫缺陷、炎症性肠病、肠白塞病、小肠淋巴管扩张症等。

小儿脾常不足，感受外邪，内伤乳食，或脾肾阳虚，均可导致脾胃运化功能失调而发生泄泻。轻者治疗得当，预后良好。重者泄下过度，易致气阴两伤，甚至阴竭阳脱。久泻迁延不愈者，则易转为疳证或出现慢惊风。

小儿脏腑娇嫩，肌肤薄弱，冷暖不知自调，易为外邪侵袭而发病。外感风、寒、暑、湿、热邪均可致泻。其他外邪则常与湿邪相合而致泻，故前人有"无湿不成泻""湿多成五泻"之说。一般冬春多为风寒（湿）致泻，夏秋多暑湿（热）致泻。小儿暴泻以湿热泻最为多见。

另外，小儿脾常不足，运化力弱，饮食不知自节，若调护失宜，乳哺不当，饮食失节或不洁，过食生冷瓜果或不消化食物，皆能损伤脾胃，而发生泄泻。

先天禀赋不足，后天调护失宜，或久病迁延不愈，皆可导致脾胃虚弱。胃弱则腐熟失职，脾虚则运化失常，因而水反为湿，谷反为滞，清浊不分，合污而下，而成脾虚泻。亦有暴泻实证，失治误治，迁延不愈，损伤脾胃，而由实证转为虚证泄泻者。

脾肾阳虚致泻者，一般先耗脾气，继伤脾阳，日久则脾损及肾，造成脾肾阳虚。肾阳不足，火不暖土，阴寒内盛，水谷不化，并走肠间，而致"澄澈清冷"，洞泄而下的脾肾阳虚泻。

由于小儿具有"稚阴稚阳"的生理特点，以及"易虚易实，易寒易热"的病理特点，且小儿泄泻病情较重时，利下过度，又易于损伤气液，出现气阴两伤，甚至阴伤及阳，导致阴竭阳脱的危重变证。若久泻不止，土虚木旺，肝木无制而生风，可出现慢惊风；脾虚失运，生化乏源，气血不足以荣养脏腑肌肤，日久可致疳证。

（三）精油如何调理腹泻

腹泻虽一年四季均可发生，但以夏秋季节发病率为高，秋冬季节发生的泄泻，容易引起流行。小儿脾常不足，感受外邪，内伤乳食，或脾肾阳虚，均可导致脾胃运化功能失调而发生泄泻。大多数精油除了本身具有抗菌、抗病毒作用之外，还具有芳香化湿、温中健脾理气、消食止痛等针对消化系统亦的调理作用，并且操作方便、起效迅速。针对湿热泻，可选用具有清热化湿和中的消化复方精油、藿香、绿薄荷、牛至等。风寒泻则可选择温中散寒作用的精油，如生姜、豆蔻、肉桂、芫荽、茴香、山鸡椒等。伤食泻则选择消化复方、柑橘类、薄荷等消食止泻。对于脾虚及脾肾阳虚泄泻，则可用肉桂、桂皮、豆蔻、生姜、杜松浆果、香蜂草、山鸡椒等温补脾肾，从而达到止泻的目的。

（四）芳香应用指引

1.**湿热泻**　大便水样或者是蛋花汤样，泻下急迫，量多次频，气味秽臭，或见少许的黏液，腹痛不时发作，食欲不振或者是伴有呕恶，神疲乏力或者发热、烦恼、口渴、小便短黄舌红，苔黄腻。

（1）推荐用油：消化复方、藿香、薄荷、牛至、茶树等精油。

（2）使用方法：以上精油各 1~2 滴，予 5~10 滴椰子油稀释后在腹部顺时针方向按摩 40 次。

2.**风寒泻**　大便清稀，多泡沫，臭气不甚，肠鸣腹痛，或伴恶寒发热，鼻流清涕，咳嗽。舌淡，苔薄白。

（1）推荐用油：防卫复方、消化复方、生姜、豆蔻、肉桂、芫荽、茴香、山鸡椒等精油。

（2）使用方法　以上精油选 2~3 种，每种 1~2 滴，使用椰子油按比例稀释后，在腹部涂抹，逆时针按摩 40 次，并在足底涂抹、按摩，每天 2~3 次。

3.**伤食泻**　大便稀溏，夹有乳凝块或者食物残渣，气味微酸或如臭鸡蛋，脘腹胀满，便前腹痛，泻后痛减，腹痛拒按，嗳气酸馊或呕吐，不思乳食，夜卧不安。舌苔厚腻，或微黄。

（1）推荐用油：消化复方、柑橘类、生姜、薄荷、芫荽、豆蔻精油。

（2）使用方法：以上精油 2~3 种，每种 1~2 滴，使用椰子油按比例稀释后，在腹部顺时针、逆时针各按摩 20 次，并在足底涂抹、按摩，每天 2~3 次。

4.**脾虚泻**　大便稀溏，色淡不臭，多于食后作泻，时轻时重，面色萎黄，形体消瘦，神疲倦怠。舌淡苔白。

（1）推荐用油：肉桂、豆蔻、藿香、生姜、山鸡椒、乳香等精油。

（2）使用方法：以上精油选1~2种，每种1~2滴，椰子油稀释后在腹部逆时针按摩40次，并在足底涂抹、按摩。

5. 脾肾阳虚泻 久泻不止，大便清稀，澄澈清冷，完谷不化，或者见脱肛，形寒肢冷，面色苍白，精神萎靡，睡时露睛。舌苔薄白，脉细弱，指纹色淡。

（1）推荐用油：肉桂、黑胡椒、豆蔻、生姜、杜松浆果、香蜂草等精油。

（2）使用方法：以上精油选2~3种，每种1~2滴，椰子油按要求比例稀释后，在腹部逆时针涂抹并按摩40次，并在足底涂抹、按摩。

二、便秘

（一）什么是便秘

小儿便秘是指排便次数明显减少、大便干燥、坚硬，秘结不通，排便时间间隔较久（＞2天），无规律，或虽有便意却排不出大便。

（二）便秘的临床表现

1. 排便异常 主要临床表现为排便次数减少、排便困难、污便等，大部分便秘患儿表现为排便次数减少。由于排便次数少，粪便在肠内停留时间长，水分被充分吸收后变得干硬，排出困难，合并肛裂患儿有血便。污便是指不故意弄脏内裤，见于严重便秘儿童由于大便在局部嵌塞，可在干粪的周围不自觉地流出肠分泌液，酷似大便失禁。

2. 腹胀、腹痛 便秘患儿还常常出现腹痛、腹胀、食欲不振、呕吐等胃肠道症状。腹痛常常位于左下腹和脐周，热敷或排便后可缓解。腹胀患儿常常并发食欲不振，周身不适，排便或排气后可缓解。

3. 其他 长期便秘可继发痔疮、肛裂或直肠脱垂。

（三）精油如何调理便秘

应用精油调理便秘，需要对引起便秘的原因进行针对性的处理。便秘有寒热虚实的不同，一般应补其不足，泻其有余；寒者温之，热者寒之；虚者补之，实者泻之。如薄荷、柠檬、茶树等精油可清热通便，适用于热秘。生姜、豆蔻、柑橘类及消化复方可温中健脾，行气通便，适用于冷秘。对于气秘可选用消化复方、芫荽、柑橘类等精油理气通便等。

（四）芳香应用指引

1. **热秘** 大便干结，小便短赤，面红身热，或兼有腹胀腹痛，口干口臭。舌红苔黄或黄燥，脉滑数。

（1）推荐用油：消化复方、罗马洋甘菊、柠檬、薄荷等精油。

（2）使用方法：取以上精油2~3种，每种1~2滴，椰子油按比例稀释后，在腹部顺时针涂抹并按摩10分钟，每天3次。

2. **气秘** 大便秘结，欲便不得，嗳气频作，胸胁痞满，甚则腹中胀痛，纳食减少。苔薄腻，脉弦。

（1）推荐用油：消化复方、圆柚、芫荽、薰衣草、野橘等精油。

（2）使用方法：取以上精油2~3种，每种1~2滴，椰子油按要求比例稀释后，在腹部顺时针涂抹并按摩10分钟，每天3次。

3. **冷秘** 大便艰涩，排出困难，小便清长，面色㿠白，四肢不温，喜热怕冷，腹中冷痛，或腰背酸冷。舌淡，苔白，脉沉迟。

（1）推荐用油：消化复方、肉桂、黑胡椒、甜茴香、生姜、红橘等精油。

（2）使用方法：取以上精油2~3种，每种1~2滴，椰子油按比例稀释后，在腹部顺时针涂抹并按摩10分钟，可予热敷。每天3次。

4. **气虚秘** 虽有便意，临厕努挣乏力，挣则汗出短气，便后疲乏，大便并不干硬，面色淡白，神疲气怯。舌淡嫩，苔薄，脉虚。

（1）推荐用油：消化复方、甜茴香、红橘、迷迭香、香蜂草等精油。

（2）使用方法：取以上精油2~3种，每种1~2滴，椰子油按要求比例稀释后，在腹部顺时针涂抹并按摩10分钟，可予热敷。每天3次。

5. 血虚秘 大便秘结，面色无华，头晕目眩，心悸，唇甲色淡。舌淡，脉细涩。

（1）推荐用油：当归、消化复方、乳香、杜松浆果、天竺葵、野橘等。

（2）使用方法：取以上精油 2~3 种，每种 1~2 滴，椰子油按比例稀释后，在腹部顺时针涂抹并按摩 10 分钟，可予热敷。每天 3 次。

三、腹痛

（一）什么是腹痛

小儿腹痛指剑突向下与耻骨联合之间的腹部疼痛，疼痛性质多种，包括刺痛、绞痛、胀痛、隐痛、钝痛等，是儿科常见的症状之一。婴儿不会诉说腹痛，只会啼哭，较大儿童虽能诉述疼痛，但往往不能正确表达腹痛部位，因此如在小孩诉说腹痛或表现为突然啼哭，时作时止，弯腰捧腹，双眉紧蹙时，最好能就近诊治，以免贻误病情。

（二）腹痛的临床表现

由于腹痛病因复杂，本节讨论的内容须排除器质性病变与急腹症，着重讨论的是胃肠功能性障碍引起的腹痛。由于病因不同，其临床表现也有差异。根据疼痛的性质，常见有冷痛、灼痛、刺痛、胀痛，疼痛部位分为：

1. 上腹痛 指胃脘以下，脐腹部以上的腹部疼痛（多表现为胃部的病变）。

2. 脐腹痛 指脐周围的腹部疼痛（属脾经、大肠、小肠的病变）。

3. 小腹痛 指脐下腹部正中的疼痛（属肾经、膀胱、子宫的病变）。

4. 少腹痛 指小腹部两侧或一侧的疼痛（属肝经、大肠的病变），一般根据病位结合疼痛的性质来分析辨别。

（三）精油如何调理腹痛

本章节内容所指引的芳香疗法不包含外科疾患所致腹痛，并且需在医生指导下，配合治疗，一旦病情变化须及时就医，不能耽误治疗。

　　中医认为，腹痛多为感受寒邪，乳食积滞，脏气虚冷，或气滞血瘀，病机一般为气滞不通，不通则痛，久痛入络，痛久则生瘀。腹痛的性质，暴痛者多实，久痛者多虚；剧痛而拒按者多实，隐痛而喜按者多虚；食后痛甚者多实，得食痛减者多虚；热敷痛甚者多实，得热痛减者多虚；痛时走窜而无定处者为气滞，痛如针刺而固定不移者为血瘀。消化复方、生姜、豆蔻、牛至、肉桂、乳香、没药精油通过温散寒邪、消食导滞、温中补虚、活血化瘀，使气机通达，血脉流畅，"通则不痛"而达到止痛目的。

（四）芳香应用指引

　　1. 腹部中寒　腹部拘急疼痛，得温则舒，遇寒痛甚，痛处喜暖，面色苍白，唇色紫暗，肢冷不温，或兼吐泻，小便清长，舌淡，苔白滑，脉沉弦紧，指纹红。

　　（1）推荐用油：消化复方、生姜、豆蔻、茴香、黑胡椒等精油。

　　（2）使用方法：取以上精油 2~3 种，每种 1~2 滴，椰子油按比例稀释后，在腹部顺时针涂抹并按摩 40 次，可予热敷。每天 3 次。

　　2. 乳食积滞　以腹部胀满，疼痛，拒按，口气酸臭，不思饮食，大便酸臭或有不消化食物残渣，或腹痛欲泻，泻后痛减，或呕吐，夜卧不安，时时啼哭，脉弦滑，指纹紫滞为特征。

　　（1）推荐用油：消化复方、柑橘类、芫荽、薄荷等精油。

　　（2）使用方法：取以上精油 2~3 种，每种 1~2 滴，椰子油按比例稀释后，在腹部顺时针涂抹并按摩 40 次，每天 3 次。

　　3. 脏腑虚寒　腹痛绵绵，时作时止，喜按喜温，得食痛减，面色㿠白，舌淡苔白。

　　（1）推荐用油：乳香、消化复方、肉桂、杜松浆果、生姜、香蜂草等具有温补脏腑功能的精油。

　　（2）使用方法

　　①涂抹：取以上精油 2~3 种，每种 1~2 滴，椰子油稀释后，逆时针方向涂抹腹部并按摩。

　　②脊椎疗法：椰子油按年龄要求稀释打底，取以上精油各 1~2 滴，依次在脊椎涂抹，重点点按脾俞、肾俞穴，热敷 10 分钟，可每周做 1~2 次。

4.气滞血瘀　以脘腹胀闷，疼痛拒按，痛如针刺，痛有定处，面色晦暗，舌紫暗，有瘀点为特征。

（1）推荐用油：消化复方、乳香、没药、柑橘类、马郁兰等精油。

（2）使用方法

①涂抹：取以上精油2~3种，每种1~2滴，椰子油稀释后，顺时针方向涂抹腹部并按摩。

②脊椎疗法：椰子油按年龄要求比例稀释打底，取以上精油各1~2滴，依次在脊椎涂抹，重点点按肝俞、胆俞穴，热敷10分钟，可每周做1~2次。

③注意事项

a.注意饮食。少吃生冷刺激性食物，避免进食霉变腐败食物，以及养成规律的饮食习惯。

b.注意卫生。注意个人卫生，勤洗手。

c.避免随便服用止痛药，以免掩盖病情。

d.遇到小儿剧烈腹痛，年轻父母不要过分紧张，首要的问题是先确认引起腹痛的原因，若腹痛是由于急性炎症、梗阻或肠套叠等引起则不能采取按摩和热敷等方法处理，应急送医院治疗。

四、消化不良

（一）什么是消化不良

小儿消化不良是有上腹痛、上腹胀、早饱、嗳气、恶心、呕吐等不适症状，经检查排除引起上述症状的器质性疾病的一组临床综合征。多因胃肠运动功能障碍、内脏高敏感性、心理因素等引起。

（二）消化不良的症状

上腹痛、腹胀、胃气胀、早饱、嗳气、恶心、呕吐、上腹灼热感等，这些症状持续存在或反复发作，但缺乏特征性，并且极少全部同时出现，多只出现一种或数种。这些症状影响患儿进食，导致长期营养摄入不足，患儿营养不良发生率较高，生长发育迟缓也可能发生。

（三）精油如何调理消化不良

小儿时期脾常不足，加之饮食不知自调，挑食、偏食，好吃零食，食不按时，饥饱不一，或家长缺少正确的喂养知识，婴儿期喂养不当，乳食品种调配、变更失宜，或纵儿所好，杂食乱投，甚至滥进补品，均易于损伤脾胃。再如他病失调，脾胃受损均可以形成本病。临床小儿消化不良以乳食内积、脾胃虚寒等证多见。

1. 乳食内积　以面黄肌瘦，烦躁爱哭，夜卧不安，食欲不振，或呕吐酸馊乳食，腹胀发硬，小便短黄，大便酸臭或溏薄，可伴有低热为特征。很多精油本身就是我们平时药食同源的香料提纯，如生姜、豆蔻、薄荷、茴香、柑橘类、芫荽精油等，这类精油具有健脾、温胃、消食等功效，而且腹部涂抹方便，起效迅速。

2. 脾胃虚寒　以面色萎黄，困倦无力，睡眠不安，不思饮食，食后饱胀，呕吐酸馊乳食，大便溏薄酸臭为特征。选用生姜、豆蔻、胡椒、消化复方、山鸡椒、香蜂草、红橘等温脾健胃的香料类精油予以调理。

（四）芳香应用指引

1. 乳食内积

（1）推荐用油：消化复方、芫荽、柑橘类、薄荷、豆蔻等精油。

（2）使用方法

①涂抹：选取以上 1~2 种精油，每种 1~2 滴，椰子油按年龄要求稀释后，在腹部顺时针方向涂抹及按摩，每天 1~2 次。

②脊椎疗法：椰子油按年龄要求稀释打底，取以上精油 3~4 种，每种 1~2 滴，依次在脊椎涂抹，重点点按胃俞、脾俞穴，热敷 10 分钟。

2. 脾胃虚寒

（1）推荐用油：消化复方、生姜、肉桂、豆蔻等精油。

（2）使用方法

①涂抹：取以上精油 2~3 种，每种 1~2 滴，椰子油按年龄要求稀释后，在腹部顺时针方向涂抹及按摩。

②脊椎疗法：椰子油按年龄要求稀释打底，取以上精油各 1~2 滴，依

次在脊椎涂抹，重点点按胃俞、脾俞、肾俞穴，热敷 10 分钟，可每周做 1~2 次。

3. 注意事项

（1）调节饮食结构。少吃肉类、冷饮、碳酸饮料、零食。应注意避免进食诱发症状的食物，如咖啡、海鲜及辛辣食物等。

（2）养成良好的进餐习惯。不要过饱，按时进餐，多吃蔬菜、水果是调整消化功能的好方法。教育儿童养成良好的排便习惯，使排便正常化可能有助于改善消化不良症状。

（3）保证户外活动时间。

（4）适当的心理治疗对疾病恢复有重要作用，可改善症状。

第五节 行为异常

一、自闭症

（一）什么是自闭症

小儿自闭症是人为地自我封闭于一个相对固定与狭小的环境中，由于隔绝了与人的交往而产生的心理障碍。是一类以严重孤独，缺乏情感反应，语言发育障碍，刻板重复动作和对环境奇特的反应为特征的精神疾病。它在成因、发展方式、治疗手段上与成年人的自闭症有很大区别，是一种严重的儿童发育障碍。

（二）自闭症的典型症状

1. 语言障碍 表现为多种形式，多数有语言发育延迟或障碍，通常在 2~3 岁仍然不会说话，或者在正常语言发育后出现语言倒退，在 2~3 岁以前有表达性语言，随年龄增长逐渐减少，甚至完全丧失，终身沉默不语或在极少数情况下使用有限的语言。

2. 社会交往障碍 不能与他人建立正常的人际关系。分不清亲疏关系，不能与父母建立正常依恋关系，难以与同龄儿童建立正常的伙伴关系，不喜欢与同伴玩耍；多独处，没有兴趣观看或参与其他儿童游戏。

3. **兴趣范围狭窄和刻板的行为模式**　对于正常儿童所热衷的游戏、玩具都不感兴趣，而喜欢玩一些非玩具性的物品，如一个瓶盖，或观察转动的电风扇等，可以持续数十分钟，甚至几个小时而不感到厌倦。固执地要求保持日常活动程序不变，若这些活动被制止或行为模式被改变，会表示出明显的不愉快和焦虑，甚至出现反抗行为。可有重复刻板动作，如反复拍手、转圈、用舌舔墙壁、跺脚等。

4. **智能障碍**　在孤独症儿童中，智力水平表现很不一致，少数患儿在正常范围，大多数患儿表现为不同程度的智力障碍。

（三）精油如何调理自闭症

中医认为自闭症的病因病机多为先天不足，肾精亏虚，心窍不通，神失所养，肝失条达，升发不利所致。故而临床可见心肝火旺、痰迷心窍、肾精不足等证型。

1. **心肝火旺**　以急躁易怒，任性固执，高声叫喊，跑跳无常，面赤口渴，狂躁谵语，夜不成寐为特征。因小儿体属"纯阳"，"心常有余""肝常有余"。心火易亢，肝木易旺，加之暴怒愤郁，肝胆气逆，郁而化火，煎熬成痰，上蒙清窍而致。宜使用罗马洋甘菊、乳香、平衡复方、马郁兰等精油清心平肝，安神定志。使心火得清，肝阳得平而阴平阳秘。

2. **痰迷心窍**　以神志痴呆，口角流涎，言语不清或喃喃自语，表情淡漠，对医生及父母的指令充耳不闻为特征。多因后天脾虚失运，痰浊内生，痰蒙清窍，脑神失养，心灵失聪所致。宜选用柑橘类、牛至、薄荷、丝柏、消化复方精油等健脾化痰，开窍益智。

3. **肾精不足**　以营养发育欠佳，语言发育差，发育迟缓，智力低下，精神呆钝，动作迟缓为特征。多因患儿体虚，五脏疲惫，肾精亏乏，髓海空虚，脑脉失养导致。可选补肾养肝的香蜂草、天竺葵、杜松浆果等精油醒脑益智、补肾填精以开窍启语。

（四）芳香应用指引

1. 心肝火旺

（1）推荐用油：乳香、柠檬、薰衣草、平衡复方、罗马洋甘菊、薄荷等精油。

（2）使用方法

①香熏：取以上 3~4 种精油，每种 1~2 滴熏香。

②头疗：取以上精油，每种 2~3 滴，椰子油按年龄要求稀释，做头部按摩，每周 2~3 次。

③脊椎疗法：取以上精油，每种 3 滴，椰子油按年龄要求稀释，做脊椎按摩，每周 2~3 次。

2. 痰迷心窍

（1）推荐用油：柑橘类、薄荷、牛至、茶树、乳香、没药、迷迭香、消化复方等精油。

（2）使用方法

①香熏：取以上 3~4 种精油，每种 1~2 滴熏香。

②头疗：取以上精油 4~5 种，每种 2~3 滴，椰子油按年龄要求稀释，做头部按摩，每周 2~3 次。

③脊椎疗法：取以上精油，每种 1~3 滴，椰子油按年龄要求稀释，做脊椎按摩，每周 2~3 次。

3. 肾精亏虚

（1）推荐用油：益肾养肝复方、杜松浆果、香蜂草、天竺葵、杜松浆果、檀香、冷杉、雪松等精油。

（2）使用方法

①香熏：取以上 3~4 种精油，每种 1 滴熏香。

②头疗：取以上精油，每种 2~3 滴，椰子油按年龄要求稀释，做头部按摩，每周 2~3 次。

③脊椎疗法：取以上精油，每种 1~3 滴，椰子油按年龄要求稀释，做脊椎按摩，每周 2~3 次。

二、多动症

（一）什么是多动症

儿童多动症又称多动综合征，是一种常见的儿童行为异常问题，又称脑功能轻微失调、轻微脑功能障碍综合征、注意缺陷障碍。这类患儿的智能正常或基本正常，但学习、行为及情绪方面有缺陷，表现为注意力不易集中或短暂，活动过多，情绪易冲动以致影响学习成绩，在家庭及学校均难与人相处，日常生活中使家长和老师感到困惑。

（二）多动症的临床表现

判断孩子是不是多动症有 7 个严格的标准。中华神经精神学会通过的《精神疾病分类方案与诊断标准》中确定了以下标准：起病于学龄前期，病程至少持续 6 个月并至少具备下列行为中的 2~3 项：

1. 常干扰其他儿童的活动。

2. 做事常有始无终。

3. 注意力难以保持集中，常易转移。

4. 要求必须立即得到满足，否则就产生情绪反应。

5. 经常多话，好插话或喧闹。难以遵守集体活动的秩序和纪律。

6. 学习成绩差，但不是由智力障碍引起。动作笨拙，精巧动作较差。

7. 需要其静坐的场合下难以静坐，常常动个不停。容易兴奋和冲动。

（三）精油如何调理多动症

本病多因先天禀赋不足，产时或产后损伤，或后天护养不当，病后失养，忧思惊恐过度等导致。阴阳平衡失调为本病的主要发病机制。本病辨证，当审其虚实，并结合脏腑辨证。临床有虚实之分。

（1）虚证：多动多语，神思涣散，动作笨拙，遇事善忘，思维较慢，形瘦少眠，面色少华为虚证之象。肝肾阴虚证伴易怒，五心烦热，口干唇红，颧红盗汗等；心脾两虚证伴面黄不泽，身疲乏力，纳呆便溏等。

（2）实证：多动任性，易于激动，口干喜饮，胸闷脘痞，唇红口臭，小便黄赤混浊，舌苔黄腻，多因痰火扰心所致。如有产伤、脑外伤、舌紫、面色暗沉、脉涩者，为正虚夹瘀或痰瘀互结。

植物精油如玫瑰、天竺葵、益肾养肝复方精油具有补益肝肾作用；豆蔻、山鸡椒、乳香、香蜂草精油具有补益心脾作用。而薄荷、罗马洋甘菊、平衡复方、柠檬、圆柚、佛手具有清热化痰之功效。且植物精油对心灵、情绪亦有很好的调节作用，故在多动症上可参考以下方式进行调理。

（四）芳香应用指引

1. 肝肾阴虚

（1）推荐用油：薰衣草、平衡复方、檀香、罗马洋甘菊、天竺葵、玫瑰等。

（2）使用方法

①香熏：取以上 3~4 种精油，每种 1~2 滴熏香。

②头疗：取以上精油，每种 2~3 滴，椰子油按年龄要求稀释，做头部按摩，每周 2~3 次。

③脊椎疗法：取以上精油，每种 1~3 滴，椰子油按年龄要求比例稀释，做脊椎按摩，每周 2~3 次。

2. 心脾两虚

（1）推荐用油：安宁复方、平衡复方、柑橘类、岩兰草、薰衣草、香蜂草等精油。

（2）使用方法

①香熏：取以上 3~4 种精油，每种 1~2 滴熏香。

②头疗：取以上精油，每种 2~3 滴，椰子油按年龄要求稀释，做头部按摩，每周 2~3 次。

③脊椎疗法：取以上精油，每种 1~3 滴，椰子油按年龄要求稀释，做脊椎按摩，每周 2~3 次。

第九章 骨伤科疾病

第一节 躯干部筋伤

《金匮要略·脏腑经络先后病脉证》曰："千般灾难，不越三条，一者经络受邪入脏腑，为内所困；二者，四肢九窍，血脉相传，壅塞不通，为外皮肤所中也；三者，房室金刃虫兽所伤也。"随着人类信息化步伐的加速，虫兽所致的人体经络损伤较为少见，常见的有跌仆、坠落、车祸等外部因素导致的骨折、脱位等，以及各种劳损、不良体位、缺乏锻炼等原因导致的劳损性筋伤。由于骨折和脱位需要固定、复位甚至手术等更专业的医疗措施介入，因此本篇着重于讲述应用精油治疗、护理常见筋伤，如落枕、颈椎病、腰椎间盘突出症、急慢性腰扭伤、腱鞘囊肿、踝关节扭伤等。

一、落枕

（一）什么是落枕

落枕为中医病名，好发于青少年，以冬春季多见，患者多在入睡前并无任何症状，晨起后发现颈项背部酸痛僵硬，活动受限。落枕一般病程较短，1 周左右可痊愈，但也有 2 周甚至月余也未见全好的案例。及时治疗可缩短病程。此病多因睡姿不当，枕头或高或低，头颈长时间处于过度偏转、过伸或过屈的状态，致使颈部一侧肌肉受到牵拉，颈椎小关节扭转，时间较长而造成损伤，从而导致肌肉充血肿胀痉挛。

（二）落枕的临床表现

晨起后突感颈后、肩项、上背部疼痛不适，以一侧为多。颈项活动多因为疼痛而受限，尤其以旋转受限为重。重者屈伸亦受限，颈项强直，头偏向病侧。

绝大多数患者都有明显的肌肉痉挛。压痛点多在胸锁乳突肌的起止点及肌腹所在处。

（三）精油如何调理落枕

落枕的主要问题是肌肉肿胀痉挛，或者睡时感受风寒所致，因此用油一般采用可以活血消肿止痛的精油或者温通止痛的精油，祛风散寒，帮助缓解症状。

（四）芳香应用指引

1. **用油推荐**　肌肉酸痛为主的，可以用椰子油打底，乳香、理疗复方、活络复方、马郁兰、冬青，每次选择 3~5 种，每种 2~3 滴，交替使用，分层涂抹；局部触及肿胀的，可以选加尤加利、丝柏、罗勒中的 1~2 种，每种 1~2 滴，椰子油 1：1 稀释，涂抹并按摩。

2. **使用方法**　首先找到压痛点，在压痛点分层涂抹精油，每涂一层用掌根或拇指指腹按揉 5 分钟。按揉力量不需太重，柔和为上，每天 2~3 次，连续使用 3~5 天直至彻底康复。同时配合按摩外劳宫、悬钟等穴位，效果更佳。

二、颈椎病

（一）什么是颈椎病

颈椎病又称为颈椎综合征、颈椎退行性关节炎，顾名思义，是颈椎和颈椎软组织的劳损性退变或者损伤，压迫或刺激颈部神经根、脊髓、交感神经、血管（椎动脉），从而引起颈肩背疼痛，或者头晕、手麻、耳鸣甚至肢体截瘫、猝倒等一系列症状的疾病，是临床常见病。由于生活节奏的加快，长时间伏案、使用电脑、手机、用高枕、睡软床、驾驶长途车等诸多因素，长时间保持单一姿势，局部肌肉、韧带疲劳，加速了颈椎疾病的发生，颈椎病的发病率在我国越来越高，不断上升，随年龄增长其发病率也成倍递增，全国发病率为 7%~10%。相关调查表示，50~60 岁人群颈椎病的发病率为 20%~30%，60~70 岁人群约 50%。临床上分为颈型、神经根型、脊髓型、交感型、椎动脉型、混合型 6 种类型。

（二）颈椎病的临床表现

颈部的急性损伤和慢性劳损是颈椎病的常见外因，而大多数患者都有落枕的病史。症状上主要以局部颈肩背疼痛、颈项僵直、活动受限，部分患者有上肢麻木为特征。X 线可提示颈椎椎体骨质增生、颈椎生理弧度变直、消失，甚至反弓。CT 可诊断后纵韧带骨化、椎管狭窄、脊髓肿瘤等，以及测量骨质密度、估计骨质疏松的程度，因此可鉴别椎间盘突出症、神经纤维瘤、脊髓空洞症等，对于颈椎病的诊断及鉴别诊断具有一定的价值。

（三）精油如何调理颈椎病

精油活血通络止痛、舒缓肌肉紧张的作用显著，可以帮助我们改善局部疼痛、麻木、头晕等症状，或者延缓颈椎退行性变。根据不同症状，我们可选择不同精油辅助治疗。

（四）芳香应用指引

1. 推荐用油 乳香、活络复方、理疗复方、冬青、牛至、柠檬草、马郁兰、薰衣草、古巴香脂、尤加利、罗马洋甘菊、丁香等。

症状以疼痛为主，颈部甚至有"富贵包"，那么用油原则上以活血化瘀止痛为主，可选用乳香、活络复方、理疗复方、冬青、牛至、柠檬草等，若伴有肌肉紧绷，可适当加入马郁兰、薰衣草等精油镇静放松。

症状伴随头痛头晕的，要检查枕下三角（风池穴）四周有无结节和压痛。此处是椎动脉进颅脑之处，附近还有枕大和枕小神经走行，肌肉的肿胀或结节会造成血管和神经压迫从而造成疼痛和头晕。该部位用油可以在活血化瘀止痛的基础上加上薄荷、舒压复方等清利头目，舒缓血管痉挛的精油。如果伴有剧烈如刀割样头痛的，可以加上治疗神经炎症的精油，如古巴香脂、马郁兰、尤加利、罗马洋甘菊、薰衣草、丁香等。

2. 使用方法 椰子油打底，选择涂抹以上精油 3~5 种，每种 1~2 滴。

可配合点按肩井、天宗、风池等穴，局部热敷 10~15 分钟，可更快缓解症状。

3. 注意事项

（1）加强颈部保暖。寒冷刺激会导致肌肉血管痉挛，加重颈项板滞疼痛。夏季空调温度不宜过低，秋冬可以穿着高领衣服或系围巾。

（2）注意姿势。良好的姿势体态能减少劳累，避免损伤。长期伏案、低头工作连续 1~2 小时后，可做 10 分钟左右肩颈运动。

（3）选择合适的床和枕头。床垫不宜太硬或太软，以拳压下，下陷一拳深度的凹陷为宜，有助于保持脊柱平衡；枕头的高度应依每个人颈部的生理弧度而定，成人仰卧时枕头以 9~10 厘米为适宜高度，与患者握拳、手掌侧立的高度相仿；侧卧时高度应为一侧肩膀的宽度。合适的枕头可确保在仰卧和侧卧时颈椎保持正常的生理弧度，从而减少不良体态长时间危害脊柱生理形态。

（4）部分颈椎生理弧度变直或者反弓者需要到医院接受牵引、针灸推拿、理疗等治疗；极少数有神经根或脊髓压迫者，必要时需手术治疗。

三、急慢性腰肌损伤

（一）什么是急慢性腰肌损伤

俗称"闪腰岔气"。急性腰肌损伤多因劳动、运动、不恰当的动作姿势或外伤等，致使腰部肌肉和韧带超负荷运作而产生不同程度的纤维损伤，迅速产生一系列的临床症状。急性腰肌损伤治疗不当或治疗不彻底，或长期保持不良姿势而导致腰部软组织劳损，称为慢性腰肌劳损。

（二）急慢性腰肌损伤的临床表现

1. 临床表现 外伤后即感腰痛，急性腰肌损伤重者即刻不能活动，不能持续用力，活动时加剧，腰部一侧或两侧剧烈疼痛，或不能伸直、俯仰、屈伸，或转侧起坐艰难。有的患者主诉听到清脆的响声，腰肌有明显痉挛，甚至深呼吸或咳嗽也可以加重疼痛。也有患者受伤当时情况不重，尚可继续工作，但是休息一晚后腰部僵硬、剧痛，主动活动受限，翻身困难，疼痛部位以下腰部和骶髂关节附近多见，也可以伴有下肢牵涉痛。

2. 体征

（1）压痛点：绝大多数患者有明显的一处或多处压痛点。常见于第三腰椎横突尖、骶髂关节、髂后上棘四周或髂嵴边缘、棘突旁等处。如果腰背部无法找到明显的压痛点，而患者由坐位起立时疼痛，或无法伸直腰部，或无法抬大腿，往往是髂腰肌的损伤。这时候可以在患侧腹股沟中点至外三分之一处找压痛点或肿胀肌肉。

（2）脊柱生理曲线的改变：腰部受伤后肌肉往往会保护性痉挛，而不对称的肌痉挛则会导致脊柱生理曲线的改变。检查时可以用食指中指沿脊柱两边用力滑下来，观察皮肤发红后形成的线。一般侧弯的部位就是肌肉痉挛的部位。

（三）精油如何调理腰肌损伤

不管是急性还是慢性腰肌损伤，诊断的时候都要根据患者的受伤情况、受限姿势、压痛点等体征找到患处，然后有针对性的用油。由于此病的本质是肌肉损伤出血水肿，采用的精油也应该以活血化瘀、消肿止痛为主，如乳香、没药、马郁兰等。

（四）芳香应用指引

1. 推荐用油　根据不同症状选择不同精油。

（1）肌肉酸痛：乳香、理疗复方、活络复方、马郁兰、白桦、冬青。

（2）局部肿胀的加尤加利、丝柏、罗勒。

（3）局部皮肤有烧灼感或麻木感或剧痛的，考虑可能有神经损伤，可以加古巴香脂、永久花、薄荷缓解神经痛。

（4）局部可以触摸到有硬条索的纤维化病变则加用乳香、没药、柠檬草。

（5）有冷痛的可以加用生姜、胡椒、肉桂等。

2. 使用方法　针对不同症状，选择以上精油 3~5 种，每种 1~3 滴，交替使用。先找到压痛点，椰子油打底，然后分层涂抹以上精油，每涂一层用掌根或拇指指腹按揉 5 分钟，每天 2 次。另外在足底反射区及肾俞、环跳、承山、后溪、经外奇穴腰痛点（位于手背部，第二、三掌骨及第四、五掌骨之间，腕横纹与掌指关节连线的中点上）重点揉按。

四、腰椎间盘突出症

（一）什么是腰椎间盘突出症

腰椎间盘突出症是指腰椎纤维环部分或全部破裂、髓核突出刺激或压迫神经根、血管或脊髓等组织所引起的腰痛，并伴有下肢放射痛为主要症状的一种疾病。因本病主要病因是腰椎间盘的退行性改变，随着年龄的增长，椎间盘组织易发生蜕变，髓核的含水量逐渐减少，椎间盘的弹性和抗负荷能力也随之减退，加之长期重体力劳作、劳累、长期伏案、外伤等因素而发本病。好发于青壮年。由于腰椎生理特点，好发部位在腰 4~ 腰 5、腰 5~ 骶 1 椎间盘。

（二）腰椎间盘突出症的临床表现

本病患者常有腰部损伤或者受寒的病史，症状以反复腰部疼痛，伴随向患侧臀部、大腿和小腿外侧、足背下肢反射样疼痛为主，可表现为单侧肢体或双侧肢体疼痛，严重者活动受限、跛行甚至卧床不起，病程长者会有感觉异常、肌力减退、反射改变。X 线、CT 和核磁共振可鉴别诊断。

腰椎间盘突出症仅有 10% 左右的严重患者需手术治疗，大部分患者都是保守治疗。

（三）精油如何调理腰椎间盘突出症

植物精油可以止痛，解除肌肉痉挛、减少神经根水肿，从而帮助部分突出的椎间盘回纳。

（四）芳香应用指引

1. 推荐用油

（1）血瘀证，以疼痛为主的，可使用椰子油，选用乳香、活络复方、冬青、马郁兰等化瘀止痛。

（2）寒湿腰痛的患者，受凉后疼痛加重的，可加黑胡椒、肉桂、生姜等散寒止痛。

（3）有明显神经压迫症状，即下肢放射痛的可加用古巴香脂、永久花、薄荷缓解神经痛。

（4）腰痛日久，年老体衰、先天不足、情志失调、房劳过度，多有肾虚症状，如腰酸、四肢发冷、畏寒，甚至还有水肿的肾阳虚，或燥热、盗汗、虚汗、头晕、耳鸣的肾阴虚，均需加用杜松浆果或益肾养肝复方、天竺葵、雪松、冷杉等补肝肾强筋骨。

2. 使用方法　椰子油涂抹腰部，选择以上精油 3~5 种，每种 1~2 滴，分层涂抹，有明显酸痛或者冷痛的，可配合热敷。合理选用悬枢、命门、腰阳关、腰俞、腰眼、承扶、委中、承山、昆仑、环跳、阳陵泉等穴位，效果更佳。

3. 注意事项

（1）精油外涂须少量多次，注意稀释，预防皮肤过敏。如是寒湿或血瘀、肾虚证可局部热敷加强疗效。

（2）急性发作时需卧床休息，一般严格卧床 2~3 周。

（3）腰椎间盘突出难以根治，缓解疼痛、消除炎症、控制其不加重就是最好的治疗。必要时配合牵引、针灸、推拿等保守治疗。所有保守治疗方法 3 个月后仍无效，神经压迫明显，疼痛等症状严重影响生活质量，符合手术指征的患者，应及时手术治疗，术后可在医生指导下，使用茶树、薰衣草、没药等精油帮助手术创口愈合，永久花、乳香、丝柏减轻神经根水肿，活络复方帮助康复锻炼。

第二节　上肢部筋伤

一、肩周炎

（一）什么是肩周炎

肩关节周围炎是指肩关节周围的肌肉、肌腱、韧带、关节囊等软组织的无菌性炎症，主要表现在肩关节疼痛和肩关节的活动障碍，因其好发于50岁左右人群，常有受寒病史，故又称为五十肩、冷冻肩。除了受凉病史，此类患者也常伴有劳损和外伤史，女性多见。

（二）肩周炎的临床表现和体征

肩周炎以疼痛和关节功能障碍为主要表现。疼痛多为慢性进行性加重，表现为先有阵发性的局部酸痛、钝痛，疼痛程度逐渐加重，持续性疼痛甚至夜间痛醒，一般劳累或者天气变化会诱发或者加重。如全身状态较差，可能治愈后会复发，或者单侧起病后又出现双侧病变的情况。

检查常有肩关节广泛的压痛，各方向活动受限，以外展、上举、后伸最为明显，因此一些穿衣、梳头、搓背等简单动作也无法完成，日常生活也会受到极大影响。因为是软组织疾病，所以 X 线检查一般无明显异常，少数患者显示有骨质疏松，关节间隙变窄或者增宽。

（三）精油如何调理肩周炎

中医认为肩周炎多由年老体衰、肝肾亏损、气血不足、筋脉失去濡养，加上外伤、受寒等刺激，导致气血凝滞于肩，经络不通，不通则痛。病因不同，用油原则也不同，因此也应根据症状和体征选择合适的精油。

西医学认为除了外伤和劳损，内分泌紊乱也是局部软组织发生充血肿胀、渗出、增厚等炎症改变的原因。治疗上以保守治疗为主，初期消炎镇痛，松解粘连，扩大关节运动范围，恢复期以消除残余症状为主，且越早使用越有利于病情的控制和恢复。

（四）芳香应用指引

1. 推荐用油

（1）血瘀型，以疼痛为主，入夜尤甚，舌有瘀点，脉细涩，选择活血化瘀或者温通经络的精油，如乳香、没药、古巴香脂活血化瘀，辅以青橘、野橘、红橘、圆柚等行气作用强的精油，行气止痛。

（2）风寒型，肩部疼痛，受凉后加重，得温痛减，舌质淡，苔薄白，脉浮紧，可选用黑胡椒、肉桂、生姜祛风散寒、舒筋通络。

（3）气血亏虚的患者常有肩部酸痛，劳累后加剧，伴有少气懒言、四肢无力、头晕眼花、心悸耳鸣，部分伴有肌肉萎缩，舌淡苔薄白，脉细弱或脉沉。此类患者可考虑除局部外涂乳香、当归、冬青等止痛通络的精油外，加用杜松浆果、益肾养肝复方等培补元气，从而达到养血舒筋的效果，必要时可配合口服中药汤剂，内外兼用，缩短病程。

2.**使用方法** 选择以上推荐用油 3~5 种，每种 2~3 滴，椰子油 1∶1 稀释打底，涂抹点按肩井、肩髃、肩贞、肩髎穴，再予以局部热敷 10~20 分钟，促进精油吸收，加强疗效。

3.**注意事项** 注意保暖防寒。疼痛急性期需要制动并减轻持重、减少关节活动。

肩周炎三分靠药物，七分靠锻炼。恢复期需在骨科或者运动康复学专业医生的指导下，进行科学的功能锻炼，最大限度松解粘连组织，增强肌肉力量，恢复在先期已发生失用性萎缩的肩胛带肌肉，恢复三角肌等肌肉的正常弹性和收缩功能，避免肌腱钙化导致关节严重的活动障碍，以达到全面康复和预防复发的目的。此时可以配合精油外涂，避免锻炼损伤，减轻运动疼痛。

必要时可与口服中药、针灸推拿、小针刀等治疗方法配合，综合治疗。

二、肱骨内、外上髁炎

（一）什么是肱骨内、外上髁炎

在上肢筋伤中，肱骨外上髁炎、肱骨内上髁炎均是由各种急性、慢性损伤导致周围软组织的无菌性炎症，并以局部疼痛、压痛明显为主要特征的疾病。疼痛往往持续性加重。

（二）肱骨内、外上髁炎临床表现

肱骨外上髁炎是发生在肱骨外上髁周围的病变，常见于网球运动员、家庭妇女、建筑工人、纺织工人，又称网球肘。往往在做前臂旋前或者旋后，比如拧毛巾时，肘外侧突发疼痛，有时牵扯至上臂和腕部，休息可缓解，也有提重物突发失力的情况发生。体格检查时，网球肘实验可引发局部疼痛。

肱骨内上髁炎是发生在肱骨内上髁周围的病变，在前臂旋前或者主动屈曲腕关节时引发疼痛，多见于高尔夫球运动员，因此又称为高尔夫球肘。起病缓慢，日益加重。肱骨内上髁局部压痛，常有屈腕无力、不能提重物，甚至不敢握拳的情况。多有外伤史。体格检查时，旋臂伸腕实验阳性。

（三）精油如何调理肱骨内、外上髁炎

两病的病位不同，但是病因病机相似，因此用油也相同，为避免赘述，在此章节两病合并讲解。

两病均因经常反复做背伸，或者旋转动作，使得局部肌腱肌肉反复牵拉刺激，从而产生无菌性炎症，表现明显的疼痛。

因此治疗上，仍以消炎镇痛、松解粘连为主。

（四）芳香应用指引

1. 推荐用油　乳香、古巴香脂、冬青、茶树、牛至、柠檬草、薄荷等。

2. 使用方法　取以上精油 3~5 种，椰子油 1∶1 稀释打底，涂抹疼痛处，并热敷 10~20 分钟，有消炎镇痛作用。必要时需配合针灸及封闭治疗。虚者适当内服汤药，治宜补气补血。

3. 注意事项　适当制动，减少活动。肱骨内上髁炎应避免反复做前臂旋前或者旋后动作（参考拧毛巾动作）；肱骨内上髁炎要避免用力提物、屈腕、前臂内旋等。

三、腱鞘囊肿

（一）什么是腱鞘囊肿

腱鞘囊肿是多发生于关节、腱鞘附近的囊性包块，内含无色透明或呈现白色的、淡黄色的胶状黏液。常好发于腕背、足背、腘窝等用力、活动较多处，多因劳损或者急性损伤后，腱鞘内滑液增多，冲破囊壁，发生囊性疝。单发或多发，好发于青壮年，女性多于男性。

（二）腱鞘囊肿的临床表现

一般无明显不适，偶尔在关节活动时有疼痛或者酸胀异常感。一般腱鞘囊肿局部可见圆形或者椭圆形肿物，局部肤色正常，边界清楚表面光滑。

（三）精油如何调理腱鞘囊肿

腱鞘囊肿是临床较为多见的外科疾病，常见于青壮年，属于中医学"筋瘤"范畴，是劳经伤脉，气机运行不畅，导致瘀水凝聚于骨节经络所致。因此，治疗上应以活血化瘀，通经利脉，宣通气机，消肿散结为法，植物精油的选择亦可参照此原则。

（四）芳香应用指引

1. 推荐用油 乳香或者没药、丝柏、圆柚、柠檬草、罗勒等。

乳香、没药不仅有止痛的作用，其软坚散结作用亦显著。可加丝柏收敛黏液，圆柚消水肿，柠檬草、罗勒修复腱鞘组织。

2. 使用方法 椰子油打底，再依次涂抹乳香或者没药、丝柏、圆柚、柠檬草各 1 滴。涂抹完精油后可做局部热敷。

保守治疗后，腱鞘附近的囊壁仍然存在，所以囊肿消退后，仍有复发的可能，因此不宜使用按摩手法，避免增加滑液渗出。患部活动以适度为宜。

第三节　下肢关节筋伤

一、膝关节半月板损伤

（一）什么是膝关节半月板损伤

正常情况下半月板应该紧密附着于胫骨平台关节面上，是镶嵌于膝关节股骨髁与胫骨平台之间类似垫片的半月形纤维软骨，就像是高压锅锅盖的"软胶垫圈"，为匹配不规则的股骨髁和胫骨平台而生，内外侧各一个。

它承担股骨、胫骨间的基本负荷、分散应力，就像身体的"减震装置"可缓冲震荡，增加了膝关节的稳定性和匹配性。

大多数情况下半月板并不会随膝关节运动而移动，只有膝关节弯曲大于135°同时膝关节向内或者向外旋转，才会发生轻微移动。所以在膝关节屈曲时，小腿和足部相对固定后，突然强力的内旋、内翻或者外旋、外翻，加上体重，会使半月板在股骨和胫骨平台之间产生巨大的剪切摩擦力，超过半月板可以承受的力量时，会造成半月板各种类型的损伤。

（二）膝关节半月板损伤的临床表现

伤者多有跳起后落地的扭伤史或者膝关节突然旋转、膝关节劳损史。伤后疼痛明显，痛处固定，有时在几小时后可出现明显的关节肿胀；损伤后期常伴有"关节交锁"现象（行走或上下楼梯时，膝关节突然"卡住"，不能屈曲也不能伸直，自行摇摆患肢后可解锁）。下蹲站起、上下楼梯、跳高跳远等动作时疼痛更明显，严重者跛行或者出现股四头肌萎缩。临床上单纯的半月板损伤并不多见，常常是前交叉韧带断裂的合并伤。核磁共振检查可确诊。

除了膝关节损伤造成半月板损伤，一些并不明显的外伤也可能造成半月板损伤。比如老年性膝关节骨性关节炎，长期负重下蹲者，如搬运工、举重运动员等。另外膝关节形态异常如膝内、膝外翻（O型腿、X型腿）等，半月板单侧长期受到大的应力，也容易退变撕裂。

核磁共振作为首选辅助检查，根据半月板的信号，将半月板损伤分为4个等级，1级和2级损伤代表半月板的退变，3级损伤是真正的损伤。即使没有外伤，如果膝关节反复出现肿痛、弹响、无力、交锁等症状，也应该及时处理。由于半月板是缺乏血液供应的纤维软骨，因此，半月板大多数血液供应不够丰富，不够支撑其自行愈合，精油则能够有效缓解症状，控制病情。

（三）精油如何调理半月板损伤

通常树木类的精油可以强筋健骨，如冬青俗称"植物界的阿司匹林"，可有效缓解运动系统疼痛，此外，白桦、冷杉、雪松等精油可修复软骨和骨骼并缓解疼痛。配合乳香、马郁兰，促进局部血运并镇静放松肌肉组织，缓解炎症；永久花、古巴香脂可缓解神经痛、修复组织。

（四）芳香应用指引

1. 推荐用油 乳香、古巴香脂、冬青、白桦、冷杉、雪松、马郁兰等。

2. 使用方法 每次取以上推荐用油2~3种，每种1~2滴，椰子油1∶1稀释。每天1~2次，涂抹于患处。另外可以加乳香或柠檬草、马郁兰、永久花。疼痛剧烈加冬青、古巴香脂。有关节积液可加用丝柏、天竺葵、圆柚等。

3. 注意事项 膝关节扭伤，怀疑有半月板损伤者，应该佩戴护膝制动，局部冰敷，尽早检查确诊。

二、踝关节扭挫伤

（一）什么是踝关节扭挫伤

踝关节和足部损伤最常见的是踝关节扭挫伤，也是日常生活中最常见的一种关节损伤。

踝关节的扭挫伤是指因行走踩空、踏入不平之地（俗称"崴脚"）；或运动时足部落地不稳，使得踝关节过度内翻或者外翻，导致踝关节内或外侧韧带移位、过度牵拉甚至撕裂；或者遭受直接暴力打击致使韧带及皮肤肌肉等组织出现水肿，甚则断裂的一种损伤。临床症状以疼痛、肿胀以及活动障碍为主。各类损伤原因中以"崴脚"和运动损伤最为多见。由于踝关节独特的生理结构特点，肌腱容易向内侧扭转（向外崴脚），所以以内翻位损伤最为多见。

（二）踝关节扭挫伤的临床表现

伤者多有踝关节扭伤或者受到直接暴力的病史，并伴随踝关节明显疼痛、不能行走或者跛行，局部肿胀，青紫瘀斑明显。由于踝关节扭伤也是踝关节骨折的常见致病原因，其发病率占关节内骨折的首位，约占全身骨折总数的3.92%，因此笔者建议患者在伤后第一时间及早到院就诊，行 X

线检查，排除骨折问题，必要时行核磁共振检查，排除韧带完全断裂，避免耽误病情。

（三）精油如何调理踝关节扭挫伤

韧带组织损伤后，人体修复过程可划分为 4 个相互重叠的阶段：出血期、炎症期、增殖期、塑性和成熟期。

1. 出血期　在损伤后的 48 小时内，疼痛明显，平时营养韧带、肌肉的一些毛细血管破裂，局部组织间液渗出导致踝关节迅速肿胀青紫。因此在此阶段，主要应该止痛止血，我们可以使用永久花和乳香、冬青等。

2. 炎症期　精油可以减少炎症因子对纤维细胞生长的影响，促进炎症期韧带的生长和愈合。据 2010 年美国生化和分子生物学协会《脂质研究》杂志发表的一篇实验研究报告，源自百里香、丁香、玫瑰、桉树、茴香和佛手柑等精油的香芹酚可抑制环氧合酶 2 启动子的活性，是环氧合酶 2 表达的抑制剂。而环氧合酶 2 是前列腺素生物合成中的限速酶，在炎症和循环稳态中起关键作用。因此认为香芹酚对环氧合酶 2 启动子活性的抑制可能可以解释精油抗炎作用的机制。

3. 增殖期　在韧带损伤后，由于生长因子可以影响细胞的迁移、增殖和蛋白质的合成，故在组织重构和纤维化进程中发挥了良好的保护作用，对韧带损伤的愈合起到重要的调节作用。如乳香中含有的乙酰乳香酸。

4. 塑性和成熟期　虽然韧带的愈合主要在损伤处形成瘢痕组织，与一般的结缔组织相似，而不是真正意义上的韧带组织的再生，但是我们仍然可以借助柠檬草这一"结缔组织良药"促进韧带组织修复，加快组织塑性和成熟。

（四）芳香应用指引

1. 推荐用油　乳香、没药、古巴香脂、永久花、天竺葵、丝柏、圆柚、柠檬草精油等。

2. 使用方法

（1）涂抹：可选择椰子油大面积涂抹踝关节及足背、足底和胫骨，选用乳香、没药、古巴香脂各 2~3 滴依次涂抹。出血期加永久花 2 滴及时止血；炎症期加天竺葵或者丝柏、圆柚等各2滴消炎退肿，促进血管重建，出血停止后可加柠檬草促进韧带组织修复。

（2）香熏：选平衡复方、雪松、薰衣草、岩兰草等熏香，可以舒缓情绪，安神助眠，有利于组织修复。

第四节　骨折

一、什么是骨折

在各种跌仆、坠落、扭闪、挤压、搏击、负重等直接暴力的作用下，机体轻则肌肉筋脉损伤、肿胀，出血、肢体功能障碍，重则骨折、脱位，即骨骼的连续性遭到破坏，发生横断或粉碎性改变；脱位也可能并发筋断或骨端撕脱。

二、骨折的临床表现

①局部疼痛：骨折处常出现明显疼痛，从远处向骨折处挤压或叩击有疼痛，也可在骨折处引发间接压痛。②肿胀和瘀斑：骨折时由于局部血管破裂出血和软组织损伤后的水肿，导致患肢肿胀，严重时可出现张力性水疱。如骨折部位比较浅表，血红蛋白分解后可呈现紫色、青色或者黄色的皮下瘀斑。③畸形：骨折端位移可使患肢外形发生改变，主要表现为短缩、成角、延长。④活动异常：即正常情况下肢体不能活动的部位，骨折后出现不正常的活动。⑤骨擦音或者骨擦感：骨折后两骨折端相互摩擦撞击，可产生骨擦音或者骨擦感。

对于多发性骨折、骨盆骨折、股骨骨折、脊柱骨折及严重的开放性骨折患者，常因广泛的软组织损伤、大量出血、剧烈疼痛或并发内脏损伤等引起休克；骨折处有大量内出血，血肿吸收时体温略升高，但一般不超过38℃，开放性骨折体温升高时应考虑感染的可能。

三、精油如何帮助骨折护理

由于骨折和脱位需要固定、复位甚至手术等更专业医疗措施介入，所以一旦发生此类损伤，需要及时就诊，避免耽误病情。但是精油有活血化瘀止痛、促进骨骼生长恢复的作用，因此可以在医疗介入的同时，帮助缓解疼痛、肿胀、瘀血的症状，也能帮助缓解骨折后期康复锻炼时的肌肉酸痛、消除水肿等。

在骨折的精油使用中，我们常把精油的使用和骨折愈合的周期联系到一起，而骨折愈合的规律与韧带损伤后愈合的阶段相似，也分为了血肿机化期、骨痂形成期、骨痂塑形期。骨折后 1~2 周我们称之为血肿机化期，2~6 周称为软性骨痂形成期，6 周以后到 1 年，我们称之为骨痂塑形期。

了解了一般骨折愈合的 3 个阶段，我们可以更科学地使用精油帮助骨骼愈合，尽早康复。

1. **血肿机化期** 骨折后 24~48 小时，严重者 72 小时内骨折断端损伤附近的软组织、血管、肌腱等仍有大量出血情况，导致局部肿胀、疼痛、皮肤大面积青紫等。此时当务之急以止血止痛为主，因此局部外涂乳香、永久花、冬青等，可以有效止血、控制肿胀、缓解疼痛，可以尽早恢复末梢血液循环。

2. **软性骨痂形成期** 骨折端充满细胞成分，且有明显新生血管，破骨细胞继续清除残留死骨。邻近骨折端部位有骨膜下新骨形成，在断端间隙也开始有软骨细胞出现，以软骨样组织代替纤维血管性间质。此时我们可以局部外涂冷杉、雪松等补肾强筋骨的精油，继续使用永久花修复血管，帮助骨折断端的愈合。

3. **骨痂塑形期** 此阶段的骨痂帮助骨骼重建强度，我们可以使用益肾养肝复方、杜松浆果等精油补肝肾强筋骨，在此阶段，有部分损伤严重的骨折仍有肢端水肿，比如踝关节的外踝骨折、内踝骨折、跟骨骨折等，有回流障碍；或者手指骨折，需要功能锻炼的，我们可以根据症状，加入丝柏、圆柚消水肿，或者乳香、薰衣草、马郁兰等缓解锻炼引发的肌肉酸痛等。

四、芳香应用指引

1. 推荐用油

（1）伤后24~48小时，骨折严重者72小时内：椰子油、乳香、永久花、冬青、丝柏、圆柚止血消肿。

（2）伤后72小时到6周：椰子油、乳香、冷杉、雪松、杜松浆果化瘀止痛，补肝肾强筋骨。

2. 使用方法

（1）涂抹：选择3~5种精油，每种精油1~2滴，椰子油稀释，依次涂抹，骨折初期每天2~3次，后期每天1~2次。

如果伤者需要石膏外固定处理，可将精油涂抹在石膏上下端包裹处，或者在打开石膏换药时涂抹。早消肿可以帮助尽早开始功能锻炼；需要手术治疗的患者则可以在术前应用精油帮助肿胀消退，术后可加茶树、乳香精油各2滴，椰子油稀释后涂抹局部，预防手术区感染，帮助手术切口愈合。

（2）注意事项：急性运动损伤在就医前可按照"价格"（PRICE）处理原则进行处理：

①保护（Protection）：在急性损伤发生时，先检查伤势，立刻保护受伤组织或部位，避免遭受二次损伤。

②休息（Rest）：马上停止所有会影响受伤部位的活动，让受伤部位得到休息，减少由活动引起的疼痛、出血或肿胀现象，预防伤势进一步恶化。比如扭伤后不要继续忍痛奔跑，及时停下来检查伤势。

③冰敷（Ice）：损伤后的24小时（现在也有文献提48小时）尽快冰敷，可以帮助止血，减少局部组织间液渗出，从而控制肿胀，冰敷也可以麻痹局部神经，起到止痛作用。建议用碎冰而非整块冰片，以塑料袋包装后紧紧贴在患侧局部，加入少许水促进冰块融化，冰敷效果更为理想。注意控制时间，一般冷敷时间以20分钟之内为宜，避免冻伤或神经损伤。

④加压（Compression）：使用弹力绷带，以一定强度弹力绷带包扎受伤部位，可以减少内部出血与组织液渗出，也具有控制伤害部位肿胀的功

效。与冰敷一样，要注意控制时间，避免压力过大，时间过长，导致局部缺血坏死。

⑤抬高患侧肢体（Elevation）："人往高处走，水往低处流。"组织间液与血液都是液体，全身的血液都需要回到心脏再循环。当局部肿胀时，抬高该处，超过心脏平面，有利于肿胀的消退。可以与冰敷及加压同时实施。

第十章　五官科疾病

第一节　眼科疾病

一、结膜炎

（一）什么是结膜炎

结膜炎是眼科最常见的疾病。由于结膜与外界环境相接触，眼表的防护机制使结膜具有一定的预防感染和使感染局限的能力，但是，当这些防御能力减弱，或外界致病因素增强时，将会引起结膜组织的炎症反应，这种炎症统称为结膜炎。结膜炎症性疾病根据病情及病程，可分为急性、亚急性和慢性三类；根据病因又可分为细菌性、病毒性、衣原体性、真菌性和变态反应性等；根据结膜的病变特点，可分为急性滤泡性结膜炎、慢性滤泡性结膜炎、膜性及假膜性结膜炎等。

中医认为急性细菌性结膜炎是由于外感风热之邪，侵袭肺经，上犯白睛，故而猝然发病，若素有肺经蕴热者，则病证更甚；或由于外感疫疠之气，上犯白睛，或素有肺胃蕴热，兼感疫毒，内外合邪，上行于目，疫热伤络而发病。慢性结膜炎多为急性结膜炎治疗不彻底，转为慢性。中医认为多因急性期眼病失治，以致热邪羁留，瘀滞脉络；或时冒风痧，恣酒嗜烟，以致热蕴血滞；或因用眼过度，以致阴液耗伤，虚火上炎，血络瘀滞。

（二）结膜炎的临床表现

结膜炎的主要症状为患眼有异物感、烧灼感，眼睑沉重，分泌物增多，结膜充血，当病变累及角膜时，可出现畏光、流泪及不同程度的视力下降。甚则可出现视力下降，上眼睑下垂。

急性细菌性结膜炎中医学称之为"暴风客热""爆发火眼"，其主要与风热之邪有关，可分为风重于热证、热重于风证、风热并重证。

（1）风重于热证：患眼痒涩疼痛，畏光流泪，眼屎多黏稠，白睛红赤，眼胞眼睑微肿，可见头痛、鼻塞、恶风，苔薄白或微黄，脉浮数。

（2）热重于风证：双眼白睛红赤，眼屎多黏稠，伴口干尿赤，大便干结，舌质红苔黄，脉数。

（3）风热并重证：患眼焮热疼痛，赤痒交作，怕热畏光，白睛红肿，可兼见头痛鼻塞，恶寒发热，口渴思饮，尿赤便秘，舌红苔黄，脉数。

慢性结膜炎中医称之为"赤丝虬脉"，该病的常见证型有邪热恋恋证和阴虚火旺、血络瘀滞证。

（1）邪热留恋证：多由急性结膜炎治疗不彻底引起，患眼灼热不适，干涩疼痛，晨起有眼屎，白睛赤脉粗虬，色呈紫红，舌质红，苔薄黄，脉数。

（2）阴虚火旺，血络瘀滞证：患眼干涩不适，灼热疼痛，白睛赤丝虬脉，色呈淡红，伴口干咽燥，舌红少苔，脉细数。

（三）精油如何调理结膜炎

结膜炎的治疗主要为用抗菌或抗病毒药物等进行局部治疗和全身治疗。另外还需日常的护理，包括勤洗手，避免随意揉眼。提倡流水洗脸，毛巾、手帕等物品要与他人分开，并经常清洗消毒。外出避风，有沙尘、烟雾刺激时戴保护眼镜。饮食上应以清淡爽口为主，多食蔬菜水果，菊花、百合、绿豆等具有清热降火作用的食品适当多吃，避免食用辛辣刺激性食物、热性食物，如葱、韭菜、蒜、辣椒、狗肉、牛肉等。

中医治疗结膜炎主要为清泄伏热、凉血散瘀或者滋阴降火。此外还可以使用中药制剂的滴眼液，或者一些中成药。

植物精油对于结膜炎的治疗属于中医外治范畴，一般选用具有良好抗菌效果的精油，中医认为菊科植物归肝经，具有平肝的作用，故从菊科植物萃取的精油用于结膜炎可起到清热明目的功效。

（四）芳香应用指引

1.急性细菌性结膜炎

（1）推荐用油

基础方：薰衣草、茶树、罗马洋甘菊。

风重于热：基础方加薄荷、尤加利。

热重于风：基础方加麦卢卡。

风热并重：基础方加薄荷、尤加利、麦卢卡。

（2）使用方法

①熏蒸加湿敷：薰衣草、茶树、罗马洋甘菊精油各1滴，滴于装有温水的杯中，双手拢住杯口，将患眼对准杯口进行熏蒸，注意水温，不要被蒸汽烫伤，直至感受不到蒸汽热度为止。然后可将精油水倒入棉柔巾上，拧干，闭上眼，将棉柔巾敷于眼睛上。每天2次，间隔4小时即可使用该法1次。

②内服：柠檬和茶树精油各2滴，滴于温水中内服，每天2~3次。

③按摩：根据证型不同选用相应配方，每种精油1滴，椰子油1∶1稀释，混合后用其按摩眼眶，可隔天使用1次。

2.慢性结膜炎

（1）推荐用油：薰衣草、茶树、罗马洋甘菊、柠檬、乳香、永久花、蓝艾菊等精油。

（2）使用方法

①熏蒸加热敷：取以上推荐用油4种，每种1滴，滴于装有热水的杯中，将患病的眼睛对准蒸汽熏蒸，注意水温，不要被蒸汽烫伤，直至感受不到蒸汽为止。然后可将精油水倒入棉柔巾上，拧干，闭上眼，将棉柔巾敷于眼睛上。每天2次，间隔4小时即可使用该法1次。

②内服：柠檬和茶树精油各2滴滴于温水中内服，每天2~3次。

③按摩：方法同急性结膜炎。

二、近视

（一）什么是近视

近视是指当眼处于调节松弛状态时，平行光线经眼屈光系统折射后，聚焦在视网膜之前的眼病。该病归属于中医学"能近怯远症"范畴，程度较重者称为近觑。现代医学认为近视的发病往往与遗传因素及用眼方式不当有关。高度近视有一定的家族遗传倾向。高度近视的双亲，下一代近视的发病率会较高。青少年近视的发生以长期用眼距离过近引起为主要原因。长期过近视物，会导致眼部肌肉调节过度紧张，形成假性近视，不加以干预则会进一步形成真性近视。现代人使用电子设备的时间增长，不仅会因为用眼时间过长，造成眼睛疲劳、视物模糊、眼睛干涩，还会因为在夜晚关灯时玩手机，因光线过强，易造成眼睛的疲劳，引起近视的发生。

（二）近视的临床表现

近视最突出的症状是远视力降低，但近视力可正常，高度近视者除远视能力差外，常伴有夜间视力差，甚则眼前蚊蝇飞舞，或有闪光感，视疲劳等症状。若进行眼部检查，可发现视力下降，甚则伴有外隐斜、或外斜视、或眼球突出；高度近视者，可发生不同程度的眼底退行性改变，如近视弧形斑、豹纹状眼底。

中医认为近视可分为心阳不足证、气血不足证、肝肾两虚证3个证型。

心阳不足证：因心阳衰弱、阳虚阴盛，视近清楚，视远模糊；全身无明显不适，或兼见面白畏寒，心悸，神倦，视物易疲劳；舌质淡，脉弱。

气血不足证：因过用视力、耗气伤血，以致目中视无神。视近清楚，视远模糊，眼底可见视网膜呈豹纹状改变；或兼见面色不华，神疲乏力，视物易疲劳；舌质淡，苔薄白，脉细弱。

肝肾两虚证：常因肝肾两虚或禀赋不足，神光衰弱，光华能近怯远，不能远及而仅能视近。可有眼前黑花飘动，或有头晕耳鸣，腰膝酸软，寐差多梦，视物易疲劳；舌质淡，脉细弱或弦细。

（三）精油如何调理近视

近视患者最重要的是注意用眼卫生，纠正不良的用眼习惯，用眼光线适当；加强户外活动，向远处眺望，解除眼部疲劳，并定期检查视力，在饮食上可多食用一些对改善视力有益的食物，如蓝莓、枸杞子、动物肝脏等。对于早期的假性近视患者，此法可逆转近视。对于无法逆转的真性近视患者，为避免度数加深，应配眼镜，或手术治疗。

中医对于近视的调理主要包括补心、补血、补气，以及滋补肝肾。另外也可采用中药超声雾化熏眼或者针灸推拿疗法。精油对于近视的治疗可从局部治疗和整体治疗两方面着手。局部治疗可选用乳香精油，中医认为乳香具有活血行气之效，可以增强眼部血液循环，从而放松眼部肌肉，缓解眼疲劳。加上没药、永久花、檀香、玫瑰、薰衣草等名贵精油，养肝明目、活血行气，故亦可使用此款复方精油在眼周涂抹。整体治疗可在局部治疗的基础上选用丝柏、天竺葵、杜松浆果精油，起到滋补肝肾的作用。

（四）芳香应用指引

1. 推荐用油

（1）基础方：乳香或没药、永久花、薰衣草、罗马洋甘菊等。

（2）心阳不足：基础方加野橘、迷迭香、香蜂草。

（3）气血不足：基础方加活力提神复方、当归、五味子。

（4）肝肾两虚：基础方加补肾养肝复方、杜松浆果、天竺葵、快乐鼠尾草、五味子。

2. 使用方法

（1）涂抹加热敷：10mL 滚珠瓶中滴入基础方精油 3 种，相应证型精油 2 种，各 10 滴，剩下部分用椰子油灌满，每天早中晚各一次涂抹于眼周，涂抹时注意闭眼，防止精油进入眼睛。

（2）内服：每天早晚乳香精油舌下含服 1 滴，6 周岁以下小朋友不建议内服。

第二节　耳鼻喉科疾病

一、耳鸣

（一）什么是耳鸣

耳鸣是指在外界无相应声源刺激的情况下，患者自觉耳内或颅内有声音的一种主观症状，常伴有或不伴有听力下降，睡眠障碍，心烦，恼怒，注意力不集中，紧张，抑郁等不良反应。耳鸣的发生机制还不是很明确，其往往与听觉系统疾病有关，包括外耳道耵聍栓塞、肿物或异物，各种中耳炎、耳硬化症、梅尼埃病、突发性聋、外伤、噪声性聋、老年性聋等。此外一些全身性疾病也可产生耳鸣，如高血压、高血脂、动脉硬化、低血压等心脑血管疾病，精神紧张、抑郁等自主神经功能的紊乱，甲状腺功能异常、糖尿病等内分泌疾病，神经退行性变（如脱髓鞘性疾病）、炎症（病毒感染）、外伤、药物中毒、颈椎病、颞下颌关节性疾病或咬合不良等均可引起耳鸣。耳鸣会影响听力及睡眠质量，长期可导致情绪低落及工作生活质量下降。

中医认为耳鸣的发生有外因和内因，外因是由于外感风热，循经上攻，清窍壅塞不利，导致耳鸣。内因则可由于肝火上扰、气滞血瘀、痰火壅结、肾精亏损、脾胃虚弱等导致耳窍被蒙，出现耳鸣。

（二）耳鸣的临床表现

耳鸣患者常在无相应的外界声源或电刺激，而主观上在耳内或颅内有声音感觉。可伴听力下降，长期耳鸣患者有烦躁、焦虑、紧张、害怕或抑郁情绪。

中医将耳鸣分为六大证型，包括外邪侵犯证，肝火上扰证，气滞血瘀证，痰火壅结证，肾精亏损证和脾胃虚弱证。

1. **外邪侵犯证**　多由于病毒感染所致，故多起病较急，兼有感冒的症状，其耳鸣如蝉，常伴有发热、恶寒、头痛，舌苔薄白，脉浮数。

2. **肝火上扰证** 肝为将军之官，性刚劲，主升发疏泄，若肝失条达，郁而化火，上扰清窍，则耳鸣爆发，如潮如雷，常伴有耳胀耳痛、流脓、发热、头痛眩晕、面红耳赤、咽干口苦、烦躁不安，舌红苔黄、脉弦数有力。

3. **气滞血瘀证** 此证多见于久病者，中医认为"久病在血""久病多瘀"，瘀阻耳窍，气血流行不畅，耳窍失养所致。此类患者全身可无明显症状，或有外伤史，舌质黯红或有瘀点，脉细涩。

4. **痰火壅结证** 痰郁则化热，痰热郁结，循经上壅，耳窍被蒙，此类患者耳鸣如闻"呼呼"之声，听力下降，耳内闭塞憋气感明显，常伴有形体肥胖，咳嗽痰多，胸闷，舌质红，舌苔黄腻，脉弦滑。

5. **肾精亏损证** 肾为先天之本，藏精生髓，上通于脑，开窍于耳，肾精不足，则耳窍失养，轻则耳鸣，重则听力下降甚至耳聋失聪，此外兼见头昏目眩，腰膝酸软，舌质红少苔，脉细弱或细数。

6. **脾胃虚弱证** 脾为后天之本，脾胃虚弱，气血生化不足，不能上荣于耳，耳窍失养，则引发耳鸣，此证耳鸣在疲劳后更甚，兼有倦怠乏力，纳呆，食后腹胀，大便时溏，面色萎黄，舌淡红，苔薄白，脉细弱。

（三）精油如何调理耳鸣

耳鸣在现代医学中主要采取药物治疗，包括血管扩张剂、钙离子拮抗剂、耳鸣抑制剂、减轻耳鸣影响药物和神经营养药物等。此外对于恐惧和紧张焦虑情绪的患者需进行心理治疗，改善情绪，逐渐适应耳鸣甚至将耳鸣忽略。对于耳鸣引起的睡眠不良、注意力不能集中、心烦、听力下降、听觉过敏、焦虑甚至抑郁等症状，多可控、可消除，可采取相应的对症治疗方式。

中医治疗耳鸣主要是从清热、化痰、化瘀、补肾、健脾、通窍这几方面着手，精油在调理耳鸣时亦须分清耳鸣的原因，针对不同证型的耳鸣选用不同的精油。

（四）芳香应用指引

1. 外邪侵犯

（1）推荐用油：永久花、罗勒、防卫复方、牛至、平衡复方、薄荷。

（2）使用方法

①涂抹：罗勒精油、永久花精油各 1 滴，滴在棉花上，塞耳道口，早晚 2 次，每次 1 小时。另可选择在听宫、翳风穴及耳周点按涂抹。

②头疗或脊椎疗法：乳香、防卫复方、罗勒、牛至、永久花、薄荷各 2~3 滴，椰子油 1：1 稀释，按摩头部或涂抹背部并热敷。每天 1 次。

③内服：防卫复方、乳香、牛至、柠檬各 2 滴，装胶囊内服，每次 1 粒，每天 2 次。

④香熏：平衡复方、薰衣草、防卫复方每种 2~3 滴，香熏。

2. 肝火上扰

（1）推荐用油：永久花、罗勒、罗马洋甘菊、柠檬、薰衣草、平衡复方、薄荷等。

（2）使用方法

①涂抹：罗勒精油、永久花精油各 1 滴，滴在棉花上，塞耳道口，早晚各 1 次，每次 1 小时。另可选择在听宫、翳风穴及耳周涂抹点按。

②头疗或脊椎疗法：乳香、罗勒、永久花、罗马洋甘菊、柠檬或圆柚、薄荷各 2 滴，椰子油 1：1 稀释，按摩头部或依次涂抹背部并热敷，隔天 1 次。

③香熏：选用平衡复方、安宁复方、罗马洋甘菊、薰衣草各 2 滴，香熏。

④内服：柠檬、茶树、薰衣草各 2 滴，滴入温水中饮用，每天 2~3 次。

3. 气滞血瘀

（1）推荐用油：永久花、罗勒、乳香、马郁兰、佛手、薄荷及平衡复方等精油。

（2）使用方法

①涂抹：罗勒精油、永久花精油各 1 滴，滴在棉花上，塞耳道口，早晚各 1 次，每次 1 小时。另可选择在听宫、翳风穴涂抹。

②头疗或脊椎疗法：乳香、罗勒、永久花、马郁兰、佛手、薄荷各 2 滴，椰子油 1：1 稀释，按摩头部或依次涂抹背部并热敷，隔天 1 次。

③熏香：平日可选野橘、佛手、马郁兰、平衡复方各 2 滴，香熏。

④内服：乳香精油舌下 2 滴含服，每天 2 次。

4.痰火郁结

（1）推荐用油：永久花、罗勒、麦卢卡、乳香、茶树、迷迭香、尤加利。

（2）使用方法

①涂抹：罗勒精油、麦卢卡精油各1滴，滴在棉花上，塞耳道口，早晚各1次，每次1小时。另可选择在听宫、翳风穴涂抹。

②头疗或脊椎疗法：乳香、罗勒、永久花、呼吸复方、麦卢卡、茶树、尤加利、薄荷各2滴，椰子油1：1稀释，按摩头部或涂抹背部并热敷，隔天1次。胸闷咳嗽时可使用呼吸复方、尤加利、茶树等精油各1滴，椰子油1：1稀释后涂抹于胸口及咽喉。

③熏香：平日可选麦卢卡、圆柚、尤加利、茶树、平衡复方各2滴，香熏。

④内服：圆柚、茶树精油各2滴，滴入温水中饮用，每天2次。

5.肾精亏损

（1）推荐用油：永久花、西洋蓍草、杜松浆果、罗勒、依兰依兰、薰衣草、天竺葵、快乐鼠尾草等。

（2）使用方法

①涂抹：永久花、罗勒、薰衣草各1滴，滴在棉花上，塞耳道口，早晚各1次，每次1小时。

②头疗或脊椎疗法：取以上推荐精油4~5种，各2~3滴，椰子油1：1稀释，按摩头部，或椰子油打底，依次涂抹背部，做脊椎疗法并热敷，两种方法可以交替使用，每周2~3次。

③熏香：依兰依兰、薰衣草、天竺葵等各2滴，滴入香熏器中香熏。

④内服：每天可使用西洋蓍草、薰衣草、天竺葵各2~3滴，灌胶囊内服，每天2次，一次一颗。

6.脾胃虚弱

（1）推荐用油：乳香、罗勒、永久花、生姜、野橘、消化复方、平衡复方等。

（2）使用方法

①涂抹：罗勒、永久花精油各1滴，滴在棉花上，塞耳道口，早晚各

1 次，每次 1 小时。另可选择在听宫、翳风穴及耳周点按涂抹。并搭配消化复方精油 2 滴、生姜 1 滴，椰子油 1 : 1 稀释打底，涂抹脘腹部。

②头疗或脊椎疗法：取推荐用油 4~5 种，各 2~3 滴，椰子油 1 : 1 稀释，按摩头部，或每种 2~3 滴，椰子油打底，依次涂抹背部，做脊椎疗法并热敷，两种方法可以交替使用，每周 2~3 次。

③熏香：取野橘、平衡复方精油各 2 滴，滴入香薰器中香薰。

④内服：每天可使用消化复方 2 滴、野橘 2~3 滴，灌胶囊内服。

二、中耳炎

（一）什么是中耳炎

中耳炎是累及中耳（包括咽鼓管、鼓室、鼓窦及乳突气房）全部或部分结构的炎性病变。可分为非化脓性及化脓性两大类。非化脓性包括分泌性中耳炎、气压损伤性中耳炎等，化脓性有急性和慢性之分。特异性炎症，如结核性中耳炎等很少见。中耳炎常见的发病原因包括细菌感染，外伤所致的鼓膜穿孔感染，游泳时水通过鼻咽部进入中耳引发，婴幼儿仰卧喝奶时奶汁经咽鼓管呛入中耳引发，长期长时间用耳机听大分贝的音乐也容易引起慢性中耳炎。中医将分泌性中耳炎、气压损伤性中耳炎归于"耳胀""耳闭"范畴。初期多为实证，多属风邪侵袭，经气闭塞，或肝胆湿热，上蒸耳窍；病久则多为虚实夹杂证，多属脾虚失运、湿浊困耳，或邪毒滞留，气血瘀阻。

西医的急慢性化脓性中耳炎则归于中医学的"脓耳"范畴，此病的发病外因多为风热湿邪侵袭，内因多属肝、胆、脾、肾脏腑功能失调所致。

（二）中耳炎的临床表现

中耳炎主要表现为耳痛、流脓、鼓膜穿孔、听力下降等，严重者可引起颅内、颅外并发症，如化脓性脑膜炎、脑脓肿、迷路炎、面神经麻痹，甚至可危及生命。

（1）耳胀耳闭：以单侧或双侧耳内胀闷堵塞感为突出症状，可伴有不同程度的听力下降、自听增强或耳鸣，新发病者可有耳痛。

（2）脓耳：新病者，以耳痛逐渐加重，听力下降，耳内流脓为主要症状。全身可有发热、恶风寒、头痛等症状。小儿急性发作者，症状较重，可见高热，并伴有呕吐、泄泻或惊厥。鼓膜穿孔流脓后，全身症状迅速缓解。病久者，主要表现为耳内反复流脓或持续流脓、听力下降。

中医将中耳炎分为以下 4 大证型：

（1）风邪袭耳证：耳内作胀作痛，听力下降，伴发热恶寒，头痛鼻塞，舌质红，苔薄白或薄黄，脉浮等。

（2）脾虚湿困证：耳内胀闷堵塞感，缠绵日久，伴听力下降，耳鸣，常兼有胸闷纳呆，腹胀便溏，肢倦，面色少华，舌淡红，边有齿印，脉细缓。

（3）肝胆郁热证：耳痛，耳鸣，听力下降，伴烦躁易怒，口苦口干，舌红，苔黄，脉弦数。

（4）气血瘀阻证：耳内胀闷有堵塞感，日久不愈，听力减退，耳鸣，舌质黯淡，舌边有瘀点，脉细涩。

（三）精油如何调理中耳炎

中耳炎应遵循病因治疗，清除病灶，保持鼻腔通畅，防止污水入耳，防止继发感染。无论何种性质的中耳炎，经过及时和适当的治疗，一般均可治愈。但在某些情况下有可能遗留后遗症，如听力损失和耳鸣等。此外慢性中耳炎患者应加强体育锻炼，增强体质，防止感冒。做好各种传染病的预防工作。饮食要清淡、容易消化、营养丰富，要多吃新鲜蔬菜和水果，不要吃辛辣刺激的食物。

中医治疗中耳炎主要从疏风清热，调理肝、胆、脾、胃等脏腑入手。精油调理中耳炎，可使用疏风清热、疏肝利胆、健脾化湿，兼具消炎抗菌、活血化瘀一类作用的精油，如罗马洋甘菊、永久花、茶树、罗勒、麦卢卡等，改善局部发炎与供血情况，使得中耳炎的症状得到好转。

（四）芳香应用指引

1. 风邪袭耳

（1）推荐用油：罗勒、永久花、茶树、防卫复方、罗马洋甘菊、丝柏、薄荷等精油。

（2）使用方法

①涂抹：茶树、罗勒、永久花精油各 1 滴，滴于无菌棉球上，塞于耳道口，3 小时更换 1 次，如耳内积液可加丝柏精油 1 滴。

②脊椎疗法：取以上精油 4~5 种，每种 2~3 滴，椰子油 1：1 稀释，涂抹背部脊椎，从下而上按摩，热敷 15 分钟，隔天 1 次。

③内服：防卫复方 2 滴，罗勒和薄荷各 1 滴，滴入温水中饮用，一天 2~3 次。

④头疗：选用以上精油各 3 滴，椰子油 1：1 稀释，调匀后做头部按摩。隔日 1 次。（尽量与脊椎疗法错开日期，避免一天用油量过多）

2. 脾虚湿困

（1）推荐用油：乳香、消化复方、广藿香、罗勒、丝柏、薄荷。

（2）使用方法

①涂抹法：茶树、罗勒、永久花精油各 1 滴，滴于棉球上，入睡前塞到耳道口，次日取出。

②脊椎疗法：取以上精油，每种 3~4 滴，椰子油 1：1 打底稀释，涂抹背部脊椎，从下而上按摩，热敷 15 分钟。每周 1~3 次。

③内服：广藿香、消化复方各 2 滴，滴入温水中饮用，或灌入胶囊内服，每次一粒，一天 2~3 次。

④头疗：选用以上精油各 3 滴，椰子油 1：1 稀释，调匀后做头部按摩。每周 2~3 次。（尽量与脊椎疗法错开日期，避免一天用油量过多）

3. 肝胆郁热

（1）推荐用油：罗勒、永久花、茶树、马郁兰、罗马洋甘菊、薄荷等。

（2）使用方法

①涂抹法：茶树、罗勒、永久花精油各 1 滴，滴于无菌棉球上，塞于耳道口，3 小时更换 1 次。

②脊椎疗法：取以上精油，每种 3~4 滴，椰子油 1：1 打底稀释，涂抹背部脊椎，从下而上按摩，热敷 15 分钟。隔天 1 次。

③内服：茶树、柠檬、薄荷各 1 滴，滴入温水中饮用，一天 2~3 次。

④头疗：选用以上精油各 3 滴，椰子油 1：1 稀释，调匀后做头部按

摩。隔日一次。（尽量与脊椎疗法错开日期，避免一天用油量过多）

4. 气血瘀阻

（1）推荐用油：永久花、罗勒、乳香、没药、马郁兰、薄荷等。

（2）使用方法

①棉球法：乳香或者没药、罗勒、永久花精油各 1 滴，滴于无菌棉球上，塞于耳道口，3 小时更换 1 次。

②脊椎疗法：取以上精油，每种 3~4 滴，椰子油 1：1 打底稀释，涂抹背部脊椎，从下而上按摩，热敷 15 分钟。隔天 1 次。

③内服：乳香精油舌下滴服 2 滴，一天 2~3 次。

④头疗：选用以上精油各 3 滴，椰子油 1：1 稀释，调匀后做头部按摩，隔日一次。（尽量与脊椎疗法错开日期，避免一天用油量过多）

三、口腔溃疡

（一）什么是口腔溃疡

口腔溃疡是一种发生于口腔黏膜的溃疡性损伤病症，一般面积很小（1~2 毫米），而且常见于唇内、脸颊内部。是口腔黏膜病中最常见的疾病之一，调查发现，10%~25% 的人群患有该病，女性患病率一般高于男性，好发于 10~30 岁。一般而言口腔溃疡的发生是多种因素综合作用的结果，其包括：①局部创伤、精神紧张、食物、药物、营养不良、激素水平改变及维生素或微量元素缺乏；②系统性疾病、遗传、免疫及微生物等。如缺乏微量元素锌、铁，缺乏叶酸、维生素 B_2 以及营养不良等，可降低免疫功能，增加口腔溃疡发病的可能性；血链球菌及幽门螺杆菌等细菌也与口腔溃疡关系密切。口腔溃疡通常预示着机体可能有潜在系统性疾病，口腔溃疡与胃溃疡、十二指肠溃疡、溃疡性结肠炎、局限性肠炎、肝炎、女性经期、维生素 B 族吸收障碍症、植物神经功能紊乱症等均有关。

中医将口腔溃疡命名为口疮，口疮的病因病机复杂，为内外因素交织所致，外因以风、火、燥邪侵袭为主，内因多与饮食辛辣厚味、情绪焦虑、长期失眠有关。

（二）口腔溃疡的临床表现

主要表现为口腔内有圆形或椭圆形溃疡，表面有灰白色或黄色假膜，周围黏膜充血。严重者还会影响饮食、说话，可并发口臭、慢性咽炎、便秘、头痛、头晕、恶心、乏力、烦躁、发热、淋巴结肿大等全身症状。一般而言，口腔溃疡均有自愈趋向，易反复发作，若是经久不愈、大而深的溃疡需警惕癌变，必要时做活检以明确诊断。

口腔溃疡多与火性上炎有关，包括虚火与实火。

1. 心脾积热证　口腔黏膜溃疡，色红灼痛，伴有心烦失眠，便秘尿赤，舌红苔黄，脉数，是为实火。

2. 阴虚火旺证　口腔黏膜溃疡，色红，反复发作，伴有虚烦失眠，手足心热，口干舌燥，舌红少苔，脉细数，是为虚火。

3. 脾肾阳虚证　口腔黏膜溃疡，色白，疼痛较轻，反复发作，伴倦怠乏力，形寒肢冷，食少便溏，舌淡苔白，脉沉迟，多与患者平素脾胃虚弱，或前期口疮服用过多苦寒降火药物，伤及脾肾，阳虚阴寒，逼虚火上浮有关。

（三）精油如何调理口腔溃疡

口腔溃疡以消除病因、增强体质、对症治疗为主，治疗方法应坚持全身和局部、生理和心理相结合的原则。由于口腔溃疡易反复发作，故日常的预防和调护非常重要，包括：①注意口腔卫生，避免损伤口腔黏膜。②保持心情舒畅，乐观开朗。③保证充足的睡眠时间，避免过度疲劳。④选用保健牙刷和含氟牙膏，特别注意口腔后部的牙齿清洁。⑤定期口腔检查。⑥饮食清淡，营养均衡，多食利于消化的食物，少食烧烤、腌制、辛辣食物。⑦锻炼身体，增强体质，避免外邪侵扰。

精油对于口腔溃疡的调理主要以内外兼治为主，其中包括局部涂抹、含漱，缓解口腔局部疼痛。针对不同病因使用清心解毒、滋阴降火、健脾温肾类精油，改善与预防口腔溃疡的发生。同时要注意纾解情绪，保证良好的睡眠质量也是调节机体免疫功能、改善口腔溃疡不可忽视的方面，而这正是精油的强项。

（四）芳香应用指引

1. 心脾积热

（1）推荐用油：柠檬、茶树、尤加利、麦卢卡、香蜂草、防卫复方等清火解毒，薰衣草、苦橙叶、平衡复方清心安神。

（2）使用方法

①直接滴于创面：茶树、柠檬、防卫复方各 1~2 滴，直接滴在口腔溃疡处，或者滴在棉球上按压在溃疡处。

②漱口：尤加利、茶树或麦卢卡各 1~2 滴，滴入 50~100mL 温水中漱口。

③内服：可选用柠檬、茶树精油滴温水中服用，每天 2 次。

④熏香：可选择薰衣草、苦橙叶、平衡复方各 2 滴，熏香。

2. 阴虚火旺

（1）推荐用油：柠檬、茶树、薰衣草、西洋蓍草、罗马洋甘菊、天竺葵、平衡复方、安宁复方等滋阴清热，宁心安神。

（2）使用方法

①直接滴于溃疡处：取茶树、薰衣草、没药、天竺葵各 1~2 滴，直接滴于溃疡处。

②漱口：茶树、尤加利、罗马洋甘菊各 1~2 滴，滴入 50~100mL 温水中漱口。

③内服：可选用柠檬、西洋蓍草、茶树，每种 1~2 滴，滴入温水中服用，每天 2 次。

④熏香：可选择平衡复方、安宁复方或薰衣草、罗马洋甘菊各 2 滴，熏香。

3. 脾肾阳虚

（1）推荐用油：防卫复方、丁香、没药、肉桂、平衡复方、安宁复方等温阳散寒，养心安神。

（2）使用方法

①直接滴于溃疡处：取防卫复方、没药各 1~2 滴，直接滴于溃疡处。

②漱口：防卫复方或丁香各 1~2 滴，滴入 50~100mL 温水中漱口。

③内服：使用没药 2 滴、丁香或防卫复方、肉桂各 1~2 滴，灌胶囊内服，每天 2 次。伴有消化不良者建议加益生菌、酵素调理肠胃消化功能。

④熏香：可选择平衡复方、安宁复方或薰衣草各 2 滴，滴入香熏器内香熏。

四、唇炎

（一）什么是唇炎

唇炎是指发生于唇部的炎症性疾病的总称，包括慢性非特异性唇炎、腺性唇炎、良性淋巴组织增生性唇炎、浆细胞性唇炎、肉芽肿性唇炎、光滑性唇炎、变态反应性唇炎等，慢性非特异性唇炎的病因不明，可能与温度、化学、机械性长期持续刺激等因素有关。例如嗜好烟酒、烫食、舔唇、咬唇等。腺性唇炎发生的病因尚不明确，有常染色体显性遗传可能。后天性的可能因素包括使用具有致敏物质的牙膏或漱口水、外伤、吸烟、口腔卫生不良等。有人认为此病为克罗恩病的一种表现。良性淋巴组织增生性唇炎可能与胚胎发育过程中残留的原始淋巴组织在光辐射下增生有关。浆细胞性唇炎可能与局部末梢循环障碍、内分泌失调、糖尿病、高血压等有关。局部长期机械刺激，如义齿、光线等也可能是本病的病因。肉芽肿性唇炎可能与细菌或病毒感染、过敏反应、血管舒缩紊乱、遗传因素等有关。光化性唇炎是过度日光照射引起的唇炎，因对日光中紫外线过敏所致。变态反应性唇炎是因接触变应原后引起的唇炎。某些食物、药物、感染因素、精神因素、物理因素等均可成为本病的诱发因素。

中医认为唇炎的发生是因脏腑功能失调，主要与脾胃密切相关，风热燥邪等上攻唇部导致。其病因病机主要归结为风、火、燥、湿、虚等几个方面。

（二）唇炎的临床表现

唇炎主要表现为唇部反复肿胀、充血、脱屑、皲裂，有渗出或痂皮。一般来说病程较长，易反复发作。

中医将唇炎分为以下 5 个证型：

1. **胃经风热证** 唇干脱屑，唇部红肿灼痛，口臭便秘，口苦，舌红苔黄，脉数。

2. **脾胃湿热证** 口唇色红肿胀糜烂，渗出较多，伴口干不欲饮，大便秘结，小便赤热，舌红，苔黄腻，脉滑数。

3. **脾虚血燥证** 口唇色淡肿胀，经久不愈，口唇干燥瘙痒，常兼有倦怠乏力，纳呆便溏，面色萎黄，舌淡红，苔薄白少津，脉细弱。

4. **气滞血瘀证** 唇肿肥厚，病程长，口唇干燥刺痒，舌质黯紫，或有瘀斑，脉涩。

5. **阴虚火旺证** 唇部色红干燥，脱屑，经久不愈，灼热火烧感，口干口渴，五心烦热，大便干结，舌红少苔，脉细数。

（三）精油如何调理唇炎

西医对于唇炎的治疗主要以去除诱因，避免外界刺激，精神放松，注意适时调整情绪为治疗原则。针对不同的唇炎，采用不同的药物进行治疗。对于变态反应性唇炎还需明确并隔离过敏原，可解除症状，防止复发。良性淋巴组织增生性唇炎应避免日照暴晒。慢性光化性唇炎易发生癌变，应早期诊断和治疗。

中医治疗唇炎应分虚实。实证，多以祛风、清热、除湿等为治疗原则。虚证或虚实夹杂证，多以滋阴、清热、润燥等为治疗原则。局部根据不同情况选用水剂、散剂、膏剂、油剂等中药熏洗法及外敷法。通过内外调治，可收到较好的疗效。

植物精油对于唇炎的调理可从脾胃入手，选用茶树、牛至、百里香、柠檬草等，清热解毒，益生菌、酵素调理脾胃，针对局部的唇炎症状，使用防卫复方或柠檬精油漱口。或者选用防卫复方、乳香、茶树、牛至灌胶囊内服。严重者也可用乳香、罗马洋甘菊、蓝艾菊、永久花等精油稀释后涂抹唇部，一天4~5次。

（四）芳香应用指引

1. 胃经风热

（1）推荐用油：牛至、茶树、薄荷、柠檬、薰衣草、罗马洋甘菊、蓝艾菊等精油。

（2）使用方法

①内服：选用牛至、茶树、柠檬、薄荷精油各2滴，灌入胶囊内服，每天3次，每次1粒，连续服用10天后，停服，接着使用益生菌胶囊每次1粒，每天2次。15天后停服。此为1个疗程，连续服用3个疗程。

②脊椎疗法：选用以上精油各3滴，椰子油1∶1稀释，依次从下而上涂抹背部脊椎，热敷10分钟。

③局部涂抹：薰衣草、蓝艾菊或罗马洋甘菊加椰子油1∶1稀释后涂抹口唇，每天3~5次。

2. 脾胃湿热

（1）推荐用油：罗马洋甘菊、牛至、茶树、柠檬、柠檬草、百里香、薄荷等。

（2）使用方法

①内服：牛至、茶树各2滴，柠檬草、百里香各1滴灌入胶囊内服，每天3次，每次1粒，连续服用10天后，停服，接着使用益生菌胶囊，每次1粒，每天2次。15天后停服。此为1个疗程，连续服用3个疗程。

②脊椎疗法：选用以上5种精油各3滴，椰子油1∶1稀释，依次从下而上涂抹背部脊椎，热敷10分钟。

③局部涂抹：罗马洋甘菊、茶树加椰子油1∶1稀释后涂抹唇部，每天3~5次。

3. 脾虚血燥

（1）推荐用油：薰衣草、罗马洋甘菊、永久花、柠檬、西洋蓍草、蓝艾菊、薄荷。

（2）使用方法

①内服：选用薰衣草、柠檬、薄荷精油各2滴，灌入胶囊内服，每天3次，每次1粒，连续服用10天后，停服，接着服用益生菌胶囊每次1粒，每天2次，15天后停服；酵素每次1粒，每天3次，自始至终服用。此为1个疗程。连续服用3个疗程。

②脊椎疗法：选用以上精油各3滴，椰子油1∶1稀释，依次从下而上涂抹背部脊椎，热敷10分钟。

③局部涂抹：薰衣草、罗马洋甘菊、西洋蓍草、蓝艾菊各 1 滴，加椰子油 1 : 1 稀释或滴入 10~15g 的乳液中涂抹唇部，每天 3~5 次。

4.气滞血瘀

（1）推荐用油：乳香、薰衣草、牛至、茶树、柠檬、薄荷。

（2）使用方法

①内服：选用以上 3~4 种精油各 1~2 滴，灌胶囊内服，每天 3 次，每次 1 粒，连续服用 10 天后，停服，接着使用益生菌胶囊每次 1 粒，每天 2 次。15 天后停服。酵素每次 1 粒，每天 3 次，自始至终服用，此为 1 个疗程。连续服用 3 个疗程。

②脊椎疗法：选用以上精油，各 3 滴，椰子油 1 : 1 稀释，依次从下而上涂抹背部脊椎，热敷 10 分钟。

③局部涂抹：乳香、薰衣草各 1~2 滴，加椰子油 1 : 1 稀释后涂抹唇部，每天 3~5 次。

五、鼻炎

（一）什么是鼻炎

鼻炎即鼻腔炎性疾病，是病毒、细菌、变应原、各种理化因子及某些全身性疾病引起的鼻腔黏膜的炎症。鼻炎的主要病理改变是鼻腔黏膜充血、肿胀、渗出、增生、萎缩或坏死等。

西医将鼻炎分为非过敏性鼻炎和过敏性鼻炎，其中非过敏性鼻炎大致又可分为感染性和非感染性两种。感染性鼻炎最常发生的就是病毒性的鼻炎，其次是细菌性的鼻炎或鼻窦炎，还有其他种类的感染性鼻炎；非感染性鼻炎，则以血管运动性鼻炎为主，其发病原因包括精神紧张、焦虑、环境温度变化、内分泌功能紊乱等，这些均可导致副交感神经递质释放过多，引起组胺的非特异性释放，血管扩张，腺体分泌增多，导致相应的临床症状。另一种过敏性鼻炎则是现代社会的常见疾病，好发于春秋二季，与家族遗传、鼻黏膜的易感性、过敏原（尘螨、花粉、屋尘、真菌、动物皮屑等）的刺激有关。过敏性鼻炎可并发多种病症，包括过敏性咽喉炎、中耳炎、支气管哮喘、鼻甲肥大、鼻窦炎、鼻息肉等，严重者可影响工作、学习和睡眠，导致生活质量的下降。

中医认为鼻炎的病机主要为肺失宣降，清道不利，鼻窍失和。其发病内因多与先天禀赋不足有关，外因多因外感六淫之邪引起。

（二）鼻炎的临床表现

鼻炎多表现为鼻塞，多涕，嗅觉下降，头痛，头昏等。其中过敏性鼻炎患者的发病时间往往具有季节性，以春秋二季常见。发病时有阵发性喷嚏，大量清水样鼻涕，甚至有时可不自觉从鼻孔滴下，间歇或持续的单侧或双侧鼻塞以及鼻痒，花粉症患者可伴眼痒、耳痒和咽痒，严重者可出现嗅觉的减退。非过敏性鼻炎鼻塞多呈间歇性，在白天、天热、劳动或运动时鼻塞减轻，而夜间、静坐或寒冷时鼻塞加重，且常伴有交替性。多涕常为黏液性或黏脓性，偶成脓性。嗅觉的下降则多因鼻黏膜肿胀，鼻塞以致气流不能进入嗅觉区域，或因嗅区黏膜受慢性炎症长期刺激，使嗅觉功能减退。

中医将鼻炎分为以下 5 种证型。

1.**外邪袭肺证** 鼻塞，鼻涕量多而白黏或黄稠，嗅觉减退，头痛，兼有发热，恶风，舌质红，舌苔薄白，脉浮。

2.**肺经蕴热证** 鼻涕黄黏量多，嗅觉减退，头痛，可伴有咳嗽，痰多，舌质红，苔黄，脉数。

3.**脾胃湿热证** 鼻塞，鼻流浊涕，缠绵不愈，嗅觉减退，头昏沉或头重胀，可见面色萎黄，神疲乏力，纳呆便溏，舌红，苔黄腻，脉滑数。

4.**肺气虚寒证** 鼻塞，鼻涕黏白，平素易患感冒，稍遇风冷则病症加重，鼻涕增多，喷嚏时作，头昏头胀，自汗恶风，气短乏力，咳嗽痰白，舌淡红，苔薄白，脉缓弱。

5.**胆腑郁热证** 鼻塞，流大量黄脓涕，伴头痛，口苦，咽干，急躁易怒，舌质红，苔黄腻，脉弦数。

（三）精油如何调理鼻炎

鼻炎的治疗首先应分清属于过敏性鼻炎还是非过敏性鼻炎。

针对鼻炎的病因，采用相应的调理方案。过敏性鼻炎最有效的调理方法，要尽量避免接触过敏原外，当然很多吸入性的过敏原如花粉、尘螨等无法做到完全避免，植物精油如柠檬、薰衣草、薄荷具有祛风清热、芳香透窍的作用，在调理鼻炎方面有很好的作用。非过敏性鼻炎有感染性及非感染鼻炎，植物精油中茶树、尤加利、呼吸复方、防卫复方、藿香具有清热祛浊、化湿通窍的作用，对鼻炎有抗菌消炎作用。

（四）芳香应用指引

1. 外邪袭肺

（1）推荐用油：薰衣草、柠檬、呼吸复方、防卫复方、茶树、尤加利、百里香、薄荷等。

（2）使用方法

①蒸汽嗅吸法：薰衣草、柠檬、薄荷精油各1~2滴，滴入杯中，倒入开水，鼻子靠近杯口嗅吸蒸汽，直到水温下降，其后可饮用杯里的水。

②香熏：选用以上精油3~4种，每种2滴，滴入熏香机中，每日熏香。

③脊椎疗法与头疗：取以上精油5种，每种2~3滴，依次从尾椎到颈椎顺时针涂抹，然后热敷15分钟。若有头昏、头痛建议做头疗，在推荐用油基础上加乳香，与脊椎疗法交替使用，隔日1次，半个月为一疗程。

④局部按摩：取以上推荐用油3~4种，每种2滴，滴在3mL滚珠瓶内，椰子油加满，一天3次涂抹鼻翼迎香穴、颈后风池穴。3天内用完。

2. 肺经蕴热

（1）推荐用油：薰衣草、柠檬、呼吸复方、防卫复方、茶树、尤加利、麦卢卡、薄荷等。

（2）使用方法

①蒸汽嗅吸法：将薰衣草、柠檬、薄荷精油各1~2滴，滴入杯中，倒入开水，鼻子靠近水杯口嗅吸蒸汽，直到水温下降，其后可饮用杯里的水。

②香熏：取以上精油3~4种，每种2~3滴，滴入熏香机中，进行每日熏香。

③脊椎疗法与头疗：取以上精油5种，各2~3滴，依次从尾椎到颈椎打圈涂抹，热敷15分钟。若有头昏头痛建议做头疗，在推荐用油基础上加乳香，与脊椎疗法交替使用，隔日一次，半个月为一疗程。

④局部按摩：取以上推荐用油3~4种，各2~3滴，滴在3mL滚珠瓶内，椰子油加满，一天3次涂抹鼻翼迎香穴、颈后风池穴。3天内用完。

3. 脾胃湿热

（1）推荐用油：藿香、薰衣草、柠檬、呼吸复方、防卫复方、茶树、尤加利、薄荷等。

（2）使用方法

①蒸汽嗅吸法：将薰衣草、柠檬、薄荷各1~2滴，滴入杯中，倒入开水，鼻子靠近水杯口嗅吸蒸汽，直到水变凉，可饮用杯里的水。

②香熏：选用呼吸复方、防卫复方、藿香，每种2~3滴，滴入熏香机中，进行每日的熏香。

③脊椎疗法与头疗：选推荐精油各2~3滴，依次从尾椎到颈椎顺时针打圈涂抹，热敷15分钟。若有头昏头痛建议做头疗，在推荐用油基础上加乳香，与脊椎疗法交替使用，隔日一次，半个月为一疗程。

④局部按摩：取推荐用油各2~3滴，滴在3mL滚珠瓶内，椰子油加满，一天3次涂抹鼻翼迎香穴、颈后风池穴。3天内用完。

4. 肺气虚寒

（1）推荐用油：红橘、薰衣草、呼吸复方、防卫复方、迷迭香、香蜂草等。

（2）使用方法

①蒸汽嗅吸法：将薰衣草、红橘、防卫复方精油各1~2滴，滴入杯中，倒入开水，鼻子靠近杯口嗅吸蒸汽，直到水温降低，可饮用杯里的水。

②香熏：选用呼吸复方、防卫复方、迷迭香、香蜂草、野橘各1~2滴，滴入熏香机中，熏香。

③脊椎疗法与头疗：取本型推荐精油5种，每种2~3滴，依次从尾椎到颈椎顺时针打圈涂抹，热敷15分钟。若有头昏、头痛建议做头疗，在推荐用油基础上加乳香，与脊椎疗法交替使用，隔日1次，半个月为一疗程。

④按摩：选用以上推荐用油3~4种，每种2~3滴，滴在3mL滚珠瓶里，椰子油加满备用，一天3次涂抹鼻翼迎香穴和颈后风池穴，3天用完。

5. 胆腑郁热

（1）推荐用油：藿香、薰衣草、呼吸复方、防卫复方、罗马洋甘菊、莱姆、薄荷等。

（2）使用方法

①蒸汽嗅吸法：将藿香、薰衣草、莱姆、薄荷各1~2滴，滴入杯中，倒入开水，鼻子靠近杯口嗅吸蒸汽，直到水凉，可饮用杯里的水。

②香薰：选用呼吸复方、防卫复方、罗马洋甘菊滴入熏香机中，熏香。

③脊椎疗法与头疗：取本型推荐精油5种，每种2~3滴，依次从尾椎到颈椎顺时针打圈涂抹，热敷15分钟。若有头昏、头痛建议做头疗，在推荐用油基础上加乳香，与脊椎疗法交替使用，隔日1次，半个月为一疗程。

④按摩：选用以上推荐用油各2~3滴，滴在3mL滚珠瓶里，椰子油加满备用，一天3次涂抹鼻翼迎香穴和颈后风池穴，3天用完。

六、咽喉炎

（一）什么是咽喉炎

咽喉炎是耳鼻喉科门诊常见的疾病，多为病毒、细菌等侵犯咽部黏膜产生的上呼吸道感染，可分为急性和慢性两类。急性咽喉炎是咽喉黏膜、黏膜下组织和淋巴组织的急性炎症，冬春季节最为多见，通常情况是由病毒或细菌引起。慢性咽喉炎，多因急性咽喉炎治疗不当或者病情延误导致的，患者因鼻腔疾病而长期用嘴呼吸也会导致该病的发生，其发病还与人体免疫力下降、鼻部其他疾病、生活环境和工作环境的有毒有害物质刺激、过敏等因素有关。长期的慢性咽喉炎不仅会引起咽喉部不适，严重者可累及鼻、气管、食管等，且本病病程长，容易反复，严重影响工作及生活。

中医学将咽喉炎归属于"喉痹"范畴，最早见于《素问·阴阳别论》："一阴一阳结，谓之喉痹。"中医将咽喉炎的病机分为外感和内伤两个方面，因咽喉连于肺胃，为气机呼吸之门户，饮食消化之通道，故外感多见于风热疫毒或外感风热。内伤多因久病，脏腑失调，阴血亏损，虚火内生，火性上炎，循经上犯咽喉而成。

（二）咽喉炎的临床表现

急性咽喉炎，起病急，病程较短，风热之邪郁于肌表，不得透表而出，邪气壅滞在咽喉部位化热成痰，故初起就可出现咽部干燥、灼热，继之疼痛，异物感，吞咽及咳嗽时加重，并可出现声音嘶哑，讲话困难，严重者可失音，有时伴发热、全身不适、关节酸痛、头痛及食欲不振等，体检可见咽部明显充血水肿，局部淋巴结肿大且有触痛。

慢性咽喉炎起病缓慢，病程较长，多因久病不愈，耗气伤阴，气虚无力推动气行，血不得行，留滞成瘀，阴亏导致肺失清肃，痰瘀搏结咽喉。慢性咽喉炎是现代社会的常见病，其发病常有急性咽喉炎反复发作病史，发作时症状与急性咽喉炎类似，常感咽部不适、痒痛或干燥感；咽部慢性树枝状充血，呈暗红色，咽后壁淋巴滤泡增生肿大，咽黏膜增生肥厚，春冬季节多发，常因受凉、感冒、疲劳、多言等致症状加重。

中医将咽喉炎分为以下七大证型，前三型多见于急性咽喉炎或慢性咽喉炎急性发作，后四型多见于慢性咽喉炎经久不愈者。

1. **外感风寒证**　受凉感寒后，咽部微痛不适，吞咽不利，伴恶寒发热，头痛，身痛，舌质淡红，脉浮紧。

2. **外感风热证**　起病急，咽干灼热疼痛，吞咽疼痛加重，伴有发热，恶风，头痛，舌苔薄黄，脉浮数。

3. **肺胃热盛证**　咽痛较剧，吞咽痛甚，发热，口渴喜饮，口气秽，大便秘结，舌质红，苔黄，脉洪数。

4. **肺肾阴虚证**　咽干灼热疼痛，干咳少痰，手足心热，舌红少津，脉细数。

5. **脾胃虚弱证**　咽喉有痰浊感，口渴不欲饮或喜热饮，伴倦怠乏力，胃纳欠佳，大便不调，舌淡红边有齿痕，苔薄白，脉细弱。

6. **脾肾阳虚证**　咽部异物感，痰稀白，伴面色苍白，形寒肢冷，腰膝冷痛，腹胀，舌质淡嫩，舌体胖，苔白，脉沉细弱。

7. **痰瘀互结证**　病程长，反复发作，咽部异物感，痰黏着感，或咽微痛，痰黏难咳，咽干不欲饮，咽部黏膜黯红或咽后壁淋巴滤泡增生。舌质黯红，或有瘀斑瘀点，苔白或微黄，脉弦滑。

（三）精油如何调理咽喉炎

现代医学对咽喉炎的治疗主要是消除致病因素，如戒除烟酒，改善工作环境，积极治疗鼻及鼻咽慢性炎性病灶及有关全身性疾病，以及增强体质，提高机体免疫力，预防急性上呼吸道感染。

精油在处理咽喉炎时一般采用嗅吸和涂抹两种方式。选用具有消炎抗菌作用的精油熏蒸咽喉部位，改善局部症状。由于精油分子小，脂溶性，涂抹患处时，精油可直接渗透进入咽喉，改善症状。

急性咽喉炎多为风热喉痹，予以祛风清热，解毒利咽为治。柠檬、茶树、薄荷均有很好的抗菌抗病毒的效果，其中柠檬精油又具有一定的润喉作用，可有效缓解咽干咽痒。薄荷精油除了本身具有祛风清热、抗炎的效果外，更能增强茶树、柠檬精油的穿透性，在嗅吸的过程中增强效果。防卫复方精油所含的尤加利、迷迭香清热利咽，丁香、百里香也具有强大的消炎止痛作用。

（四）芳香应用指引

1. 外感风寒

（1）推荐用油：佛手、罗文莎叶、百里香、罗勒、防卫复方、呼吸复方等。

（2）使用方法

①熏蒸法：选取 3 种精油，各 1~2 滴，滴入杯中，倒入开水，嘴巴对着水杯口嗅吸蒸汽，直到水凉，一般每天 3 次，隔 3~4 小时 1 次。

②内服：佛手、防卫复方各 2 滴，滴入温水中饮用，或百里香、罗勒、防卫复方各 1~2 滴，灌入空胶囊中，用水送服，每次 1 粒，每天 2~3 次。

③脊椎疗法：椰子油适量打底后，选用以上精油各 2~3 滴，加乳香 3 滴，椰子油 1 : 1 稀释，依次涂抹背部，点按大椎、风池、肺俞穴，热敷 15 分钟。每天 1 次。

2. 外感风热

（1）推荐用油：尤加利、茶树、柠檬、薰衣草、防卫复方、薄荷精油。

（2）使用方法

①蒸汽吸入法：将茶树、柠檬、薰衣草、防卫复方精油各 1~2 滴，滴入杯中，倒入开水，嘴巴对着水杯口嗅吸蒸汽，直到水凉。3~4 小时 1 次。水凉后可饮精油水。

②脊椎疗法：椰子油适量打底后，选用以上精油各 3 滴，加乳香 3 滴，椰子油 1∶1 稀释，依次涂抹背部，热敷 15 分钟。每天 1 次。

3.肺胃热盛

（1）推荐用油：尤加利、茶树、柠檬、薰衣草、香蜂草、柠檬香桃木、薄荷。

（2）使用方法

①蒸汽嗅吸法：将茶树、柠檬、薰衣草、薄荷精油各 1~2 滴，滴入杯中，倒入开水，嘴巴对着水杯口嗅吸蒸汽，直到水凉。3~4 小时 1 次。水凉后可饮精油水。

②脊椎疗法：椰子油适量打底后，选用以上精油各 3 滴，加乳香 3 滴，椰子油 1∶1 稀释，依次涂抹背部，并点按大椎穴，隔日 1 次。

4.肺肾阴虚

（1）推荐用油：没药、佛手、茶树、柠檬、薰衣草、天竺葵、薄荷。

（2）使用方法

①熏蒸法：将薄荷、柠檬、薰衣草、天竺葵精油各 1~2 滴，滴入杯中，倒入开水，嘴巴对着水杯口嗅吸蒸汽，直到水凉。3~4 小时 1 次。水凉后可饮精油水。

②内服：柠檬、没药、佛手各 2 滴，枇杷蜜 1 勺，冲温水，慢慢喝，润喉咽下。

③脊椎疗法：椰子油适量打底后，选用以上精油各 3 滴，加乳香 3 滴，椰子油 1∶1 稀释，依次涂抹背部，点按肺俞、肾俞穴，热敷 15 分钟。隔天 1 次。

5.脾胃虚弱

（1）推荐用油：乳香、消化复方、野橘、薰衣草、防卫复方、香蜂草。

（2）使用方法

①蒸汽嗅吸法：将消化复方、柠檬、薰衣草、防卫复方精油各 1~2 滴，滴入杯中，倒入开水，嘴巴对着水杯口嗅吸蒸汽，直到水凉。3~4 小时 1 次。水凉后可饮精油水。

②脊椎疗法：取以上推荐用油，依次自下而上涂抹背部，并在背部膀胱经上的脾俞穴和胃俞穴加强按摩。每周可进行 1~2 次。

6. 脾肾阳虚

（1）推荐用油：乳香、消化复方、生姜、肉桂、红橘、迷迭香、防卫复方。

（2）使用方法

①蒸汽嗅吸法：将消化复方、红橘、防卫复方精油各 1~2 滴，滴入杯中，倒入开水，嘴巴对着水杯口嗅吸蒸汽，直到水凉。3~4 小时 1 次。水凉后可饮精油水。

②内服：消化复方、防卫复方各 2 滴，肉桂各 1 滴，灌入胶囊，每次 1 粒，每天 2~3 次。

③脊椎疗法：取以上推荐用油，依次自下而上涂抹背部，并在背部膀胱经上的脾俞穴、肾俞穴加强按摩。每周可进行 1~3 次。

7. 痰瘀互结

（1）推荐用油：永久花、没药、防卫复方、柠檬、佛手、尤加利、薄荷。

（2）使用方法

①蒸汽嗅吸法：将永久花、防卫复方、柠檬各 1~2 滴，滴入杯中，倒入开水，嘴巴对着水杯口嗅吸蒸汽，直到水凉。3~4 小时 1 次。水凉后可饮精油水。

②内服：没药、永久花、防卫复方、佛手各 1~2 滴，灌入胶囊，每次 1 粒，每天 2~3 次。

③脊椎疗法：取永久花、没药、防卫复方、尤加利、薄荷各 2~3 滴，依次自下而上涂抹背部，并在背部膀胱经上的肝俞、肺俞、脾俞、肾俞穴加强按摩。每周 1~3 次。

第十一章 皮肤科疾病

第一节 带状疱疹

一、什么是带状疱疹

带状疱疹是一种由水痘—带状疱疹病毒引起的，以沿单侧周围神经分布的区域皮肤红斑、水疱及伴明显神经痛为特征的病毒性皮肤病，由于病毒具有亲神经性，感染后可长期潜伏于脊髓神经后根神经节的神经元内，当抵抗力低下或劳累、感染、感冒时，病毒再次生长繁殖，并沿神经纤维移至皮肤，使受侵犯的神经和皮肤产生炎症反应。好发于年老体弱的成年人，春秋两季多发。

带状疱疹在中医学上属"蛇串疮"，《诸病源候论·疮病诸候》中记载："甄带疮者，绕腰生，此亦风湿搏于血气所生，状如甄带，因此为名。"本病的病机主要是情志不畅，肝气郁结，日久化火，肝经郁热，发于头面者多夹风邪上扰；发于躯干者多为火毒炽盛；发于阴部及下肢者多夹湿邪。火毒湿热常为带状疱疹的早期特点，后期以气滞血瘀为主。

二、带状疱疹的临床表现

发病前患部皮肤常感觉灼热刺痛，伴乏力、身体不适、低热等全身症状。发病初期，出现潮红斑，很快出现粟粒至黄豆大小的丘疹，聚集成串，排列成带状，疱群之间间隔正常皮肤，疱液初澄明，数日后疱液混浊、成脓，部分破裂；轻者无皮损，仅有刺痛感。皮损好发部位依次为肋间神经、颈神经、三叉神经和腰骶神经支配区域，沿某一周围神经呈带状排列，多发生在身体的一侧，一般不超过正中线，发于头面部者，尤以发于眼部和耳部者病情较重，伴有强烈的神经痛为本病特征之一。患处皮肤自觉灼热或者神经痛，触之明显，持续 1~3 天，病程一般 2~3 周，水疱干涸、结痂脱落后留有暂时性淡红斑或色素沉着。

三、精油如何调理带状疱疹

针对病机选择用油。本病多因肝经郁热，发于头面者多夹风邪上扰；发于躯干者多为火毒炽盛；发于阴部及下肢者多为肝经湿邪。火毒湿热常为带状疱疹的早期特点，后期以气滞血瘀为主。因此选择具有清肝泻火作用的罗马洋甘菊、柠檬、永久花、蓝艾菊，具有清热解毒作用的油茶树、牛至、麦卢卡、侧柏，以及具有杀菌、抗病毒、镇痛作用的香蜂草、百里香、罗勒、丁香。

四、芳香应用指引

（一）腰胁部带状疱疹

多为火毒炽盛，此类最为常见。

1. **推荐用油**　茶树、牛至、永久花、香蜂草、薄荷、百里香、丁香、罗勒、柠檬草、尤加利、细胞修复复方等精油。

2. **使用方法**

（1）用于局部水疱渗水，隐痛者

①局部涂抹：茶树、牛至、永久花、香蜂草、薄荷，选取 3~4 种精油，每种 1~2 滴，精油与椰子油比例 1∶3，每天 2~4 次稀释涂抹或喷洒于患部。

②内服：用茶树、柠檬各 2 滴，牛至、柠檬草、百里香、薄荷各 1 滴，灌入空胶囊，每次 1 粒，每天 3 次，餐前服用。

（2）用于局部疼痛剧烈者

①涂抹：选乳香、百里香、丁香、罗勒、茶树、柠檬草各 1~2 滴，精油与椰子油比例 1∶3，每天 2~3 次稀释涂抹或喷洒于患部。

②内服：选用乳香、茶树各 2 滴，百里香、牛至、丁香各 1 滴，滴入

空胶囊，每次 1 粒，每天 3 次餐前服用。或细胞修复复方 4~6 滴灌入胶囊中口服，每天 2~3 次。

（二）头面部带状疱疹

高巅之上，唯风可到。头面部带状疱疹多夹有风邪，因此在腰胁带状疱疹的用油基础上，加祛风止痛的精油，如香蜂草、罗勒、尤加利、薄荷等。

1. 推荐用油 香蜂草、乳香、茶树、尤加利、防卫复方、罗勒、罗马洋甘菊、薄荷等。

2. 涂抹点按

（1）涂抹点按或喷洒：取以上 3~4 种精油，椰子油 1:（1~3）稀释后，局部涂抹，若有破损改用喷洒；并用罗马洋甘菊、薄荷、罗勒精油点按百会、风池、太冲穴。

（2）内服：选用乳香、茶树各 2 滴，香蜂草、防卫复方、罗勒各 1 滴，灌入空胶囊，每次 1 粒，每天 3 次餐前服用。或细胞修复复方胶囊 1~2 粒，每天 2~3 次。

（三）阴部及下肢带状疱疹

湿性趋下，本型多为肝经湿热所致。

1. 推荐用油 茶树、牛至、百里香、丁香、香蜂草、细胞修复等。

2. 使用方法

（1）内服：茶树、牛至各 2 滴，百里香、丁香、香蜂草各 1 滴，灌入胶囊，每次 1 粒，每天 2~3 次。或服用细胞修复复方，每次 4~6 滴，灌入胶囊，每次 1 粒，每天 2~3 次。

（2）涂抹点按或喷洒：取以上推荐用油 3~4 种，椰子油 1:（1~3）稀释，局部涂抹，若有破损改用喷洒；并用茶树、丁香、百里香精油各 1~2滴，椰子油 1:3 稀释后点按阳陵泉、阴陵泉、三阴交、太冲、行间穴。

（四）带状疱疹修复期

本型调治主要针对修复期局部疼痛与瘙痒用油。同时要注意本型易出现正邪胶着状态，调治时不仅要抗病毒，更要注意扶持正气，提高自身免疫力。

1. 推荐用油 古巴香脂、丁香、罗勒、马郁兰、百里香、乳香、薰衣草、夏威夷檀香、罗马洋甘菊、天竺葵、薄荷。

2. 使用方法

（1）局部疼痛：选择古巴香脂、丁香、罗勒、马郁兰、百里香、薄荷3~4种精油，各1~2滴，椰子油1∶3稀释，涂于局部，每天1~2次。

（2）局部瘙痒，创面干燥：选择乳香、薰衣草、夏威夷檀香、罗马洋甘菊、天竺葵、薄荷3~4种，每种1~2滴，加椰子油1∶（3~4）稀释，局部涂抹。

第二节 皮肤瘙痒

一、什么是皮肤瘙痒

皮肤瘙痒症是一种仅有皮肤瘙痒而无原发性皮肤损害的皮肤疾病，根据皮肤瘙痒的范围及部位，一般分为全身性和局限性两大类。皮肤干燥，外界细菌、病毒、真菌等感染，季节温度急剧变化（过冷或过热），饮食不当（喜食辛辣、油腻、海鲜等）均可导致皮肤瘙痒；众多疾病的并发症中可有皮肤瘙痒，如86%的慢性肾盂肾炎、慢性肾小球肾炎患者伴有瘙痒，糖尿病患者中有3.2%~3.4%有不同程度的瘙痒。

皮肤瘙痒在中医学归属"诸痒""痒风""风痒"等，病因可概括为风邪外袭、营卫不和；湿邪留着、搏于气血；津气两虚、肌肤失养；瘀毒阻滞，痒疮丛生。风气相搏，风胜则发为瘾疹，皮肤瘙痒；湿邪留恋于肌肤，搏结于气血之中，郁结不散，则见皮肤湿疹瘙痒；气阴亏虚而使皮毛失于滋养，而见皮肤瘙痒。总之，皮肤瘙痒多因邪气与气血、津液搏结于皮肤，不得透发所引起。

二、皮肤瘙痒的临床表现

皮肤瘙痒，简单说就是一个"痒"字，可以有诱因，可以没诱因；可以有固定部位，可以四处游离，痒处不固定；可以四季都有，但多见于夏季或冬季。总之，皮肤瘙痒是一种常见症状，大多数人都经历过。

皮肤瘙痒在中医多与"湿、虚、燥、风、热、瘀"等因素相关。

血虚风燥型，本证多见于老年人，表现为皮肤干燥瘙痒及五官毛窍干涩，伴有眼干、眼涩、视物模糊以及口干、鼻干、大便干、小便短少，舌红少津，苔薄，脉细。

湿热内蕴型，可表现为丘疹、水疱发展迅速，局部皮肤有红肿灼热，伴有纳呆呕恶，舌质红，苔黄腻，脉滑数。

营卫不和型则是皮肤瘙痒症状突出，皮疹色红，也可呈苍白色，好发于头面部；呈圆形、椭圆形风团，可融合成片，可伴恶风、发热、头痛、身重等症，舌质红，苔薄，脉浮。

三、精油如何调理皮肤瘙痒

针对皮肤瘙痒的原因选择精油。如果因为血虚风燥引起，可以选用养血滋润祛风的精油予以调理，如当归、薰衣草、夏威夷檀香、天竺葵、穗甘松、薄荷、罗马洋甘菊、蓝艾菊、西洋蓍草等；湿热内蕴引起者，可以用藿香、牛至、茶树、麦卢卡、罗勒、扁柏等清热燥湿；因营卫不和引起，可以用野橘、薄荷、防卫复方、穗甘松、薰衣草、古巴香脂、蓝艾菊或西洋蓍草等精油养血祛风，调和营卫。

四、芳香应用指引

（一）血虚风燥

全身皮肤干燥瘙痒，因血虚皮肤失于滋养引起。

1. **推荐用油**　当归、薰衣草、夏威夷檀香、天竺葵、西洋蓍草、穗甘松、薄荷、罗马洋甘菊、蓝艾菊等。

2.使用方法

（1）涂抹与泡浴：选用以上3~4种精油，每种3~4滴，加椰子油30mL，或者加入20g乳液中，涂于全身，每天1~2次。或选3~4种精油滴入100mL全脂牛奶中，再放入温水浴缸中泡浴。

（2）内服：柠檬、薰衣草、薄荷、西洋蓍草各1~2滴，灌入胶囊，每次1粒，每天早晚2次。

（3）香熏：选择以上推荐用油3~4种，每种2滴，滴入香熏器中熏香。

（二）湿热内蕴

以丘疹、水疱、局部皮肤红肿灼热、瘙痒为特征。配方类似湿疹的精油调理处方，从清热燥湿调治。

1.推荐用油　藿香、牛至、茶树、麦卢卡、罗勒、扁柏或侧柏等。

2.使用方法

（1）涂抹：取以上推荐用油3~4种，每种2~3滴，加椰子油1:（1~3）稀释，涂于局部。每天1~2次。

（2）内服：藿香、茶树、牛至各2滴，灌入胶囊，每次1粒，每天2~3次。

（3）香熏：以上推荐用油3~4种，每种2~3滴，滴入香熏器中香熏。

（三）营卫不和

本型为常发型，多于临睡前出现瘙痒症状。老年人多病程迁延，因正气不足，肌肤失养，卫气虚弱致外邪易侵，营卫失和，故反复发作。治以养血活血，祛风邪为主。

1.推荐用油　当归、野橘或柠檬、薰衣草、薄荷、防卫复方、呼吸复方等精油。

2.使用方法

（1）涂抹：选用以上精油3~4种，每种2~3滴，加椰子油1:（1~3）稀释，涂于局部。每天1~2次。

（2）内服：柠檬、薰衣草、薄荷、防卫复方各2滴，灌入胶囊，每次

1 粒，每天早晚 2 次。

（3）香熏：选用以上推荐用油 3~4 种，每种 2 滴，滴入香熏器中香熏。

第三节 湿疹

一、什么是湿疹

湿疹是一种皮肤科常见的变态反应性疾病。湿疹病因复杂，是内外相互作用的结果，外界环境因素包括致敏源刺激、日光、寒冷、炎热、干燥等；内因包括精神紧张、失眠、内分泌失调、过度疲劳等。

中医早在《内经》中就有了关于湿疹病的论述，其后各典籍则根据发病位置、病程及临床特点，将其分别归类于"旋耳疮""浸淫疮""血风疮""湿毒疮""湿癣"等。湿疹的病位在体表，卫气为人体阳气的一部分，有护卫肌表，抗御外邪之功。若脾虚湿盛或脾气虚导致卫气生成不足，表虚不耐风邪，则易诱发湿疹。血虚脾热是导致湿疹的重要内因，使脏腑功能失调，阴阳失衡，营卫失和而发湿疹。

二、湿疹的临床表现

湿疹临床表现为局部皮肤发痒，皮疹多为对称性，并呈多形性，如发红、水肿、丘疹、水疱、糜烂、渗出等，易复发和迁延成慢性。多发于面部和四肢、女性的乳房和外阴、男性的阴囊等处。急性湿疹以丘疱疹为主，炎症明显，易渗出；慢性湿疹以苔藓样变为主，易反复发作。

（一）急性湿疹

以湿热火毒多见湿热者可见丘疹、水疱色红，滋水淋漓，味腥而黏，瘙痒难忍，口苦而腻，舌苔白腻或黄腻。

火毒者可见丘疹、疱疹色泽鲜红、肿胀，脓水流溢，或见糜烂，甚至发热，小便短赤，大便干结，舌质红苔黄腻。

（二）慢性湿疹

血虚湿恋、脾虚湿恋者多见丘疹色泽潮红渗湿，可见鳞屑，伴纳少，便溏，舌淡胖苔白腻。

血虚风燥者可见皮损色暗或色素沉着，肌肤甲错，或皮损粗糙肥厚，伴见口干不欲饮，腹胀，纳呆，舌淡苔白。

三、精油如何调理湿疹

针对急慢性湿疹的病因，进行辨证施油。

急性湿疹，针对湿热火毒选择茶树、牛至、罗马洋甘菊、香蜂草、薄荷等清热解毒燥湿的精油调理。

慢性湿疹，血虚或脾虚湿恋者可以考虑用当归、乳香、藿香、穗甘松、岩兰草、丁香、百里香等精油养血祛湿、化湿健脾。

血虚风燥者多见于干性湿疹，可以考虑用当归、西洋蓍草、夏威夷檀香、薰衣草、天竺葵、依兰依兰、玫瑰、麦卢卡等精油养血祛风润燥。

四、芳香应用指引

（一）急性湿疹

1. 湿热证

（1）推荐用油：牛至、茶树、罗马洋甘菊、丝柏、香蜂草、薄荷等精油。

（2）使用方法

①涂抹：选择以上 3~4 种精油，每种 2 滴，椰子油 1∶1 稀释涂抹湿疹处。

②内服：湿重舌苔厚腻者用藿香、茶树、牛至、罗马洋甘菊各 2 滴，灌入胶囊，每次 1 粒，每天早晚 2 次。

2. 火毒证

（1）推荐用油：在以上配方基础上加柠檬、麦卢卡、蓝艾菊、永久花、侧柏、扁柏。

（2）使用方法

①涂抹：选择以上 3~4 种精油，每种 2 滴，椰子油 1∶1 稀释涂抹湿疹处。

②内服：茶树、牛至、薄荷、罗马洋甘菊各 2 滴，香蜂草 1 滴灌入胶囊，每次 1 粒，每天早晚 2 次。

（二）慢性湿疹

1. 血虚湿恋证

（1）推荐用油：夏威夷檀香、藿香、穗甘松、岩兰草、平衡复方、西洋蓍草等精油。

（2）使用方法

①涂抹：取以上推荐用油 3~4 种，每种 1~2 滴，椰子油 1∶1 稀释，涂抹局部。

②香熏：白天取藿香、平衡复方各 2 滴，滴入香熏器中香熏；晚上取岩兰草、穗甘松、平衡复方、夏威夷檀香各 2 滴，滴入香熏器中香熏。

③内服：当归、西洋蓍草、藿香各 2 滴，灌入胶囊中服用，每次 1 粒，每天 2 次。

2. 脾虚湿恋证

（1）推荐用油：消化复方、小豆蔻、佛手、藿香、生姜、穗甘松、平衡复方等精油。

（2）使用方法

①涂抹：取以上推荐用油 3~4 种，每种 1~2 滴，椰子油 1∶1 稀释，涂抹局部。

②香熏：白天取消化复方、小豆蔻、藿香、平衡复方各 2 滴，滴入香熏器中香熏；晚上取穗甘松、平衡复方、佛手各 2 滴，滴入香熏器中香熏。

③内服：用消化复方、豆蔻、佛手各 2 滴滴入胶囊中内服，每次 1 粒，每天 2 次，可配合服用益生菌、酵素。

3. 血虚风燥证

（1）推荐用油：当归、夏威夷檀香、薰衣草、天竺葵、依兰依兰、罗马洋甘菊、永久花、玫瑰、乳香、没药等。

（2）使用方法

①内服：薰衣草、天竺葵、当归、乳香、西洋蓍草，每种 1~2 滴，灌入胶囊，每次 1 粒，每天 2 次，养血祛风润燥。

②涂抹：选择以上推荐用油 3~4 种，每种 5~8 滴，滴入 30mL 滚珠瓶内，椰子油加满，每天 1~3 次，在瘙痒处涂抹，尽量 1 周内用完。

第四节 烫伤、烧伤

一、什么是烫烧伤

烧伤，又称烫伤，是由热力（火焰、灼热的气体、液体或固体）、电能、化学物质、放射线等作用于人体而引起的一种急性损伤性疾病，常伤于局部，波及全身，可出现严重的全身并发症。烧伤的严重程度取决于热源的温度和作用时间，热源温度越高，烧伤程度越严重。如果不能及时处理，则会造成创面感染，甚者多器官功能障碍，乃致休克。

烧伤多由于热邪烧灼导致。热邪灼津伤阴，肌肤经络受损，火毒内攻，则由表及里伤及脏腑，险象众生。

二、烫烧伤的临床表现

烧伤的深度一般按三度四分法分，即 1 度、2 度（浅 2 度和深 2 度）和 3 度烧伤。

1 度烧伤：仅仅伤及表皮，烧伤程度轻，有烧灼感、轻度疼痛，局部红肿热痛，皮肤表面温度高，一般愈后不留瘢痕。

浅 2 度烧伤：烧伤达到真皮浅层，可以有水疱，水疱晶莹饱满，水疱挑破后渗出液较多，创面鲜红，疼痛剧烈，是否留疤与愈合过程有无感染相关。

深 2 度烧伤：伤及真皮层，水疱相对较小或扁平，高出肌肤面不多，皮肤感觉迟钝，皮温比1度、浅2度低，创面苍白，间有红色斑点，愈合后多有轻度瘢痕，但一般不影响功能。

3度烧伤：烧伤皮肤全层，甚至可烧灼到皮下、肌肉、骨骼，烧伤后皮肤表面形成焦痂，创面硬如皮革，可见树枝状栓塞的血管，感觉消失，合并创面感染的概率高。

三、精油如何调理烧烫伤

自法国医学博士、化学家盖提福斯意外发现薰衣草精油治疗烫伤而不留瘢痕的神奇妙用之后，薰衣草治愈烧伤的效果被业内人士津津乐道。笔者认为对1度烧烫伤，精油有较强疗愈作用，单用即可，而且不会遗留瘢痕。对2度以上烧烫伤，尤其面积较大者建议配合专科治疗，精油的作用在于缩短疗程，减少瘢痕形成。

常用精油有薰衣草、茶树、乳香、永久花、西洋蓍草等。

四、芳香应用指引

（一）1度烧烫伤

1. 推荐用油 茶树、薰衣草、乳香等。

2. 使用方法 取以上精油，每种1~3滴，加椰子油1:（1~3）稀释，涂于局部，每天2~3次。必要时2~3小时涂抹一次。

（二）2度以上烧烫伤

总面积超过人体总面积百分之一（约自身手掌大小），建议专科就诊，处理伤口，避免感染。待创面干燥后用油。

1. 推荐用油 薰衣草、茶树、乳香、西洋蓍草或永久花。

2. 使用方法 取以上用油各3滴，椰子油1:（1~3）稀释，把稀释好的精油灌入10mL喷瓶内，喷洒局部，每天2~3次。可以加强局部皮肤修复，缩短疗程，减少瘢痕形成。

第五节　虫咬皮炎

一、什么是虫咬皮炎

是指昆虫叮咬皮肤后出现的局部或全身性过敏反应。轻者无明显症状，重者可出现危及生命的严重过敏反应。本病与昆虫叮咬有关，如臭虫、跳蚤、虱、螨、蚊等。节肢动物叮咬皮肤后，其唾液等分泌物导致皮肤出现刺激或过敏反应而致病。

昆虫叮咬人体皮肤，接触毒液或有毒毛刺，这些东西中医都称为邪毒，这类邪毒偏于火、风二毒，风者善行数变，火者生风动血，耗伤阴津；风毒偏胜，每多化火，火毒炽盛，极易生风。

二、虫咬皮炎的临床表现

昆虫种类不同，其侵害人体的方式也有所不同，加之每个机体反应能力不一样，因此临床上所表现的症状也不完全一样。有人被叮咬后可不起任何反应，有人会出现轻重不同的痒感，有人被虫类叮咬后会有刺痛、灼热、触痛或严重的全身反应。蚊虫叮咬引起的丘疹或斑点，周围常见苍白圈，皮疹的形态以水肿性丘疹、风团或斑块、痕点、水疱为主，顶端常有虫咬的痕迹。

蚊虫咬伤多归因于风、火。火为主者，皮疹较多，成片红肿，水疱较大，严重者形成局部组织坏死，瘀斑明显，可伴畏寒、发热、头痛、恶心、胸闷，舌红苔黄，脉数；风为主者，局部伤口不红不肿不痛，仅有皮肤麻木感，可伴有头昏、眼花等全身症状，舌苔薄白，脉弦数。风、火病重者，兼有风和火的症状，局部红肿较重，全身症状明显，舌苔黄白相间。

三、精油如何调理蚊虫及其他昆虫叮咬

如因虫毒侵入肌肤、火邪热毒蕴结所致，可以用柠檬、茶树、尤加利、麦卢卡、罗马洋甘菊、香蜂草清热解毒；因风热壅滞引起的，可以考虑用薄荷、茶树、尤加利、柠檬、薰衣草祛风清热。

四、芳香应用指引

（一）蚊虫叮咬

1. **推荐用油** 柠檬、薄荷、薰衣草、柠檬草、尤加利、罗勒、罗马洋甘菊、茶树。

2. **使用方法**

（1）喷洒：以上精油各 8 滴，灌入 100mL 喷瓶内，用蒸馏水灌满，上下摇匀，出行时喷洒于头颈、手臂、腿脚暴露处。尽量在 1 周内用完。

（2）局部涂抹：在蚊虫叮咬处可以涂抹薰衣草、柠檬草、尤加利，椰子油 1 :（1~3）稀释。有红肿者加茶树、乳香，局部瘙痒者加薄荷。

（二）昆虫叮咬（如螨虫、跳蚤、蜂等）

1. **推荐用油** 可以选用柠檬、薄荷、薰衣草、柠檬草、尤加利、茶树、罗勒、杜松浆果等。

螨虫：用尤加利、茶树、柠檬、薰衣草。

跳蚤：用薰衣草、柠檬草、薄荷。

蜂蜇伤：用罗勒、罗马洋甘菊、薰衣草、茶树、乳香。

蜱虫：用薰衣草、香蜂草、薄荷。

2. **使用方法**

（1）涂抹：可以选用对应精油各 1~2 滴，涂抹患处。

（2）内服：柠檬、薰衣草、薄荷各 1~2 滴，滴入温开水中饮用，每天3 次，祛风清热排毒。

（3）严重者须及时就医。

下篇 养生

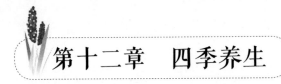

第十二章　四季养生

春夏秋冬四季是自然界四时气候变化的展现，是阴阳消长的结果，呈现出寒热温凉、生长收藏的变化。《素问·四气调神论》中言："四时阴阳者，万物之根本。"四季更替、寒暑变化将直接影响人体脏腑的生理机能和病理改变。所以，人应与自然界的变化相一致，中医讲究"天人合一"，认为人是大自然的一部分，只有顺应自然变化，根据四时更替来调整身体才能保持健康状态。摄生保养，与四季和合，与天地相应，才能延年益寿，减少疾病的侵扰，遵循"春夏养阳，秋冬养阴"的养生法则，根据"春生，夏长，秋收，冬藏"的季节特点，谋求"天人合一"，以求达到养生的最高境界。

第一节　春季养生

春季作为一年之始，经过冬三月的蛰藏之后，阳气开始上升，万物从冬天的蛰伏中醒来，开始萌发勃勃的生机，使人感到万象更新。春季养生就是人体为了能适应春季气候变化，需要对起居、饮食、运动做相应的调整，天人合一，才能使机体保持健康活力，才能保养身体，减少疾病，增进健康，延年益寿。

一、春季养生要注意哪些方面

《素问·四气调神大论》明确指出春季的养生法则："春三月，此谓发陈，天地俱生，万物以荣，夜卧早起，广步于庭，被发缓形，以使志生，生而勿杀，予而勿夺，赏而勿罚，此春气之应，养生之道也。逆之则伤肝，夏为寒变，奉长者少。"

　　春季的正月、二月、三月，是万物复苏推陈出新的季节，自然界呈现出一片生机蓬勃的景象，人们应该晚睡早起，起床后可以大步在庭院里散步，披散开头发，穿着宽松的衣物，不让身体受一丝拘束。放宽步子，在庭院中漫步，以便使人的志意充满生机。对待世间万物，不要滥杀生灵，不要剥夺大自然给予万物的福祉，更不要惩罚大自然给予万物的赏赐，多施与，少掠夺，多奖励，少惩罚。这是适应春气的特点，作为人体的养生之道。如果违逆了春生之气，便会损伤肝脏，提供给夏长之气的条件不足，到夏季就会发生寒性病变。

　　春属木，内应于肝。春季阳气初生而未盛，阴气始减而未衰。人体抗寒之力较差，为防春寒，气温骤降，故当春"捂"。阳气初升，乍暖还寒之时，一日之内气温差异极大，且风邪为春季当令之邪，风为百病之长，易同时夹杂其余五淫而致病。当人体正气虚弱，不能抵御外邪之时，人易感受风寒或风热而感冒。要珍惜与利用春季"生发"之气，使肝气条畅，以利人体之条达。春季养生，重点从疏肝养肝、舒心养心、春捂避风、舒展运动、饮食清淡、晚睡早起着手。

二、如何应用精油做好春季养生

（一）春季养肝为首要

　　1. 疏肝理气以养肝　春季在五行中属木，人体五脏中肝属于木，故春气通于肝。《素问·六节脏象论》中记载："肝者，罢极之本，魂之居也，其华在爪，其充在筋，以生血气，其味酸，其色苍，此为阳中之少阳，通于春气。"所以，春季是养肝护肝的最好时机，也是肝病最容易复发或加重的时节，必须要注重肝病的预防保健。柑橘类精油具有强大的疏肝理气作用，所以是疏肝养肝的首选，如红橘与圆柚，科学研究发现这两种精油里含有的 D- 柠檬烯精油能够增加肝脏的谷胱甘肽的浓度，提高身体各器官抗氧化的能力。

　　针对肝气易郁、肝阳易亢、肝火易旺、肝风易动的特点，在春季要针对不同人群的特点养肝。如菊科类罗马洋甘菊、永久花、蓝艾菊、西洋蓍草清肝、平肝，天竺葵、玫瑰、依兰依兰滋阴养肝，均可在春季用到。

2. 静心慎怒以养肝　肝主疏泄，大怒伤肝，要想养肝而不伤肝，就要保持精神愉快，心情舒畅，少发怒，尽可能做到心平气和，乐观豁达，才能使肝气能够条达舒畅。精油对心灵的呵护作用非常显著，我们可以选择既能养肝又有调畅情志的柑橘类精油及稳定情绪的薰衣草、马郁兰等唇形科植物精油，能达到一箭双雕的养心护肝目的。

（二）春捂避风固肺卫

春捂避风、固护肺卫。风者乃东方之生气，与春气相应，而风邪为六淫之首，寒、暑、燥、湿、火五气均可与风相合而侵犯机体产生病变，隋·杨上善曾云："百病因风而生，故为长也，以因于风，每为万病，非唯一途，故风气以为病长也。"风是万病产生的重要原因，而风又为春之主气，故春季养生一定要顺应季节变化规律。我们可以用丁香、肉桂、尤加利、迷迭香、野橘等配制成防卫复方，在出门前滴入口罩，以抵御风邪。

（三）起居要顺应节气

春季是冬夏转换交替的季节，气温变化幅度大，天气多变，若人体正气亏虚，极易感受外邪；春季万物复苏，其中也包括病毒、细菌等，春季细菌、病毒的传播和繁殖速度极快；春季湿润，阴雨绵绵，地面湿气较大，易夹杂而成风湿痹痛。故春季应特别重视顺应气候的变化，注意起居调摄。在春雨绵绵的日子里不妨嗅吸芳香化湿类精油如藿香、生姜等帮助身体排湿。

"春眠不觉晓"，很多人在春天总是睡不够，这与肝疏泄失职密切相关，肝阳生发不足，气血不畅。春分开始，白昼时间长于黑夜，春季养生要晚睡早起，晚睡也是要在晚上11点之前入睡，早上6点起床，中午睡1小时，保证充分休息，睡好子午觉。如白天用提振心神的柑橘类精油，晚上用镇静助眠的平衡复方精油，使我们阴阳保持平衡。

（四）运动适度通经络

春天阳光明媚，鸟语花香，大自然一派生发之气，也是户外活动的好季节，人们经历了一冬的能量储备，可能长膘不少，原本代谢缓慢的机体此时急需把多余脂肪动员出去，最好的动员方式当然数户外运动了。当然在运动前后，也要做好准备活动，以防不适当的运动损伤到筋骨，同时在运动时要保持呼吸道的畅通，提高给氧量。舒缓经络活动关节，可用乳香、活络复方、柠檬草；保持气道通畅，充分给氧，可用呼吸复方、乳香、柑橘复方，轻身减脂，可用代谢复方、芫荽、圆柚、肉桂等。

（五）饮食清淡易消化

民以食为天，春季人体代谢旺盛，饮食需要注重营养均衡，但也不可过于偏嗜，饮食清淡，吃容易消化的食物，不宜吃过于油腻食品。在满足口腹之欲的同时，要确保饮食合理恰当。一般选用甜茴香、胡椒、生姜、肉桂等香料类精油佐餐，以助消化。

（六）头部按摩行气血

头为人体的诸阳之会，百脉之宗，十二经络中脾经、胃经、膀胱经、肝经、胆经、三焦经，以及督脉循行于头部，春季阳气生发，升发太过就会出现头晕头痛等症状，古人就有春季梳头以防肝气升发太过的习俗。对头部经络的局部刺激可以疏通全身十二经络，达到行气活血，平衡阴阳，提振身心，消除疲劳等养生疗愈的目的。头部按摩能快速改善脑部供血，迅速缓解头晕、头痛头昏等头部不适症状，头皮是全身老化最快之处，其自由基含量是面部的6倍，所以做一次头部按摩相当于做6次面部护理，可有效紧致面部肌肤，美容养颜；头部按摩能促进毛囊新陈代谢，坚持按摩可改善发质、减少脱发与白发。

三、芳香应用指引

（一）春季养肝为首要

1. 推荐用油　疏肝养肝以野橘、柠檬、薄荷、罗马洋甘菊、天竺葵、侧柏、扁柏等为代表。

静心养肝用薰衣草、马郁兰、岩兰草等舒缓情绪。

2. 使用方法

（1）香熏：白天取野橘、柠檬、薄荷、罗马洋甘菊中的 2~3 种，每次 2 滴，滴入香熏器中香熏；晚上用薰衣草、马郁兰、岩兰草等各 2 滴，滴入香熏器中香熏。

（2）涂抹：取罗马洋甘菊、罗勒、薰衣草、马郁兰中的 2~3 种精油，每种 1~2 滴，椰子油 1∶1 稀释，在太阳穴、风池穴、太冲穴按摩，可以缓解头部不适症状；用天竺葵、侧柏或扁柏各 2 滴涂抹右胁可以护肝养肝，缓解肝区不适。

（二）春捂避风固肺卫

1. 推荐用油　抵御风邪，固护肺卫，可用呼吸复方、防卫复方、柠檬、薰衣草、薄荷；芳香化湿，祛风通络，可用藿香、生姜、理疗复方、活络复方、冬青等。

2. 使用方法

（1）香熏：呼吸复方、防卫复方、薄荷各 2 滴，滴入香熏器中香熏；或用以上精油各 1 滴滴在口罩上，嗅吸，每天 1~2 次，每次 1~2 小时。

（2）内服：柠檬、薰衣草、薄荷各 1~2 滴，滴入温水或胶囊服用，每天 2~3 次。

（3）外涂：呼吸复方、防卫复方、薄荷稀释后涂抹迎香、风池、大椎穴。

（三）顺应节气慎起居

1. 芳香化湿，疏通经络

（1）推荐用油：藿香、生姜、山鸡椒、丁香、百里香、乳香、理疗复方、活络复方、冬青等。

（2）使用方法

①香熏：居处潮湿选用藿香、生姜、山鸡椒、丁香、百里香 2~3 种，每种 2 滴，滴入香熏器中香熏。

②喷洒：也可以用纯净水 100~200mL，加藿香、山鸡椒、丁香、百里香 1~2 滴，配制成喷雾剂，居处潮湿环境处时喷洒，每天 1~2 次。

③涂抹：关节酸痛者用乳香、理疗复方、活络复方、冬青各 1~2 滴，

椰子油1∶（1~3）稀释，局部涂抹。

④内服：舌苔厚腻者用藿香或生姜1~2滴滴入温开水中饮用，每天2次。

2. 晚睡早起，调养身心

（1）推荐用油：野橘、圆柚、迷迭香、薰衣草、岩兰草、平衡复方、安宁复方等精油。

（2）使用方法

①香熏：白天用野橘、迷迭香、圆柚、薄荷各1~2滴，滴入香熏器香熏，提振心神。午睡及临睡前用薰衣草、平衡复方、安宁复方、岩兰草各2滴，滴入熏香器中香熏。

②嗅吸：在以上精油中，取一种自己喜欢的精油，滴在劳宫穴及腕横纹太渊、大陵、神门穴嗅吸，舒缓情绪，安定心神。

（四）运动适度通经络

1. 推荐用油

（1）舒缓经络，活动关节：乳香、活络复方、柠檬草等精油。

（2）保持呼吸顺畅，利于有氧运动：呼吸复方、乳香、薄荷等精油。

（3）轻身减脂，促进代谢：代谢复方、芫荽、圆柚、肉桂等精油。

2. 使用方法

（1）涂抹：用乳香、活络复方、冬青各1~2滴，椰子油1∶3稀释涂抹肩、肘、腕、踝等关节活动处，以预防运动不慎引起的筋骨损伤。

（2）嗅吸：呼吸复方、薄荷各1滴，椰子油2滴，涂抹迎香、天突、胸部膻中穴，保持气道通畅，充分给氧，使机体处于较佳运动状态。

（3）内服：运动前舌下含服乳香2滴，提高下丘脑给氧，增加活血通络的作用。

代谢复方4滴、芫荽3滴、圆柚2滴、肉桂1滴，滴入胶囊，每次1粒，每天2~3次，增加机体新陈代谢，分解脂肪，减重消脂。

（五）香料精油助消化

1. 推荐用油　一般选择香料类精油佐餐。

2. **使用方法**　一般选用胡椒、甜茴香、肉桂、生姜1滴，在烹调鱼肉或面食、糕点、色拉时佐餐；如果平时胃热的人可以选用罗勒、柠檬佐餐；或用消化复方2滴，椰子油4滴打底，涂抹胃部，以助消化。

（六）头部按摩舒通气血

1. 推荐用油

（1）清理头目、疏通经络、调节免疫：可选用乳香、茶树、薰衣草、柠檬、薄荷，活血定痛加罗勒、冬青。

（2）补肾生发黑发：可选用雪松、迷迭香、薰衣草各3滴，生发加生姜2滴，黑发加西洋蓍草2滴，脱发加丝柏2滴。

2. 使用方法

（1）将精油滴入玻璃或瓷器容器内，加椰子油1：1稀释，现配现用。一般每周保健1~2次，头痛头晕者可以每天1次。

（2）操作手法：可使用指腹或者牛角、棉签蘸取搭配好的精油，从前额发际线开始，向头顶至颅底后发际线的方向，依次将精油涂抹在头皮上，沿督脉、足太阳膀胱经、足少阳胆经、足阳明胃经等经络涂抹，每条经络涂抹精油3~5次。精油涂完后，可用指腹或者牛角梳点按整个头皮，并依次点按太阳、百会穴和颈部风池、风府穴等。

第二节　夏季养生

夏季是指立夏至立秋前，历时3个月。夏季是阳气最盛的季节，盛夏酷暑蒸灼，人易感到困倦烦躁和闷热不安，为适应这一气候变化，人们在起居、饮食、运动、睡眠方面都需要做相应调整，才能做好夏季养生，使机体保持健康活力。

一、夏季养生要注意哪些方面

早在《素问·四气调神论》就已经给出了夏季养生的法则："夏三月，

此为蕃秀。天地气交，万物华实，夜卧早起，无厌于日，使志无怒，使华英成秀，使气得泄，若所爱在外，此夏气之应，养长之道也；逆之则伤心，秋为痎疟，奉收者少，冬至重病。"

原文大意是说，夏季的三个月，气候炎热而生机旺盛，天气下降，地气上升，天地之气相交，万物繁荣秀丽。在这个季节里，应该晚睡早起，不要厌恶白天太长，抱怨天气太热，应使心情保持愉快而不要轻易激动和恼怒。精神要像自然界的草木，枝繁叶茂、花朵秀美那样充满活力。身体可以通过微微出汗，使体内热阳之气能够宣泄于外，这就好像你热爱外面大自然环境似的，要适应"夏长"之气才是养生之道。如果违反了它，夏季内应之心气就会受到伤害，到了秋天还会发生疟疾。这是因为夏天的"长（zhǎng）"，是为秋气之"收"做准备，若夏天养生不当，"长"气不足，供给秋天收敛的能力差了，秋季就会发生疟疾之类的疾病，到了冬至之时，病情就可能加重。

根据《素问·四气调神论》的养生指导归纳出以下几点。

（一）静心养心慎郁怒

暑气通于心，夏季是心的阳气最盛的季节，盛夏酷暑蒸灼，人易感到困倦烦躁和闷热不安，所以夏季养生首要的是要注意养心戒怒，重在精神调摄，保持心情舒畅，使志无怒，保持愉快而稳定的情绪。

（二）夏日炎炎防中暑

"暑"为夏季的主气，暑热之邪极易造成出汗过多，体液减少而伤津，出现唇干口燥，发热，心烦等阳暑现象。同时夏季因避暑而整天待在空调房间，易感受寒凉，毛孔闭塞，汗液排泄不畅；或因防暑降温而饮冷无度，以致肠胃受伤，体内的浊气不能发泄出来，出现身热头痛、无汗恶寒、关节酸痛、腹痛腹泻、肢体拘挛麻痹等症，皆属于阴暑。无论阳暑还是阴暑都是夏季养生时要注意的。

（三）晚睡早起防耗阳

夏季昼长夜短，做到晚睡早起，是符合自然界的养生法则的。但是晚上睡觉时间不应超过 11 点（中医提倡人必须睡子午觉，子是夜晚 11 点到次日凌晨 1 点，午是白天中午 11 点到 13 点），如果能每天中午小睡 20~30 分钟，可以补充人体的阳气，恢复被消耗的精气神，增强抵御暑温之邪的能力，提高下午的工作效率。对夏季养生是有益处的。

（四）运动微汗气宣泄

夏季气温高，运动过程中人体消耗大，因此必须控制运动量，不能过度运动。在户外运动时要做好防晒、防暑措施。

（五）饮食清淡多饮水

夏季炎热，火热之邪盛，而牛羊肉等肥甘厚味之品性热，两热相遇易生变。故夏季应饮食清淡，吃容易消化的食物，不宜吃过于油腻的食品。酷暑当令，汗出较多，应当及时补充水分，以帮助体内热量散发。再如西瓜、绿豆、百合等，皆有良好的清热解暑、健脾养阴作用。不要只图一时之快，贪食冷饮，损伤脾胃。

（六）冬病夏治防未病

冬病夏治是借助夏季人体阳气最旺盛的节气，来治疗一些容易在冬季发生或在冬季加重的寒性病症。在夏季三伏时令，自然界和机体阳气最旺之时，修复自愈力最佳，适时予以温补阳气、散寒祛邪、活血通络，为体内的元气"加把劲"，可以增强机体抵御病邪的能力，有利于祛除阴寒之邪，从而达到冬病夏治的目的。

二、如何应用精油做好夏季养生

遵循以上夏季养生的七点建议，我们来谈谈如何用精油做好夏季养生。

（一）静心养心慎郁怒

暑气通于心，夏季需养心。心的阳气在夏季最为旺盛，所以夏季更要注意心脏的养生保健。炎热夏季当你感到闷热焦虑的时候，平衡复方精油的温馨木质香味能带来平安幸福感。这种由云杉、花梨木、乳香和蓝艾菊精油调配出的完美配方，能带给人宁静稳定的感觉，再加上微量比例的椰子油，更可为您的肌肤提供极佳呵护。

（二）夏日炎炎防中暑

出门前先做好防晒准备，擦防晒霜，戴墨镜、太阳帽，用夏威夷檀香、永久花来防止紫外线的侵袭，藿香、薄荷精油随身携带防暑，唇形科椒样薄荷具有辛凉发散解暑的强大作用，促进排汗降低体温，清爽提神醒脑的薄荷香气可以使恐惧、愤怒、激动的情绪瞬间平静下来，是夏季消暑的必备品。如果长居空调房内，贪凉饮冷引起阴暑，则需要藿香、生姜散寒解表，祛暑化湿。

（三）宜晚睡早起

晚睡早起是顺应夏季气候炎热的养生方法。要想保证充足的睡眠时间，晚间的睡眠质量及午间休息就显得尤为重要。在此再次强调子午觉的重要性。在用油上，香熏安神助眠的芳香类精油，如平衡复方、安宁复方、薰衣草、野橘、岩兰草、夏威夷檀香、橙花等都在考虑之列。

（四）控制运动量

现做的柠檬、薄荷清暑饮料，可以在运动前后随时补充体力，防止摄入热量过低，造成体力不支。

夏季气温高，出汗是机体调节体温的有效保护机制，但是必须避免运动过量，以防体液消耗过多。我们在运动前后除了可以使用活动关节的乳香、活络复方、冬青、马郁兰精油外，可以加上有收敛特性的丝柏精油，以防运动时出汗过多。

（五）饮食须清淡

重视夏季睡眠养生，饮食问题也不应忽视。夏天饮食宜清淡，少油腻，易消化。可以用生姜、胡椒、小茴香佐餐。用柠檬、薄荷等清凉精油，滴入饮料或温水中饮用，补充体液。

（六）冬病夏治防未病

冬病夏治适宜于虚寒体质及在冬季易于发作的病症，也属于治未病的范畴。以慢性咳喘、容易感冒、过敏性鼻炎、慢性咽喉炎等呼吸系统疾病，关节疼痛、肢体麻木等肢体疾病，慢性肠胃炎、消化不良等消化系统疾病，慢性盆腔炎、痛经、不孕症等妇科疾病，慢性荨麻疹、冻疮等外科疾病最为适宜，生姜、藿香、肉桂、胡椒、丁香、乳香、百里香、檀香这几款精油入肺、脾、胃、肠、心、肾经，是冬病夏治中常用的精油。

三、芳香应用指引

（一）静心养心慎郁怒

1. 推荐用油　清心平肝，愉悦心情选用柠檬、薰衣草、安宁复方、罗马洋甘菊、柑橘类精油、薄荷、平衡复方等。

2. 使用方法

（1）香熏：薰衣草、安宁复方、平衡复方各 2 滴，临睡前滴入香熏器内香熏；薄荷、罗马洋甘菊、野橘各 2 滴，白天在车内或室内香熏，或滴在掌心嗅吸。

（2）涂抹：罗马洋甘菊、平衡复方、薄荷涂抹太阳、迎香、膻中穴。

（3）内服：柠檬、薰衣草、薄荷各 1 滴，滴入温水中饮用，每天1~2 次。

（二）防暑降温避中暑

中暑可分阳暑和阴暑两种。

1. 推荐用油　阳暑用薄荷、柠檬、茶树、罗马洋甘菊、永久花、夏威夷檀香清热解暑，防晒。

阴暑用藿香、生姜散寒透表，祛湿清暑。

2. 使用方法

（1）香熏：阳暑用薄荷、柠檬、罗马洋甘菊各 2 滴，早晚滴入香熏器中香熏，或滴入掌心嗅吸；阴暑用藿香、生姜各 2 滴，早晚滴入香熏器中香熏，或滴入掌心嗅吸。

（2）涂抹：头疗或脊椎疗法。阳暑用乳香、柠檬、罗马洋甘菊、茶树、薰衣草、薄荷各3~4滴，椰子油1∶（1~3）稀释。阴暑用藿香、生姜、防卫复方、顺畅复方各3~4滴，椰子油1∶（1~3）稀释。

（3）内服：阳暑用薄荷、柠檬各1~2滴，滴入温水中饮用。每天2~3次；阴暑用藿香、生姜各2滴，滴入温水中饮用，每天2~3次。

（三）晚睡早起防耗阳

1. 推荐用油　野橘、圆柚、柠檬、薰衣草、平衡复方、安宁复方、岩兰草。

2. 使用方法　香熏：白天取野橘、柑橘、迷迭香各2滴，滴入熏香器内熏香，提振心神；晚上用薰衣草、平衡复方、安宁复方、岩兰草各2滴，滴入熏香器中熏香，舒缓心情。

（四）运动微汗气宣泄

1. 推荐用油　永久花、夏威夷檀香、柠檬、薄荷、藿香、生姜、丝柏、乳香等精油。

2. 使用方法

（1）清热解暑：戴墨镜、太阳帽，面部与手臂暴露部位擦含有夏威夷檀香、永久花精油的防晒霜来防止紫外线的侵袭。

运动前补充能量，防止摄入热量过低，造成体力不支。制作柠檬、薄荷清暑饮料。平时痰湿较重或在空调间久待的，建议用藿香或生姜精油1~2滴，加柠檬2滴，滴入温水中，制成解暑饮料。运动后及运动过程中小口喝水，补充水分，忌一次大量饮水。

柠檬、薄荷精油饮料：取500mL玻璃杯，先倒入250mL温水或冷饮水，加入柠檬、薄荷各1~2滴，随后再倒入250mL温水或冷饮水后，一杯可口的清凉饮料制成。

（2）防晒配方

配方一：10mL滚珠空瓶，夏威夷檀香3滴、永久花4滴、薰衣草8滴，分馏椰子油加满，1个月内用完。

配方二：10mL 滚珠空瓶，加永久花 4 滴、薰衣草 8 滴、丝柏 2 滴、玫瑰 1 滴，分馏椰子油加满，1 个月内用完。

配方三：皮肤干燥者取乳液 50g 盛入玻璃或瓷器罐内，滴入永久花、夏威夷檀香各 4 滴、薰衣草 10 滴，用棉棒和匀后备用。出门前涂抹面部及手臂暴露部位。

在海岛等日照强烈的地区时，可再加抹防晒指数 50 以上的乳霜，防晒效果更好。

（五）饮食清淡多喝水

1. 推荐用油 胡椒、甜茴香、肉桂、生姜、罗勒、柠檬、薄荷等。

2. 使用方法

（1）佐餐：取胡椒、甜茴香、肉桂、生姜中的 1~2 种，每种 1 滴，滴入料理中使用；平时体热的人可以选择罗勒、柠檬、薄荷各 1 滴佐餐。

（2）食疗：根据个人平时喜好，在银耳莲子枸杞羹、绿豆银耳汤、桂圆莲子赤豆汤中加入柠檬、薄荷、生姜、红橘、胡椒等精油，每次取 1~2 种，每种 1 滴。

（六）冬病夏治防未病

1. 慢性支气管炎、咳嗽咳喘、慢性咽炎

（1）推荐用油：生姜、呼吸复方、防卫复方、山鸡椒等精油。

（2）使用方法：将以上精油每种 1~2 滴，椰子油 1:3 稀释，依次点按止咳定喘穴（第七颈椎棘突下的大椎穴，旁开 0.5 寸处）、心俞穴、肺俞穴、大杼穴、天突穴，每穴 1~2 分钟，点按完毕在主要穴位上贴上艾灸贴。

2. 过敏性鼻炎、慢性鼻炎、体虚感冒

（1）推荐用油：生姜、呼吸复方、防卫复方、柠檬、薄荷、薰衣草等精油。

（2）使用方法：在头、二、三伏天的第一天，用以上精油 1~2 滴，加椰子油 1:3 稀释，在肺俞、肾俞、膻中、命门穴分别做穴位按摩，最后贴上艾灸贴。寒湿较重者加脊椎疗法，用油同上。

3.**肩颈酸痛、肩周炎、头胀酸痛、头重脚轻、上肢麻木、风湿类风湿关节炎以上肢症状明显**

（1）推荐用油：生姜、肉桂、活络复方、杜松浆果、冬青、雪松、丝柏。

（2）使用方法：在头、二、三伏天的第一天，用以上精油1~2滴，加椰子油1∶3稀释，在肩井、肩髎、天宗、大杼穴分别做穴位按摩，最后贴上艾灸贴。寒湿较重者加脊椎疗法，用油同上。

4.**腰腿痛、腰膝酸软、坐骨神经痛、身重、下肢麻木**

（1）推荐用油：生姜、肉桂、活络复方、杜松浆果、冬青、雪松、丝柏等精油。

（2）使用方法：在头、二、三伏天的第一天，用以上精油1~2滴，加椰子油1∶3稀释，在肾俞、大杼、脾俞、腰阳关分别做穴位按摩，最后贴上艾灸贴。寒湿较重者加脊椎疗法，用油同上。

5.**宫寒痛经与不孕不育**

（1）推荐用油：生姜、肉桂、胡椒、小茴香、杜松浆果、温柔复方、快乐鼠尾草、玫瑰。

（2）使用方法：在头、二、三伏天的第一天，用以上精油1~2滴，加椰子油1∶3稀释，在关元、气海、中极、三阴交、肾俞穴分别做穴位按摩，最后贴上艾灸贴。寒湿较重者加脊椎疗法，用油同上。

6.**慢性胃肠炎、胃痛、体虚怕冷**

（1）推荐用油：消化复方、乳香、藿香、生姜、肉桂、胡椒。

（2）使用方法：在头、二、三伏天的第一天，用以上精油1~2滴，加椰子油1∶3稀释，在腹部中脘、神阙、关元、气海与背部脾俞、胃俞、大肠俞、膈俞、肝俞分别做穴位按摩，最后贴上艾灸贴。寒湿较重者加脊椎疗法，用油同上。

第三节　秋季养生

秋季，是指立秋到霜降6个节气3个月，在农历8月、9月、10月。秋季，经历了夏暑的高温之后，需及时补充人体消耗过多的津液，立秋过后气温下降，雨量减少，气候偏干燥。秋气应肺，而秋燥极易耗伤肺阴。为此随着秋季节气的变化，我们需要在起居、饮食、运动等方面给予相应的调整，以保证身心灵的健康。

一、秋季养生要注意哪些方面

早在《素问·四气调神论》已经为我们指出了秋季养生之道。"秋三月，此谓容平。天气以急，地气以明，早卧早起，与鸡俱兴，使志安宁，以缓秋刑，收敛神气，使秋气平，无外其志，使肺气清，此秋气之应，养收之道也；逆之则伤肺，冬为飧泄，奉藏者少。"

也就是说，秋天的 3 个月，是万物果实饱满、成熟的季节。在这一季节里，天气清肃，其风紧急，草木凋零，大地明净。人应当早睡早起，使情志安定平静，用以缓冲深秋的肃杀之气对人的影响；收敛此前向外宣散的神气，以使人体能适应秋气变化并达到相互平衡；不要让情志向外发泄，以使肺气清肃，这才是顺应了秋季的养生之道；若违背了这一法则，就会伤害肺气，到了冬天还会产生完谷不化的飧泄。究其原因，是因为人体精气在秋季未能得到应有的收敛养护，以致供养冬季肾精闭藏的能量减少了。

（一）秋季干燥宜养肺

秋季内应肺气，养生之道在于养肺为主。秋属金，立秋、处暑、寒露，承接夏季余气，温度依然偏高，被称为"秋老虎"，当属温燥；从秋分、寒露到霜降，是为凉燥，故在注意养肺润肺的同时，要注意防患秋天"肃杀"之气，区分温燥与凉燥，以拒燥邪之侵扰。

（二）收敛神气助冬藏精

秋季万物收敛，逆秋气则伤肺，冬之肾水如缺少秋季收敛之气的助力，则藏精不足，有违养生之道。为避免妨碍阳气收敛，冬主藏精，此时人们应早睡早起，养神宁志，收神敛气，保持身体之健壮。

（三）饮食酸味生津液

宜适当进食酸性食物，酸味食物有收敛、生津、止渴等作用，少吃辛辣厚腻食物，如葱、姜等，免于发散泻肺；饮食上应以润肺生津为宜，如银耳、百合、蜂蜜等有润肺作用。

二、如何应用精油做好秋季养生

（一）秋季干燥宜养肺津

秋季，自然界阳气渐收，阴气渐长，气温开始降低，雨量减少，空气湿度相对降低，气候偏于干燥。秋气应肺，"肺为娇脏，喜润恶燥"，肺开窍于鼻，同时肺主皮毛，与皮肤黏膜关系密切，秋季干燥的气候极易伤及肺阴，从而产生口干舌燥、干咳少痰、皮肤干燥、便秘等症状，所以秋季养生要注重防"燥"，重点在于润肺护肤，减少皮肤干燥皲裂。可以用养阴润肺的精油予以调理，如柠檬、天竺葵、薰衣草、五味子等。

（二）收敛神气助冬藏精

肺外应秋季，在志主忧主悲。正所谓"多事之秋"，是情志疾病高发的季节，因此用薰衣草、岩兰草、平衡复方可以保持内心宁静，情绪乐观，舒畅胸怀，抛开一切烦恼，避免悲伤情绪，使情志安定平静，用以缓冲深秋的肃杀之气对人的影响，为冬季藏精奠定基础。

（三）早卧早起顺应节气

进入秋季之后，日照时间也随之改变，顺应自然的节气变化，做到早睡早起。早睡可以避免秋季肃杀之气的侵犯，还可以使肺气收敛，安心入眠。早起既能让肺气舒展，还顺应了阳气的生长之势，符合自然节气变化对人的养生要求。

在用油上可以早起用柠檬、薄荷润肺生津，提神醒脑，晚上用薰衣草、安宁复方舒缓压力，放松心情，以利助眠。

（四）饮食酸味生津液

酸味食物有收敛、生津、止渴等作用，秋季适当进食酸性食物，适合秋气宜收的养生要求。少吃辛辣厚腻食物，如葱、姜等，避免辛温发散伤肺；饮食上应以润肺生津为宜，如银耳、百合、蜂蜜、麦冬等有润肺作用，加上柠檬、青橘等柑橘类精油有酸甘敛津的作用。

（五）运动适度保全元气

运动不宜过量，须保存体内元气。运动前与运动后均可在活动较多的肘、肩、膝、踝等关节处涂抹茶树、防卫复方、薰衣草、活络复方以预防或缓解局部肌肉酸痛及不适；呼吸复方帮助有效调节呼吸，能提高运动效能。

三、芳香应用指引

（一）秋季干燥宜养肺津

1. 推荐用油　玫瑰（滋阴、美颜），天竺葵（保湿、平民玫瑰），薰衣草（抗过敏、修复），夏威夷檀香（润肤、防晒、作用持久），永久花（防晒之冠、修复作用佳）。

2. 使用方法　夏威夷檀香 2 滴，天竺葵 7 滴，薰衣草 7 滴，玫瑰 1 滴，依次滴入 10mL 深褐色滚珠瓶中，用椰子油灌满，搓匀，避光阴凉处存放备用，每天洁肤后，用滚珠瓶在面部轻轻滚动，再用手轻轻按摩涂匀，最后用保湿面霜锁水。

（二）收敛神气助冬藏精

1. 推荐用油　用橙花、野橘、圆柚、岩兰草、平衡复方、薰衣草等精油，舒缓放松，安定情绪。

2. 使用方法　白天取野橘、圆柚、天竺葵、夏威夷檀香精油各 2 滴，滴入香熏器中香熏，或滴入腕横纹或手心，双手合掌嗅吸；晚上用平衡复方、橙花、岩兰草、薰衣草各 2 滴滴入香熏器中香熏。

也可以选用以上精油做头疗、手疗、脊椎疗法。

（三）早卧早起顺应节气

1. 推荐用油　柠檬、薄荷、薰衣草、安宁复方、橙花、依兰依兰等。

2. 使用方法

（1）香熏：临睡前选用薰衣草、安宁复方、橙花、依兰依兰 2~3 种精油，每种 2 滴。

（2）内服：柠檬 2 滴、薄荷 1 滴滴入温水中饮用。

（四）饮食酸味以生津液

1. 推荐用油　柑橘类精油，如柠檬、莱姆、佛手、圆柚等。

2. 使用方法　精油可以选择柑橘类的柠檬、莱姆、佛手、圆柚等 1~2 种，每次各 1~2 滴，滴入蜂蜜或苹果、雪梨、猕猴桃等果汁中饮用，有润肺生津作用。也可以取 1~2 种精油滴入温水中饮用。

（五）运动适度勿伤肺

1. 推荐用油　呼吸复方、防卫复方、薄荷、迷迭香、尤加利等。

运动前（帮助做好准备活动）——薄荷、防卫复方。

运动中（提高运动效能）——呼吸复方、茶树、尤加利。

运动后（消解疲劳酸痛）——冬青、活络复方、薰衣草、柠檬草、理疗复方。

2. 使用方法

（1）熏香：取呼吸复方、薄荷、尤加利各 2 滴，滴入香熏器中，可改善空气环境、缓解呼吸道不适症状。

（2）嗅吸：滴于手掌或腕横纹深深嗅吸。

（3）涂抹：稀释后涂抹于鼻翼、胸前、足底或者穴位上可以改善呼吸道不适，帮助有效调节呼吸，提高运动效能。

运动前与运动后在肘、肩、膝、踝等关节处涂抹以上精油各 1~2 滴，可预防或缓解局部肌肉酸痛及不适。

第四节　冬季养生

冬季养生主要指通过饮食、睡眠、运动、保健食品等手段，达到保养精气、强身健体、延年益寿的目的。冬令之季，万物收藏，养生者宜顺时而养，须固护阴精，使精气内聚，以润养五脏。冬令进补以立冬后至立春前最为适宜。

一、冬季养生要注意哪些方面

《素问·四气调神论》就已经为我们指出了冬季养生的主要法则，言："冬三月，此为闭藏。水冰地坼，无扰乎阳，早卧晚起，必待日光，使志若伏若匿，若有私意，若已有得，去寒就温，无泄皮肤，使气极夺。此冬气之应，养藏之道也；逆之则伤肾，春为痿厥，奉生者少。"

冬令之季，万物收藏，养生者宜顺时而养，须固护阴精，使精气内聚，以润养五脏。冬属水，亦与肾同，要重视顺应冬季"收藏"之时，使肾气收敛，以益人体之自护。冬季，阳气锐减而至衰，阴气亢盛而至极。自然界草木凋零，万物冰封，人体代谢缓慢，故应注意防寒保暖，敛阳气而内收，修身养性，以求天人合一，此为养生之道。违背这一法则，就会伤害肾气，到了春天还会导致四肢痿弱逆冷的病证。究其原因还是由于冬季身体精气闭藏补足，以致春天焕发生机的能量不足所致。

二、如何应用精油做好冬季养生

精油对冬季的养生主要从三个方面考虑：一是温阳散寒保暖，可用肉桂、黑胡椒、甜茴香、生姜、丁香等香料类精油佐餐、香熏、外涂等，进行头、颈、肩、腰、背、足、心脑、脾胃、皮肤全方位的增温。二是补肾填精，冬主收藏，冬天我们身体的气机收敛，应该藏精，用夏威夷檀香、雪松、丝柏、杜松浆果等树类植物的精油，玫瑰、茉莉、依兰依兰、薰衣草等花类精油及岩兰草、柠檬草等禾本科植物精油香熏、涂抹。三是起居有节，包括三个方面：①早睡晚起，必待日光，以固护阳气免受损伤，可以用野橘、雪松、平衡复方温阳助眠；②情绪平和，潜伏匿藏，可以用平衡复方、夏威夷檀香、雪松精油等；③运动适度，无泄皮肤，运动前后用舒缓筋骨肌肉的精油。

三、芳香应用指引

（一）祛寒保暖为首要

1. 温肺散寒防感冒

（1）推荐用油：山鸡椒（温肺散寒）、呼吸复方（温肺散寒）、防卫复方（温肺化痰）、野橘、红橘（化痰止咳）、丁香、生姜、百里香（祛风散寒）。

（2）使用方法：选2~3种，每次2滴，香熏，净化空气预防感冒。防卫复方、呼吸复方各2滴，每天早晚脚底涂抹，外出时滴于口罩上嗅吸，提高免疫，预防感冒。早起用生姜或防卫复方1滴，滴入热饮中饮用。

2. 腰膝关节须保暖

（1）推荐用油：乳香（活血通络）、肉桂（温阳散寒）、生姜（温里散寒）、雪松（温肾祛风胜湿）、活络复方（祛风胜湿通络）、杜松浆果（温肾祛寒）、柠檬草（温肾祛风胜湿）等。

（2）使用方法

①涂抹或泡脚：腰、膝关节局部用乳香、生姜、雪松、活络复方各2滴，椰子油打底。腰部加杜松浆果、雪松、柠檬草、生姜、雪松各2滴，椰子油1∶1稀释，涂抹脚底或温水泡脚。

②香熏：晚上乳香、肉桂、雪松、平衡复方各1~2滴；白天加生姜，香熏。

3. 颈椎部位宜保暖

（1）推荐用油：乳香、冬青（祛风胜湿止痛）、活络复方、生姜。

（2）使用方法：乳香、冬青、活络复方、生姜各1~2滴，椰子油打底，风池、大椎穴涂抹，做脊椎疗法。

4. 背部保暖护阳气

督脉为阳脉之海，位于背部，若背部保暖不当，易受寒邪侵袭，可引起一系列阳虚的症状。

（1）推荐用油：乳香、生姜、肉桂、活络复方、冬青等。

（2）使用方法：乳香、生姜、肉桂、活络复方、冬青等各 2~3 滴，椰子油打底，自尾椎骨向头颅骨方向做脊椎疗法。

5. 足底保暖助元阳　温水泡脚或用生姜、肉桂、黑胡椒涂抹脚底。

6. 头部保暖护心脑

（1）推荐用油：乳香、香蜂草、肉桂、夏威夷檀香、野橘、丁香、百里香。

（2）使用方法

①香熏："香字辈"精油可直达心脑，改善血液循环。乳香、香蜂草、夏威夷檀香、丁香、百里香、野橘，选用 3~4 种，每次各 1~2 滴，滴入香熏器中香熏。

②局部穴位涂抹：选用乳香、野橘、丁香、百里香涂抹头顶百会穴，背部足太阳膀胱经心俞、肺俞穴，胸部膻中穴、脚底涌泉穴。

③头疗：乳香、薰衣草、丁香、雪松、马郁兰、野橘等，每次各 3 滴，椰子油 15~20 滴稀释，用棉签蘸取，按摩头部。

7. 皮肤防冻与开裂

（1）推荐用油：当归、乳香、天竺葵、生姜、西洋蓍草、薰衣草、玫瑰等。

（2）使用方法：柠檬精油，每次 2 滴，每天 3 次，滴入温水中饮用；当归、乳香、天竺葵、薰衣草、西洋蓍草、依兰依兰各 3~4 滴，玫瑰 1~2 滴，有冻疮者加生姜 2 滴，滴入 30~50 克的乳液或面霜中，涂抹面部与手、脚，有保湿美白嫩肤效果。

8. 温胃暖脾助中阳

冬季阴盛于阳，素体阳虚者易致脾胃虚寒，四肢冰冷，泄泻等。要注意胃肠与足底的保暖。

（1）推荐用油：生姜、小茴香、黑胡椒、肉桂、消化复方等。

（2）使用方法：生姜、胡椒各 1 滴，滴入菜肴或汤中佐餐食用；胃部、腹部寒冷用消化复方加生姜、桂皮、胡椒各 1 滴，加椰子油 1 : 3 稀释，涂抹于胃或脐周，便秘腹胀者顺时针方向按摩 40 次，腹泻者逆时针方向按摩 40 次，或用以上精油涂抹脚底，点按足三里与背部脾俞、胃俞穴。

（二）补肾填精正当时

1. **推荐用油** 花类，如天竺葵、依兰依兰、快乐鼠尾草、玫瑰、茉莉；大树类，如乳香、雪松、冷杉、丝柏；禾本科，如柠檬草、岩兰草；种子类，如杜松浆果、芫荽。

2. **使用方法** 香熏、局部穴位按摩、头疗、脊椎疗法。

（三）起居适宜藏阴精

1. 早睡晚起，必待日光

（1）推荐用油：岩兰草、薰衣草、平衡复方等。

（2）使用方法：临睡前用以上精油各 2 滴，滴入香熏器中香熏。

2. 情绪平和宜匿藏

（1）推荐用油：平衡复方、安宁复方、夏威夷檀香、雪松精油。

（2）使用方法：临睡前用以上精油各 2 滴，滴入香熏器中香熏。

3. 运动适度

（1）推荐用油：乳香、活络复方、马郁兰、丝柏、椰子油等。

（2）使用方法：运动前后用乳香、活络复方、马郁兰、丝柏，椰子油 1 : 1 稀释，涂抹运动关节处。

（四）女性冬季芳香应用指引

1. **滋阴补肾，润肤养颜** 用于日常皮肤干燥，口干，大便干结及更年期人群。

（1）推荐用油：可选用玫瑰、茉莉、天竺葵、檀香、西洋蓍草、快乐鼠尾草、女士复方、温柔复方、柠檬等。

（2）使用方法

①香熏：取以上 2~3 种精油，滴入香熏器中香熏。

②涂抹：护肤可以配制润肤霜。乳液 100g，滴入以上精油 4~5 种，每

种 3~4 滴，用棉签混匀后备用，建议西洋蓍草必用。

③头疗：取以上精油 5 种，每种 2 滴，椰子油 1∶1 稀释，做头部按摩。

2. 温宫散寒　适用于平时四肢不温、痛经、宫寒不孕的女性。

（1）推荐用油：生姜、肉桂、黑胡椒、茴香、乳香、快乐鼠尾草、女士复方、罗勒。

（2）使用方法

①涂抹：取以上 3~4 种精油，每种 1~2 滴，涂抹小腹两侧及腹部气海、关元穴，腿部三阴交穴及足底涌泉穴，按摩。

②头疗或脊椎疗法：取以上精油 4~5 种，每种 2~3 滴，加椰子油 1∶1 稀释，做头疗或脊椎疗法，每周 1~3 次。

③香熏：取女士复方、肉桂、小茴香、快乐鼠尾草、野橘 2~3 种，每种 2 滴，滴入香熏器中香熏。

（五）男性冬季芳香引用指引

适用于中老年人群，对伴有腰酸、耳鸣、尿频、脱发等症尤为适用。

1. **推荐用油**　可选用杜松浆果、快乐鼠尾草、依兰依兰、柠檬草、天竺葵、丝柏、永久花、生姜、迷迭香、雪松等精油。

2. **使用方法**

（1）香熏：取以上精油 3~5 种，每种 2~3 滴，滴入香熏器中香熏。

（2）涂抹：取以上精油 3~5 种，在肾俞穴、腰骶部或八髎穴、足底涌泉穴按摩。

（3）脊椎疗法：取以上精油 5~6 种，每种 3 滴，做脊椎疗法，每周 1~3 次。

（六）老年冬季芳香应用指引

进入老年期后，各器官功能因为人体组织结构及心脑血管进一步老化，出现身体抵抗力逐步衰弱，活动能力降低，可应用精油进行调理。

1. **推荐用油**

（1）温阳：为了达到避寒就暖，颈、腰、膝关节保暖的目的，可选用肉桂、茴香、生姜、黑胡椒、冬青、雪松等精油。

（2）健脑：为预防健忘、中风、脑血管意外，可选用乳香、没药、迷迭香、罗勒、古巴香脂等精油。

（3）补肾：症见尿频、尿急、健忘、腰膝酸冷、耳鸣、关节疼痛等，可选用杜松浆果、丝柏、柠檬草、乳香等精油。

2. 使用方法

（1）香熏：取以上精油 3~5 种，每种 2~3 滴，滴入香熏器中香熏。

（2）涂抹：取以上精油 3~5 种，在肾俞穴、腰骶部或八髎穴、足底涌泉穴按摩。

（3）脊椎疗法：取以上精油 5~6 种，每种 3 滴，做脊椎疗法，每周 1~3 次。

（七）小儿冬季芳香应用指引

小儿为稚阴稚阳之体，冬季补肾固本是为了预防感冒及缓解哮喘、夜间遗尿、身材矮小等状况。

1. 推荐用油 补肾可选用乳香、冷杉、雪松、杜松浆果、丝柏、益肾养肝复方。如易外感可以加防卫复方、呼吸复方、柠檬、薰衣草、薄荷。

2. 使用方法

（1）香熏：预防感冒与缓解哮喘：可用乳香、防卫复方、呼吸复方各 2 滴，滴入香熏器中香熏。

（2）涂抹：预防感冒与缓解哮喘：可在大椎、风池、肺俞、肾俞穴涂抹乳香、冷杉、呼吸复方与防卫复方。

夜间遗尿用杜松浆果、益肾养肝复方、丝柏各 2~3 滴，椰子油稀释，涂抹腰骶部及足底涌泉穴。

增高助长用乳香、冷杉各 2~3 滴做脊椎疗法，每晚 1 次。

彩　插

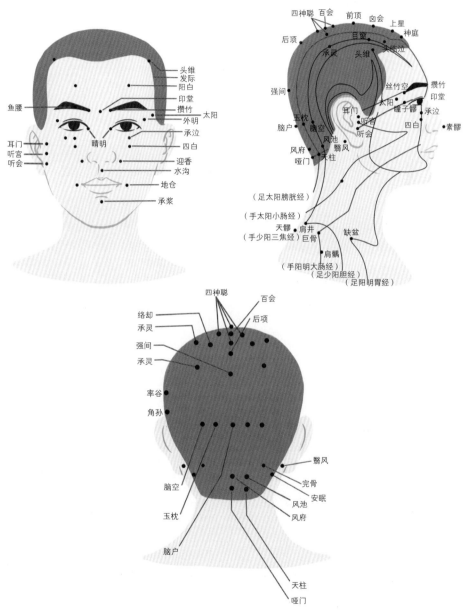

彩图 1　头部常用穴位图

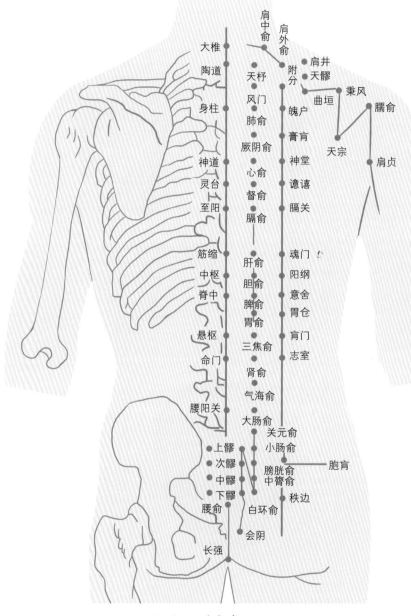

肩中俞　肩外俞

大椎　　　　　　　肩井

陶道　　　　　　附分　天髎

　　　天柱　　　　　　曲垣　秉风

身柱　风门　　　　　　　　臑俞

　　　肺俞　魄户

　　　厥阴俞　膏肓

神道　　　　神堂　　天宗

灵台　心俞　譩譆　　　　肩贞

至阳　督俞　膈关

　　　膈俞

筋缩　　　　魂门

中枢　肝俞　阳纲

脊中　胆俞　意舍

　　　脾俞　胃仓

悬枢　胃俞　肓门

命门　三焦俞　志室

　　　肾俞

　　　气海俞

腰阳关　大肠俞

　　　　关元俞

上髎　小肠俞

次髎　　　　胞肓

中髎　膀胱俞

下髎　中膂俞　秩边

腰俞　白环俞

　　　会阴

长强

彩图2　背部常用穴位图

358

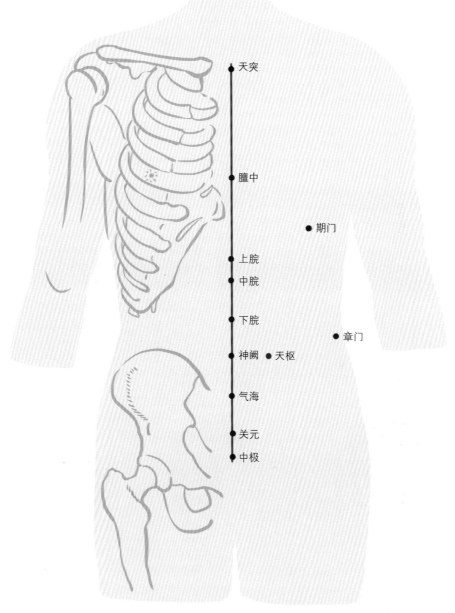

彩图 3　胸腹常用穴位图

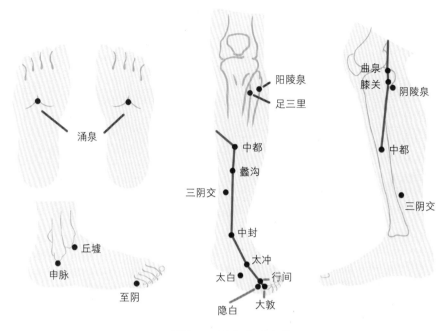

彩图 4　下肢常用穴位

涌泉

丘墟
申脉
至阴

阳陵泉
足三里
中都
蠡沟
三阴交
中封
太冲
太白　行间
隐白　大敦

曲泉
膝关
阴陵泉
中都
三阴交

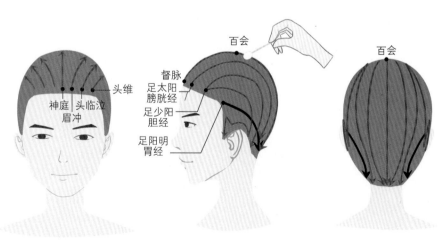

彩图 5　头部按摩常用穴位

头维
神庭　头临泣
眉冲

百会

督脉
足太阳
膀胱经
足少阳
胆经
足阳明
胃经

百会

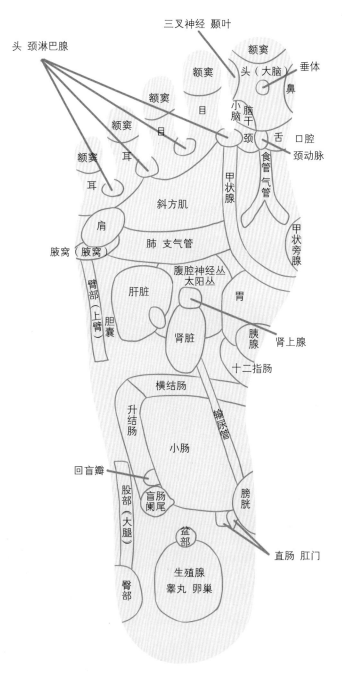

三叉神经 颞叶
额窦
头 颈淋巴腺
额窦
额窦
目
额窦
目
额窦
耳
耳
斜方肌
肩
腋窝（腋窝）
肺 支气管
臂部（上臂）
肝脏
胆囊
腹腔神经丛
太阳丛
肾脏
横结肠
升结肠
小肠
回盲瓣
股部（大腿）
盲肠
阑尾
臀部
盆部
生殖腺
睾丸 卵巢

额窦
头（大脑）
垂体
鼻
小脑
脑干
颈
舌 口腔
食管气管 颈动脉
甲状腺
甲状旁腺
胃
胰腺
肾上腺
十二指肠
输尿管
膀胱
直肠 肛门

彩图 6 足底按摩常用穴位

彩图 7　手部按摩常用穴位

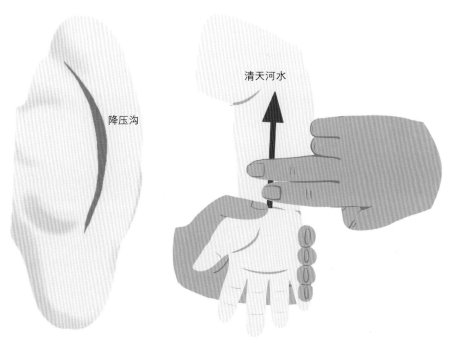

降压沟

清天河水

彩图 8　降压手法用穴　　　彩图 9　小儿退热手法示意图